# Dokumente zur Geschichte der Mathematik
## Band 1

Dokumente zur Geschichte der Mathematik

Im Auftrag der
Deutschen Mathematiker-Vereinigung
herausgegeben von Winfried Scharlau

Band 1
Richard Dedekind
Vorlesung über Differential- und Integralrechnung

Band 2
Rudolf Lipschitz
Dokumente zu Leben und Werk

(in Vorbereitung)

Dokumente zur Geschichte der Mathematik
Band 1

# Richard Dedekind

# Vorlesung über Differential- und Integralrechnung 1861/62

in einer Mitschrift von
Heinrich Bechtold

bearbeitet von
Max-Albert Knus und Winfried Scharlau

Deutsche Mathematiker-Vereinigung

Springer Fachmedien Wiesbaden GmbH

CIP-Kurztitelaufnahme der Deutschen Bibliothek

**Dedekind, Richard:**
Vorlesung über Differential- und Integralrechnung
1861/62 / Richard Dedekind. In e. Mitschr. von
Heinrich Bechtold. Bearb. von Max-Albert Knus u.
Winfried Scharlau. Dt. Mathematiker-Vereinigung. —
Braunschweig; Wiesbaden: Vieweg, 1985.
   (Dokumente zur Geschichte der Mathematik;
   Bd. 1)

NE: Knus, Max-Albert [Bearb.]; GT

Prof. Dr. *Max-Albert Knus*, Mathematisches Seminar der ETH Zürich

Prof. Dr. *Winfried Scharlau*, Mathematisches Institut der Universität Münster

1985



ISBN 978-3-528-08902-3          ISBN 978-3-663-13884-6 (eBook)
DOI 10.1007/978-3-663-13884-6

# Geleitwort der Deutschen Mathematiker-Vereinigung

Es gehört zu den Aufgaben der Deutschen Mathematiker-Vereinigung, die wissenschaftliche Tradition zu pflegen. Dazu soll diese neue Serie von Publikationen beitragen, die unter dem Titel "Dokumente zur Geschichte der Mathematik" regelmäßig erscheinen wird.

Ihren Schwerpunkt bilden bisher unveröffentlichte Vorlesungsmanuskripte und Briefwechsel aus dem 19. und 20. Jahrhundert, die im deutschen Sprachraum entstanden sind. Maßgebend für die Auswahl ist der mathematische Wert der Dokumente: ihre Bedeutung für die Entwicklung der Unterrichtspraxis oder Fortschritte in der Forschung.

Die DMV ist Herrn W. Scharlau zu großem Dank verpflichtet für seine Initiative zur Gründung dieser Serie. Ihm und Herrn M.-A. Knus ist auch zu danken für die große Mühe und Sorgfalt bei der Herausgabe dieses ersten Bandes.

# Inhaltsverzeichnis

---

*) Dedekind gibt keine Paragraphennumerierung mehr.

# Vorwort der Bearbeiter

Die vorliegende Vorlesung über Differential- und Integralrechnung wurde im Wintersemester 1861/62 von Richard Dedekind
an der damaligen Eidgenössischen Polytechnischen Schule in Zürich - der heutigen ETH - gehalten. Nach Dedekinds Weggang wurde sie von Heinrich Durège im Sommersemester 1862 beendet. Der
abgedruckte Text basiert auf einer ausführlichen Mitschrift von
Heinrich Berchtold, eines Schülers der mechanisch-technischen
Schule. Leider ist nicht eindeutig erkennbar, wo die Dedekindsche Vorlesung aufhört und die von Durège beginnt; wir vermuten
etwa bei der Theorie der Differentialgleichungen. Da dieser
letzte Teil mathematisch und historisch auch weniger interessant
ist, haben wir uns entschlossen, ihn ersatzlos zu streichen. Das
Originalmanuskript befindet sich in der Handschriftenabteilung
der ETH. Es handelt sich um ein gebundenes Heft von 900 Seiten,
das außer der Vorlesung über Differential- und Integralrechnung
(ca. 650 Seiten) Aufzeichnungen zu einer Vorlesung über Analytische Geometrie von Durège aus dem Sommersemester 1862 enthält.

Schon eine erste Lektüre überzeugte uns von der mathematik-
historischen Bedeutung dieser Vorlesungsmitschrift. Wir werden
in der folgenden "Einleitung" darauf näher eingehen und beschränken uns deshalb hier auf einige wenige Punkte: Bekanntlich hatte Dedekind kurz zuvor seine exakte arithmetische Begründung der reellen Zahlen gefunden. Es ist nun interessant,
den Einfluß dieser theoretischen Überlegungen auf den Aufbau
und die Darstellung seiner Vorlesung zu sehen. Insgesamt kommt
er noch nicht zu einem ganz konsequenten axiomatischen Aufbau
im heutigen Sinne. Aber man gewinnt den Eindruck, daß Dedekind
sich an entscheidenden Stellen klar gemacht hat, wie wesentliche Sätze bis auf die Grundprinzipien, insbesondere das Stetigkeitsprinzip, zurückgeführt werden können. Auch sonst gibt
er sich mit einer exakten Einführung der Grundbegriffe viel

Mühe, zum Beispiel bei der Konstruktion des bestimmten Integrals
(wo der Einfluß Dirichlets und Riemanns offensichtlich ist), in
der Art, wie die komplexen Zahlen in die Vorlesung einbezogen
werden, oder wie die Eigenschaften der Ordnungsrelation aufge-
zählt werden. Mehr traditionell ist die Benutzung "unendlich
grosser" und "unendlich kleiner" Größen, die jedoch ziemlich
exakt behandelt werden. In eindrucksvoller Weise illustriert
die Vorlesung das didaktische Geschick des damals dreißigjäh-
rigen Dedekinds. Schließlich ist auch interessant zu sehen, in
welchem Umfang und in welcher Weise die Mathematik damals Teil
der Ingenieur-Ausbildung war, wobei Vergleiche mit heute nahe-
liegen.

Dedekind las auch später in Braunschweig regelmäßig über
Differential- und Integralrechnung. Außer einer knappen Zusammenfassung des Inhalts der Vorlesung vom Wintersemester 1862/63
auf losen Blättern, welche sehr genau den hier herausgegebenen
Notizen entspricht (siehe Dugac [1976]), gibt es im Nachlaß
von Dedekind keine Unterlagen zu dieser Vorlesung. Daraus darf
man schließen, daß Dedekind nie die Absicht hatte, seine Vorlesung zu veröffentlichen, obwohl er sich sicher bewußt war, daß
sie bis in die achtziger Jahre von den damaligen Vorlesungen
(und Lehrbüchern) recht verschieden war.

Für die Herausgabe der Vorlesung war eine gründliche Überar-
beitung der Mitschrift erforderlich. Maßgeblich war dabei die
Tatsache, daß es sich nicht um einen von Dedekind (bzw. Durège)
selbst verfaßten Text handelt, sondern eben um die Mitschrift
eines Schülers, der den Stoff selbst erst aufnehmen und verar-
beiten mußte, und dessen Formulierungen stellenweise unklar,
ungeschickt, oft extrem langatmig und manchmal auch falsch waren. Wir haben den mathematischen Sinn nirgends verändert und
uns bemüht, die Änderungen gering zu halten und dabei möglichst
mit Streichungen und Umstellungen auszukommen. Dennoch gibt es
lange Passagen, wo praktisch an jedem Satz etwas geändert werden mußte. Insgesamt wurde der Text ohne inhaltlichen Verlust
um mindestens ein Drittel gekürzt. Diese Streichungen betreffen
sowohl verbindende Sätze und Satzteile, die im Original im Über-
fluß vorhanden sind, als auch längere Passagen, die reine Wie-

derholungen sind oder Diskussionen von Beispielen, die völlig analog zu schon behandelten sind (zum Beispiel cos statt sin); außerdem sind oft Zwischenschritte in Rechnungen (die an vielen Stellen in allergrößter Ausführlichkeit ausgeführt sind) weggelassen. Von diesen Streichungen sind nur die weggelassenen Beispiele und längeren Rechnungen durch eingefügte Bemerkungen in geschweiften Klammern kenntlich gemacht. Das Weglassen verbindender Sätze oder Satzteile sowie Umstellungen im Text erforderten sehr oft das Einfügen einzelner Wörter oder kurzer Sätze. Diese wurden nach Möglichkeit in Anlehnung an den vorhandenen Text und unter Benutzung der auch sonst gebrauchten Terminologie und Rechtschreibung formuliert. An vergleichsweise wenig Stellen waren Fehler (zum Teil nur Schreibfehler) zu korrigieren, die offensichtlich der Student gemacht hatte. Bestand die Möglichkeit, daß in der Vorlesung etwas falsch oder unklar war, so haben wir nichts geändert. An wenigen Stellen waren zur Klarstellung des mathematischen Sachverhaltes kleine Ergänzungen notwendig; auch wurden eine Reihe von Überschriften hinzugefügt. Solche Hinzufügungen sind durch eckige Klammern gekennzeichnet. Schließlich haben wir eine Reihe von Bemerkungen als Fußnoten in den Text eingeschoben. Diese sind meist historischer Natur und betreffen oft Resultate aus dem 19. Jahrhundert. Als Hauptquelle haben wir hier Pringsheim [1899] und Voss [1899] in der Enzyklopädie der Mathematischen Wissenschaften benutzt. In diesen Kommentaren haben wir keine Vollständigkeit angestrebt.

Wir hoffen, daß wir durch diese Bearbeitung insgesamt die Lesbarkeit des Textes verbessert haben, daß im übrigen aber die Vorlesung mathematisch getreu wiedergegeben wird.

Bei der Arbeit an diesem Band sind wir von vielen Seiten unterstützt worden. Wir danken der Bibliothek der ETH Zürich, welche uns die Vorlesungsmitschrift zur Verfügung stellte, insbesondere Herrn Dr. B. Glaus, dem Leiter der Handschriftenabteilung. Das Manuskript wurde in unermüdlicher Geduld von Frau H. Aquilino entziffert und in vorläufiger und endgültiger Form geschrieben. Ohne ihre Arbeit und Mühe wäre dieser Band nicht zustande gekommen, und wir sind ihr ganz besonders dankbar. Wir danken ferner Frau C. Arlettaz-Brack für ihren großen

Einsatz beim Korrekturlesen, Herrn M. Vogel für die Herstellung der Figuren und Frau E. Becker für weitere Schreibarbeiten. Schließlich danken wir den Mitarbeitern des Vieweg-Verlags, insbesondere Frau Schmickler-Hirzebruch, für ihr Interesse an diesem Band und die angenehme Zusammenarbeit.

Max-Albert Knus, Winfried Scharlau

# Einleitung zu Dedekinds Vorlesung über Differential- und Integralrechnung

Die hier abgedruckte Vorlesung Richard Dedekinds (1831-1916) über Differential- und Integralrechnung für Ingenieur-Studenten ist aus zwei Gründen von historischem Interesse. Erstens dokumentiert sie als Vorlesungsmitschrift besser und wirklichkeitsnäher als Lehrbücher aus derselben Zeit Stoffumfang, Niveau, Abstraktionsgrad und Anwendungsbezug einer einführenden obligatorischen Mathematikvorlesung für Ingenieure an einer der führenden polytechnischen Schulen. Zweitens zeigt sie, in welcher Weise Dedekind seine eigenen erfolgreichen Bemühungen um eine exakte Begründung der Analysis schon zu einem sehr frühen Zeitpunkt in seinen Vorlesungen berücksichtigte, und wie er auch Anregungen Dirichlets und Riemanns aufnahm und benutzte. Um dem Leser die historische Einordnung der Dedekindschen Vorlesung zu erleichtern, soll im folgenden auf diese Fragenkreise näher eingegangen werden. Anschließend werden die besonderen Verhältnisse in Zürich geschildert. Da wir hier natürlich nicht eine vollständige Darstellung der Geschichte der Mathematik, insbesondere der Analysis, im 19. Jahrhundert geben können, bleiben unsere Hinweise ziemlich pauschal und an der Oberfläche; für Einzelheiten muß auf die Literatur verwiesen werden.

## 1. Die Entwicklung der Infinitesimalrechnung

In der Entwicklung der Infinitesimalrechnung lassen sich folgende Perioden unterscheiden: die Anfänge, die sich überwiegend aus geometrischen Einzelproblemen (Quadratur, Tangenten) entwickelten, die Zeit von Newton und Leibniz, in der aus diesen Einzelfragen eine in sich geschlossene Theorie mit dem zugehörigen Kalkül entsteht, der weitere Ausbau der Theorie durch die Bernoullis, Euler und Lagrange unter weitgehender Benutzung for-

mal-algebraischer Methoden, und schließlich die exakte Begründung der Analysis seit Cauchy.

Diese exakte Grundlegung der Analysis wurde erst nach einem
mühevollen sich über fast ein Jahrhundert erstreckenden Prozeß
erreicht. Zu Anfang des 19. Jahrhunderts wurde langsam klar,
daß das Fundament der Analysis noch unsicher war, daß insbesondere Funktions- und Konvergenzbegriff einer genauen Klärung
bedurften. Etwas später wurde auch deutlich, daß selbst der
Zahlbegriff noch nicht sicher begründet war, daß hier aber Sicherheit notwendig war, um grundlegende Prinzipien (Zwischenwertsatz, Maximum stetiger Funktion usw.) wirklich beweisen zu
können. Es ist in der mathematik-historischen Literatur oft zu
recht betont worden, daß dieses Bedürfnis nach exakter Grundlegung vor allem auch durch die Ausweitung des Lehrbetriebes
(über die noch zu sprechen sein wird) immer fühlbarer wurde:
Die Mathematiker unter einander konnten sich auch ohne restlose
Klärung der Grundbegriffe verständigen; auch war diese für die
Lösung vieler zentraler mathematischer Probleme dieser Zeit
gar nicht erforderlich. Die Erfordernisse des Unterrichts ver-
langten jedoch klare Begriffe und einen einsichtigen wider-
spruchsfreien Aufbau der Theorie. Tatsächlich sind auch wesentliche Fortschritte auf diesem Gebiet in oder in engem Zusammenhang mit Vorlesungen erzielt worden, vor allem durch Cauchy,
Weierstraß und auch Dedekind.

Der entscheidende Bruch mit der algebraischen Analysis des
18. Jahrhunderts ist Cauchy zu verdanken. In seinen berühmten
Lehrbüchern (Cours d'analyse, 1821; Résumé des leçons sur le
calcul infinitésimal, 1823; Leçons sur le calcul différentiel,
1829) wird zum ersten Mal die Infinitesimalrechnung ganz mittels des Grenzwertbegriffs aufgebaut. Insbesondere definiert
Cauchy als erster die Ableitung als Grenzwert des Differenzen-
quotienten, und er führt auch das Integral als Grenzwert einer
Summe ein. Was Cauchy fehlte, ist eine genaue Begründung des
Zahlbegriffes und ein genügend strenger und allgemeiner Funk-
tionsbegriff. Bekanntlich ist bei ihm der Unterschied zwischen
Stetigkeit und gleichmäßiger Stetigkeit, Konvergenz und gleichmäßiger Konvergenz nicht klar formuliert. Der Begriff der gleich-
mäßigen Konvergenz geht auf Seidel [1848], Stokes [1847] und -

unabhängig von diesen - auf Cauchy [1853] zurück. Er wurde jedoch erst von Weierstraß systematisch benützt (von dem auch die Bezeichnung stammt). Als erster gab Weierstraß in seiner Vorlesung von 1861 die korrekte Formulierung und den Beweis der Stetigkeit, Differenzierbarkeit und Integrierbarkeit der Summe einer Reihe von Funktionen (Dugac [1973]). Viele Resultate der Weierstraßschen Funktionentheorie wurden von Heine, einem langjährigen Freund von Weierstraß, später veröffentlicht [1869, 1872].

Ein weiterer wesentlicher Fortschritt betrifft die Klärung und genügend allgemeine Fassung des Begriffs des bestimmten Integrales durch Dirichlet und vor allem Riemann in seiner Habilitationsschrift [1854], die 1868 von Dedekind herausgegeben und damit allgemein zugänglich wurde.

Der Schlußpunkt dieser Entwicklung[*] ist dann die fast gleichzeitige exakte Begründung des Zahlbegriffs durch Cantor, Dedekind, Heine und Meray zwischen 1869 und 1872. Dedekind hatte (nach Vorarbeiten u.a. von Abel, Bolzano und Cauchy und wohl gelegentliche Bemerkungen Dirichlets aufnehmend) aus Anlaß seiner ersten Züricher Vorlesung über Analysis sich mit der Problematik des Zahlbegriffs beschäftigt und war dann als erster zu einer akzeptablen Konstruktion der reellen Zahlen und einer Begründung des Stetigkeitsprinzips gelangt. Was er selbst dazu sagte, ist in der mathematik-historischen Literatur immer wieder zitiert worden und soll auch an dieser Stelle wiederholt werden (Dedekind [1872]):

*Die Betrachtungen, welche den Gegenstand dieser kleinen Schrift bilden, stammen aus dem Herbst des Jahres 1858. Ich befand mich damals als Professor am eidgenössischen Polytechnikum zu Zürich zum ersten Male in der Lage, die Elemente der Differentialrechnung vortragen zu müssen, und fühlte dabei empfindlicher als jemals früher den Mangel einer wirklich wissenschaftlichen Begründung der Arithmetik. Bei dem Begriffe der Annähe-*

---

[*] Die Betrachtungen hier beschränken sich auf die Infinitesimalrechnung der Funktionen einer Veränderlichen. Wie auf S. 16 erwähnt, entstand eine exakte Theorie für mehrere Variablen erst noch später.

*rung einer veränderlichen Größe an einen festen Grenzwert und namentlich bei dem Beweise des Satzes, daß jede Größe, welche beständig, aber nicht über alle Grenzen wächst, sich gewiß einem Grenzwert nähern muß, nahm ich meine Zuflucht zu geometrischen Evidenzen. Auch jetzt halte ich ein solches Heranziehen geometrischer Anschauung bei dem ersten Unterrichte in der Differentialrechnung vom didaktischen Standpunkte aus für außerordentlich nützlich, ja unentbehrlich, wenn man nicht gar zu viel Zeit verlieren will. Aber daß diese Art der Einführung in die Differentialrechnung keinen Anspruch auf Wissenschaftlichkeit machen kann, wird wohl niemand leugnen. Für mich war damals dies Gefühl der Unbefriedigung ein so überwältigendes, daß ich den festen Entschluß faßte, so lange nachzudenken, bis ich eine rein arithmetische und völlig strenge Begründung der Prinzipien der Infinitesimalanalysis gefunden haben würde.*

## 2. Die Mathematik an Universitäten und Technischen Schulen

Nach diesen Bemerkungen zur Entwicklung der Infinitesimalrechnung soll jetzt kurz der Lehrbetrieb an den Universitäten und polytechnischen Schulen, den Vorläufern der Technischen Hochschulen, zur Zeit Dedekinds geschildert werden. Wir stützen uns dabei vor allem auf die sehr ausführlichen Darstellungen des Mathematik-Studiums von Lorey [1916] für die Universitäten bzw. Stäckel [1915] für die Ingenieur-Ausbildung an den technischen Schulen. Außerdem existieren verschiedene Publikationen, die die Verhältnisse an einzelnen Universitäten betreffen; unter diesen ist die von Biermann [1973] über die Universität Berlin als besonders inhaltsreiche Quelle hervorzuheben. Diesen Darstellungen können wir folgendes entnehmen:

Bis in die ersten beiden Jahrzehnte des 19. Jahrhunderts hinein stand der Universitätsunterricht in der Mathematik in Deutschland noch auf einem sehr niedrigen Niveau, das im wesentlichen kaum über den heutigen Schulstoff hinausging. Eine Vielzahl teils unabhängiger, teils miteinander verknüpfter Entwicklungen und Reformbestrebungen führte dann zunächst an den führenden Universitäten und polytechnischen Schulen wie Königsberg, Berlin, Göttingen und Karlsruhe in zum Teil sehr kurzer Zeit zu einer bedeutenden Ausweitung und Anhebung des Mathematikun-

terrichtes. Dabei sind vor allem folgende Entwicklungen wichtig:
das Vorbild der in Frankreich schon nach der Revolution - also
früher als in Deutschland - in Gang gekommenen Reformbestrebungen, die Gründungen der großen "Ecoles"; der Beginn der Indu-
strialisierung mit einem wachsenden Bedarf an qualifizierten In-
genieuren; die Schulreformen in Preußen (und später in anderen
deutschen Staaten) und damit verbunden die wissenschaftliche
Ausbildung der Lehrer. Im Zuge dieser Entwicklungen kam es zu
einer ganzen Reihe von Neugründungen (bzw. Erweiterungen) von
Hochschulen, zur Einrichtung von Seminaren, zu einer erhebli-
chen Vermehrung der Professorenstellen und ähnlichen Maßnahmen.
Da diese Einflüsse an den verschiedenen Universitäten in unter-
schiedlichem Maße wirksam wurden, ergibt sich insgesamt ein un-
einheitliches Bild, was Art, Niveau und Besuch der mathematischen Vorlesungen an den Universitäten betrifft. Verstärkt wurden diese Unterschiede noch durch die den Professoren gewährte
Lehrfreiheit, die vielerorts dazu führte, daß keine systemati-
schen Lehrpläne aufgestellt wurden. Üblich waren an den führenden Universitäten z.B. einerseits Professuren und Vorlesungen
hauptsächlich für Lehramtskandidaten (auf z.T. geringem Niveau)
und andererseits Vertreter der "hohen Wissenschaft" (Dirichlet,
Jacobi, und andere), die über ihre neuesten Forschungsergebnisse
berichteten. Je nach Ansehen und Lehrgeschick der Professoren
gab es auch sehr gut besuchte Vorlesungen über fortgeschrittene
Themen (Clebsch, Weierstraß), während an kleineren Universitäten
selbst Vorlesungen über Differential- und Integralrechnung kaum
zustande kamen.

Wesentlich anders und vor allem einheitlicher waren die Verhältnisse an den polytechnischen Schulen. Hier gab es feste
Lehrpläne, und die Professoren (so auch Dedekind in Zürich und
Braunschweig) wurden verpflichtet, die vorgesehenen Vorlesungen
regelmäßig abzuhalten. Jedoch setzte um die Jahrhundertmitte
auch an diesen Schulen in der Mathematik eine neue Entwicklung
ein: Zur Besetzung der mathematischen Professuren standen genügend viele hochqualifizierte Bewerber von den Universitäten
zur Verfügung, die in immer stärkerem Maße Vorlesungen in der
Art hielten, wie sie sie selbst an den Universitäten gehört
hatten. Insgesamt führte dies zu einer Betonung von Grundlagen-

fragen und reiner Mathematik auf Kosten der Anwendungsbezüge.
Dazu schreibt Stäckel [1915], S. 27/28: "Der mathematische Un-
terricht für die Ingenieure wurde jetzt dem für die Mathematiker vom Fach immer ähnlicher, und dazu kam, daß gleichzeitig in
der Mathematik eine abstrakte, arithmetisierende Richtung die
Herrschaft gewann. Die Professoren fühlten sich verpflichtet,
bei den Vorlesungen über höhere Mathematik einen beträchtlichen
Teil der Zeit einer den Fortschritten der Wissenschaft entspre-
chenden Begründung der ersten Begriffe und Sätze zu widmen,..."

Die Dedekindsche Vorlesung kann wohl als ein (positives) Mu-
sterbeispiel dieser Entwicklung angesehen werden: Einerseits
werden in Stoffauswahl und Beispielen die Bedürfnisse der Ingenieure durchaus berücksichtigt, andererseits ist sie von einem
mathematischen Niveau, das um diese Zeit nur sehr selten erreicht worden sein dürfte.

## 3. Vorlesungen und Lehrbücher über Infinitesimalrechnung

Die skizzierten Veränderungen und Reformen im Universitäts-
wesen und Studium zeigen sich in der Mathematik ganz besonders
deutlich auch in der Einordnung der Vorlesungen über Differen-
tial- und Integralrechnung. Bis weit in das erste Drittel des
19. Jahrhunderts hinein stellte dieser Stoff schon mit den Hö-
hepunkt und Abschluß des Mathematik-Studiums dar. Ganz abrupt -
innerhalb weniger Jahrzehnte - wurde er dann zur notwendigen
Grundlage, auf dem das weitere Studium erst aufbaute: An den
polytechnischen Schulen war er ein wesentlicher Teil des "Grund-
studiums" im ersten und zweiten Semester (vgl. Abschnitt 4);
an den führenden Universitäten - wo es wie gesagt keine regel-
mäßigen Lehrpläne gab - wurde oft erwartet, daß die Studenten
sich diesen Stoff im Literaturstudium mehr oder weniger selbst
aneigneten.

Die Darstellung dieses Gebietes in Lehrbüchern und Vorlesungen stützte sich dabei lange Zeit noch weitgehend auf die
Meister des 18. Jahrhunderts, vor allem auf Euler und Lagrange.
Oft wurden die Vorlesungen sogar als "Algebraische Analysis"
angekündigt. Zwar erschienen seit der Jahrhundertwende eine
ganze Reihe von Lehrbüchern mit dem Ziel, die Grundbegriffe

der Analysis zu popularisieren, aber selbst in den besseren dieser Bücher (z.B. Lacroix [1802], Schlömilch [1847/48]) ist von den inzwischen erzielten Fortschritten im Hinblick auf eine exakte Begründung der Analysis nicht viel zu finden. So konnte F. Klein noch 1880 in seiner Leipziger Antrittsrede fragen: "Wo ist das für den allgemeinen Gebrauch bestimmte Lehrbuch der Differential- und Integralrechnung, das von all dem Rechnung gebe? Unsere besseren Bücher sind noch diejenigen, welche auf Cauchys 'Cours d'Analyse' zurückgehen, und der ist vor jetzt nahezu 60 Jahre erschienen."

Nachdem der exakte Aufbau der Analysis um diese Zeit aber abgeschlossen war, wurde - wie schon erwähnt - die Infinitesimalrechnung auch an den Universitäten zu einem Grundfach des Mathematikstudiums. Es erschienen dann innerhalb kurzer Zeit eine größere Zahl von Lehrbüchern, in denen die vorhergegangenen Entwicklungen berücksichtigt wurden. Einige der bekanntesten sind diejenigen von Dini [1878], Lipschitz [1880], Harnack [1881], Jordan [1882-87], Genocchi-Peano [1884], Tannery [1886], Stolz [1893-96] und Pascal [1895]. Ausführliche Übersichten über die wichtigsten Lehrbücher der Infinitesimalrechnung - von Euler bis zum Beginn des 20. Jahrhunderts - wurden von Bohlmann [1897] und Voss [1899] zusammengestellt.

## 4. Die Mathematik an der ETH Zürich

Das Zürcher Polytechnikum wurde als erste gesamtschweizerische Hochschule 1855 gegründet. Die Anstalt war in Fachschulen aufgegliedert, und zwar in die Bauschule (= Architekturschule), die Ingenieurschule (= Bauingenieurschule), die Mechanisch-technische Schule, die Chemisch-technische Schule und die Forstschule. Zu den Fachschulen kam noch die sogenannte sechste Abteilung, an der Mathematik und Naturwissenschaften, Literatur, Sprachen, Nationalökonomie und Rechte gelehrt wurden. An dieser Abteilung wurde die Möglichkeit geboten, sich zum Lehrer für Höhere Schulen, speziell für technische Anstalten, ausbilden zu lassen. Im Gegensatz zu den Fachschulen, welche streng organisierte Lehrgänge hatten, war das Studium an dieser Abteilung nach dem Vorbild der Universitäten recht frei. Erst 1866 bekam diese Abteilung einen durch Dedekinds Nachfolger Christoffel vorbereiteten festen Studienplan für Mathematik und Naturwissenschaften.

Die Studiendauer betrug in der Regel drei Jahre. Für alle Bewerber wurde jährlich im Oktober, kurz vor Semesterbeginn, eine Aufnahmeprüfung abgehalten. 1858 wurde die Anzahl der zu prüfenden Fächer von 10 bis 12 auf 6 bis 7 reduziert. Für die Ingenieurschule, die Mechanisch-technische Schule und die sechste Abteilung wurde in Mathematik der folgende Stoff verlangt: Elementare Arithmetik und Algebra bis zum Logarithmus, ebene und räumliche Geometrie, Trigonometrie, Elemente der darstellenden Geometrie. Der obligatorische Mathematikunterricht an Ingenieur- und Mechanisch-technischer Schule erstreckte sich auf die ersten zwei Studienjahre. Neben Differential- und Integralrechnung und Analytischer Geometrie wurde im ersten Jahr noch Darstellende Geometrie gelesen. Im zweiten Jahr gab es noch eine zwei- bis dreistündige Vorlesung über Anwendungen der Differentialrechnung; der genaue Inhalt dieser zweiten Vorlesung ist aus der Zeit Dedekinds nicht bekannt. Nach der Reform 1866 wurden u.a. Differentialgleichungen, Wahrscheinlichkeitstheorie und Methode der kleinsten Quadrate behandelt. Sechsmal im Jahr, jeweils am ersten Schultag der Monate Dezember, Januar, Februar, März, Mai und Juni hatten die Studenten der Fachschulen sogenannte Konkursarbeiten zu liefern. Diese wurden von den Lehrern beurteilt, und die Ergebnisse wurden zusammen mit dem Resultat der Schlußprüfung bei den Zeugnissen berücksichtigt.

Von Beginn an wurde die Differential- und Integralrechnung gleichzeitig in deutscher und französischer Sprache gelesen. Neben den beiden für diese Vorlesungen eingerichteten Lehrstühlen gab es eine Professur für Darstellende Geometrie, welche zuerst vom Schweizer von Deschwanden (1819-1866) und anschließend von Fiedler (1832-1912) besetzt war. Zwei weitere Stellen waren hauptsächlich für den sogenannten "Mathematischen Vorkurs" vorgesehen. Dieser einjährige Kurs wurde von etwa 1859 bis 1881 mit dem Zweck geführt, Kandidaten mit mangelhaften Vorkenntnissen auf die Fachschulen vorzubereiten. Die Hauptstelle für Differential- und Integralrechnung in deutscher Sprache hat bis 1900 die folgende eindrucksvolle Reihe von Mathematikern innegehabt: Raabe (1855 bis 1858), Dedekind (1858 bis 1862),

Christoffel (1862 bis 1869), H.-A. Schwarz (1869 bis 1875),
Frobenius (1875 bis 1892) und Hurwitz (1892 bis 1903). Auf Ver-
anlassung von Christoffel wurde eine zweite Hauptstelle für die
Bedürfnisse der sechsten Abteilung geschaffen, welche durch
Prym (1865 bis 1869), H. Weber (1870 bis 1875), Schottky (1882
bis 1892), Minkowski (1896 bis 1902) und ab 1903 durch Hurwitz
besetzt wurde. Neben der schon erwähnten Einführung eines festen
Studienplanes schlug Christoffel 1866 die Schaffung eines Mathematischen Seminars nach dem Berliner Modell vor. Außer den
Professoren waren Privatdozenten und Hilfslehrer an der 6. Abteilung tätig. Für die Zeit von Dedekind ist vor allem H. Durège
(1821-1893) zu erwähnen, welcher mit Dedekind eng befreundet
war. Wie im Vorwort schon erwähnt, übernahm er den zweiten Teil
der Vorlesung von Dedekind nach dessen Weggang zum Sommer 1862.
Ein kurzer Lebenslauf von Durège wird im Anhang gegeben.

## 5. Dedekind in Zürich

Nachdem Raabe (1801-1859) aus Krankheitsgründen 1857 seinen
Rücktritt einreichte, wurde im Januar 1858 die Stelle in ganz
Europa ausgeschrieben, worauf beinahe 50 Bewerbungen eingingen.
Unter den ersten befanden sich die von Dedekind und Riemann
(siehe Anhang). In einem Brief an den zuständigen damaligen
Schulratspräsidenten Kappeler drückte Dirichlet seine hohe Wert-
schätzung für beide aus, gab jedoch Riemann "den ersten Rang".
Kappeler reiste im Frühjahr 1858 nach Göttingen, um sich Vorlesungen bei beiden anzuhören und einen persönlichen Eindruck
von ihnen zu gewinnen. Er fand Riemann "zu stark in sich ge-
kehrt, um zukünftige Ingenieure zu lehren", und seine Wahl fiel
auf Dedekind. Am 29. März beschloß der Schulrat die Berufung,
und am 21. April traf Dedekind in Zürich ein. Er hatte die von
Raabe angekündigten Vorlesungen, nämlich Elemente der Differentialgleichungen (7-stündig) und Integralrechnung mit Anwendung auf die Geometrie (2-stündig) zu übernehmen, und am 26.
April hielt er morgens um 6 Uhr seine erste Vorlesung. In den
kommenden Semestern wurden von ihm die folgenden Vorlesungen
gehalten, wobei Zahlentheorie hauptsächlich für Studenten der
sechsten Abteilung bestimmt war, während alle anderen auch zum
Programm der Ingenieure gehörten:

Winter 1858/59: Erster Teil der Differential- und Integralrech-
           nung mit Repetitorium, 9 St.,
           Repetitorium über die wichtigsten Anwendungen
           der Differential- und Integralrechnung, 3 St.,
           Elemente der Theorie der Zahlen und der Kreis-
           teilung, 3 St.;

Sommer 1859:   Differential- und Integralrechnung mit Repeti-
           torium und Analytische Geometrie des Raumes,
           7 St.,
           Anwendungen der Differential- und Integralrech-
           nung mit Repetitorium, 3 St.,
           Elemente der Theorie der Zahlen, 2 St.;

Winter 1859/60: Erster Teil der Differential- und Integralrech-
           nung und Analytische Geometrie der Ebene, 9 St.,
           Anwendungen der Differential- und Integralrech-
           nung auf geometrische und mechanische Probleme,
           3 St.;

Sommer 1860:   Differential- und Integralrechnung (Fortsetzung),
           4 St.,
           Analytische Geometrie des Raumes, 3 St.,
           Anwendungen der Differential- und Integralrech-
           nung, 3 St.;

Winter 1860/61: Erster Teil der Differential- und Integral-
           rechnung, 9 St.,
           Anwendungen der Differential- und Integral-
           rechnung, 3 St.,
           Zahlentheorie, 4 St.;

Sommer 1861:   Analytische Geometrie des Raumes, 3 St.,
           Differential- und Integralrechnung, zweiter
           Teil, 3 St.,
           Mathematisches Repetitorium, 1 St.,
           Anwendungen der Wahrscheinlichkeitsrechnung,
           2 St.;

Winter 1861/62: Differential- und Integralrechnung, erster Teil,
           8-9 St.,
           Anwendungen der Differential- und Integral-
           rechnung, 2 St.

Für die Repetitorien wurden die Schüler in Gruppen einge-
teilt. Im letzten Züricher Jahr, als mehr als hundert Studenten die Vorlesung hörten, wurden sechs Gruppen gebildet; die
Hälfte davon wurde von Durège betreut. Dedekind bereitete seine
Vorlesungen sehr gründlich vor und fand bei seinen umfangrei-
chen Lehraufgaben nur wenig Zeit für wissenschaftliche Arbeiten,
worüber er sich z.B. in einem Brief an seine Schwester vom
27.1.59 beklagt (vgl. Anhang). Tatsächlich sind von ihm aus
seiner Züricher Zeit nur wenige kleinere Gelegenheitsarbeiten
erschienen. Seine zahlentheoretischen Arbeiten, die ihn berühmt
gemacht haben, hat er erst später in Angriff genommen.

Die in diesem Band wiedergegebene Vorlesung vom WS 61/62
war die letzte von Dedekind in Zürich. Im Oktober 1861 nahm er
eine Berufung an die Polytechnische Schule in Braunschweig,
seiner Heimatstadt, an. Wenn auch die Züricher Zeit für Dedekind somit nur ein Durchgangsstadium war, so ist es doch für
ihn eine anregende und wichtige Zeit gewesen, in der sich sein
Gesichtskreis sehr erweitert hat. Seinen Briefen aus dieser
Zeit (vgl. Anhang) können wir entnehmen, daß er in einem großen
Kreis von Bekannten, Kollegen und Freunden, die aus vielen verschiedenen Ländern stammten, verkehrte, daß er an dem öffent-
lichen und politischen Leben reges Interesse nahm und vor allem
auch von Natur und Landschaft sehr beeindruckt war. So ist es
sicher nicht nur konventionelle Höflichkeit, wenn er in hohem
Alter an den Präsidenten der ETH schreibt: "... *ich gedenke
immer mit herzlicher Dankbarkeit der glücklichen und für mich
höchst lehrreichen Jahre, die ich im anregenden Kreise ausgezeichneter Amtsgenossen und mancher trefflicher Schüler dem
eidgenössischen Dienste habe widmen dürfen.*"

## 6. Die Vorlesung von Dedekind

Wie aus der in Abschnitt 2 zitierten Einleitung zu seiner
Schrift "Stetigkeit und Irrationalzahlen" hervorgeht, war sich
Dedekind darüber im klaren, daß er - insbesondere in einer für
Ingenieure bestimmten - Vorlesung keinen vollständigen "axioma-
tischen" Aufbau der Analysis geben konnte. Aber, wie schon im
Vorwort gesagt wurde, wird aus dem vorliegenden Text ganz deut-
lich, daß Dedekind sich an entscheidenden Stellen klar gemacht
hat, wie wesentliche Sätze bis auf die Grundprinzipien, also
vor allem das Stetigkeitsprinzip, zurückgeführt werden können.
Insgesamt kommt er dadurch zu einem weitgehend neuen Aufbau der
Vorlesung, der im wesentlichen bis heute beibehalten worden ist.
Im folgenden soll eine kurze Zusammenfassung des Inhalts mit
besonderer Betonung der historisch bedeutsam erscheinenden Punkte
gegeben werden.

Bezeichnenderweise beginnt die Vorlesung mit einer Einleitung,
in welcher die Fundamentalbegriffe der reellen Zahlen, des Grenz-
wertes und der Funktion behandelt werden. Dies ist schon ein
Bruch mit der Tradition, die Funktionen, Ableitungen und ele-

mentare Algebra wie Polynome usw. an den Anfang stellt. Diese
Einleitung ist offensichtlich von den Grundlagenuntersuchungen
Dedekinds beeinflußt. Im ersten Paragraph beschreibt Dedekind
die Zahlen als Punkte auf der Zahlengerade. Durch Einführung
einer Längeneinheit werden die positiven ganzen und rationalen
Zahlen konstruiert. Als nächsten Schritt definiert Dedekind
die negativen Zahlen, um die Subtraktion unbeschränkt zu er-
möglichen. Mit einem ungewöhnlichen Beweis zeigt er, daß $\sqrt{2}$
irrational ist, daß also die rationalen Zahlen die Zahlengerade
nicht erschöpfen.[*) ] Im zweiten Paragraph wird der Funktionsbe-
griff eingeführt. Die Darstellung ist informell und (soweit
aus der Mitschrift ersichtlich) nicht sehr befriedigend. In
den nächsten drei Paragraphen folgt eine Beschreibung der Ele-
mentarfunktionen ohne viele Einzelheiten, da die Schüler für
die Aufnahmeprüfung mit diesen Funktionen schon vertraut gewesen sein mußten. In Paragraph 6 wird der Grenzwertbegriff
eingeführt. Die grundlegende Eigenschaft, daß eine monoton
wachsende und beschränkte Folge konvergent ist, wird durch eine
geometrische Überlegung "bewiesen" (vgl. das Zitat aus Abschnitt
2). Als Anwendung dieses Satzes zeigt Dedekind dann sehr ausführlich die Konvergenz der Folge $(1 + \frac{1}{n})^n$ und verifiziert anschließend, daß allgemein $e = \lim(1+\delta)^{1/\delta}$ gilt. Diese Formel
wird angewandt um verschiedene Grenzwerte von elementaren Funktionen zu berechnen.

Erstaunlicherweise verzichtet Dedekind gänzlich auf eine Definition der Stetigkeit. Seine Gründe sind sicher didaktischer
Natur, denn an vielen Stellen, wo er diesen Begriff der Stetigkeit braucht, führt er die Überlegung auf eine direkte Anwendung des Zwischenwertsatzes zurück, welcher den Zuhörern sehr
natürlich vorgekommen sein mußte. Im letzten Teil der Einführung gibt Dedekind den Begriff der "unendlich kleinen" Größen
gleicher und verschiedener Ordnung. Wie im Vorwort erwähnt, ist
die Behandlung hier mehr traditionell, jedoch recht exakt. Nach
dieser Einleitung folgen Abschnitte, in denen die Differential-

---

*) Diese Konstruktion der Zahlen durch sukzessive Erweiterungen
   hat Dedekind schon in seinem Habilitationsvortrag (Dedekind
   [1930-1932], III S. 431) sehr eindrucksvoll beschrieben.

rechnung einer Variablen behandelt wird. Im ersten Abschnitt führt Dedekind die Ableitung nach dem Vorbild Cauchy's als Grenzwert ein. Er gibt Beispiele aus der Mechanik (Geschwindigkeit und Dichte) und berechnet die Ableitungen der elementaren Funktionen mit Hilfe der Grenzwertberechnungen aus der Einleitung. Im zweiten Abschnitt werden höhere Ableitungen, Extremalstellen und Konvexität diskutiert, im dritten zunächst Reihen und Taylorentwicklung.

Aus diesem dritten Abschnitt sind dann die Paragraphen, in denen die komplexen Zahlen und im Komplexen definierte Funktionen eingeführt werden, historisch wieder besonders interessant. Die Gedanken, die Dedekind in "Stetigkeit und irrationale Zahlen" über die Notwendigkeit eines im Grunde axiomatischen Aufbaus der Mathematik und insbesondere auch der Analysis ausgedrückt hatte, werden hier in eindrucksvoller Weise realisiert und weiterentwickelt. Auch zeigt sich in diesem Abschnitt Dedekind als Schüler von Gauss, Dirichlet und Riemann, dem über den eigentlichen (recht elementaren) Stoff hinaus der algebraisch-zahlentheoretische und funktionentheoretische Hintergrund der eingeführten Begriffe vertraut ist. Dieser ganze Abschnitt könnte (nur ganz geringfügig verbessert) auch noch in heutigen Lehrbüchern erscheinen.

Dedekind beginnt mit der Einführung der Zahl i als ein "*neues Zeichen*", für das $i^2 = -1$ gelten soll. Für die Zahlen a+bi werden dann die vier Grundrechenarten definiert (und somit praktisch der Körper der komplexen Zahlen konstruiert). Es folgt bemerkenswerterweise die geometrische Beschreibung in der komplexen Ebene, wobei der Vektorbegriff (in der Ebene) eingeführt und benutzt und die Vektoraddition am Kräfteparallelogramm erläutert wird. Dann werden Polarkoordinaten eingeführt und die Multiplikation beschrieben. Abgeschlossen wird der Teil über die komplexen Zahlen mit einer Diskussion der Einheitswurzeln.

Konvergenz- und Stetigkeitsbegriff für Funktionen in Komplexen werden auf den Abstandsbegriff zurückgeführt (und nicht etwa koordinatenweise definiert!): "*... so muss der Modul des Unterschiedes von* x+yi *und* A+Bi *unendlich klein werden... Es wird sich also* x *dem Werth* A *und* y *dem Werth* B *nähern...*" Entsprechend wird aus der Konvergenz einer Reihe die Konvergenz von

Real- und Imaginärteil gefolgert. Hier finden sich wie schon beim Vektorbegriff Ansätze zu einer koordinatenfreien Betrachtungsweise. Es wird dann bewiesen, daß aus der absoluten Konvergenz einer Reihe die gewöhnliche Konvergenz folgt.

Der Rest des Paragraphen besteht aus einer ausführlichen Diskussion einiger Beispiele von Funktionen, die durch Potenzreihen definiert werden. Zunächst erhält man durch Zerlegung der geometrischen Reihe in Real- und Imaginärteil interessante Beispiele von Fourier-Reihen. Dann werden die Reihen für die Exponentialfunktion, den Sinus und Cosinus, betrachtet und diese Funktionen explizit durch ihre Reihen definiert. (*"Ich verstehe nun unter $e^z$ den Werth, der durch unsere Reihe ausgedrückt wird."*) Konvergenz, Funktionalgleichung und komplexe Ableitung werden völlig exakt behandelt; insbesondere wird $e^z$ nicht gliederweise, sondern mittels der Funktionalgleichung differenziert. Auch der komplexe Logarithmus wird ganz exakt behandelt, wenn auch nicht alle Einzelheiten ausgeführt werden. (*"Man versteht unter einem natürlichen Logarithmus von z eine Größe w ..., so daß $e^w$ = z sei ... Es zeigt sich aber, daß es nicht nur einen Logarithmus von z gibt, sondern unendlich viele. ..."*) Es wird untersucht, wie sich der Logarithmus ändert, wenn z um $2\pi$ gedreht wird... *"So bekommen wir für log z unendlich viele Werthe. Durchläuft dagegen z eine geschlossene Curve, die nicht um den Nullpunkt geht, so ändert sich der Logarithmus von z nicht."*

Der nächste Abschnitt behandelt die Integralrechnung der Funktion einer Variablen. In Göttingen hatte Dedekind alle Vorlesungen von Dirichlet gehört, insbesondere auch eine über bestimmte Integrale (Winter 1856/57) (Vgl. Lorey [1916], S. 82). Eine entsprechende von Dirichlet im Sommer 1854 an der Universität Berlin gehaltene Vorlesung über die Lehre der bestimmten Integrale wurde 1904 von Arendt originalgetreu veröffentlicht. Ein Vergleich zeigt, daß Dedekind bei der Definition des Integrals der Darstellung von Dirichlet ziemlich genau folgte. Eine bemerkenswerte Differenz ist, daß Dedekind bei den "Riemannschen" Summen $\sum f(\alpha_r)(a_{r+1} - a_r)$ beliebige Stellen $\alpha_r$ im Intervall $[a_r, a_{r+1}]$ zuläßt, hingegen Dirichlet in seiner Berliner Vorlesung (wie auch Cauchy) nur Funktionswerte an den Endpunkten der Teilintervalle. Diese Verallgemeinerung geht auf Riemann zurück (Habilitationsschrift 1854), und man darf annehmen, daß Dedekind (und vielleicht auch Dirichlet in seiner Vorlesung vom Winter 1856/57) von der Riemannschen Konstruktion beeinflußt wurde. Diese zusätzliche Freiheit in der Wahl der Funktionswerte wird in Paragraph 21 über numerische Integration auch explizit benützt. Dedekind beweist die Existenz des Integrals wie Dirichlet. Da er den Stetigkeitsbegriff nicht eingeführt hat, setzt er voraus, *"es sei uns gelungen, die Abscisse ab in so viele kleine Theile getheilt zu haben, daß die Variation der Curve auf jedem Theil kleiner sei als jede beliebig kleine Größe $\rho$."* Im Gegensatz zu Cauchy hatte Dirichlet gemerkt, daß beim Beweis die gleichmäßige Stetigkeit der Funktion auf dem abgeschlossenen Intervall benützt wird, und hat sie auch als "Fundamentaleigenschaft der stetigen Funktionen" in einem detaillierten Beweis verifiziert (Dirichlet [1854], S. 4-7). Der Beweis deckt sich mit dem von Heine 1872 gegebenen (siehe auch Constantinescu [1980]).

Nach der Herleitung der elementaren Eigenschaften des Integrals beweist Dedekind den Mittelwertsatz der Integralrechnung unter Verwendung des Zwischenwertsatzes. Daraus leitet er den Hauptsatz der Differential- und Integralrechnung ab. Erwähnenswert ist hier, daß Dedekind für Integrationsvariable und die obere Grenze verschiedene Bezeichnungen wählt (wie wir es heute tun). Schon bei der Definition des Integrals macht Dedekind die Bemerkung, daß die Bezeichnung der Integrationsvariablen unwesentlich ist. Der Rest der Integralrechnung wird in klassischer Art behandelt. Insbesondere gibt Dedekind viele geometrische Anwendungen. Dieser Abschnitt enthält auch noch die Trapezregel und die Simpsonsche Regel für numerische Integration. Ein Grund dafür war sicher, daß die Vorlesung sich in erster Linie an Ingenieure wandte.

In den nächsten drei Abschnitten behandelt Dedekind die Differentialrechnung von Funktionen mehrerer Veränderlicher. Alle Betrachtungen sind jetzt aber rein formal und geschehen ganz im Sinne der "algebraischen Analysis", also durch Vernachlässigung der Glieder höherer Ordnung. Es finden sich keine exakten Beweise. Die Taylorentwicklung kommt erst ganz am Schluß und ohne Restabschätzung. Der Satz über implizite Funktionen wird

als mehr oder weniger selbstverständlich in sehr intuitiver
Art angewendet: Aus n Variablen, welche k Bedingungen erfüllen,
können n-k "freie" Variablen ausgewählt werden. Dieses "Prin-
zip" wird zum Beispiel bei der Theorie der Extremalstellen mit
Nebenbedingungen angewendet. Bei der Theorie der Differentiale,
speziell der höheren, wird die Darstellung durch die gleichzeitige Betrachtung von freien und von gebundenen Variablen
nicht besonders klar. Eine exakte Theorie der Funktionen mehrerer Variablen fand erst viel später Eingang in die Literatur
(Dini [1877/78], Genocchi-Peano [1884], Jordan [1887-93]). Noch
1872 erwähnt Jordan: "Aussi la théorie de ces fonctions [de
plusieurs variables] est-elle relativement fort en retard"
(vgl. auch E. Scholz [1980], S. 237). Dedekind war sich aber
sicher der Unvollständigkeit seiner Betrachtungen bewußt, denn
in seinem wissenschaftlichen Nachlaß finden sich eine Reihe
von Notizen zu Fragen aus diesem Problemkreis.

Das Kapitel über Integralrechnung behandelt hauptsächlich
Doppelintegrale. Diese werden als Volumen eingeführt und nicht
als iterierte Integrale, wie in den meisten Lehrbüchern jener
Zeit. Die Darstellung ist jetzt wieder sehr sorgfältig, speziell
bei der Herleitung der iterierten Integrale, obwohl natürlich
die erforderliche genaue Definition des Gebietes fehlt. Im zweiten Paragraph wiederholt Dedekind die ganze Konstruktion für
Polarkoordinaten. Die allgemeine Transformationsregel wird nicht
gegeben, obwohl der formale Prozeß damals wohlbekannt war. Nach
einem Abschnitt über Flächeninhalte wurde noch die Integration
vollständiger Differentiale von 2 oder 3 Variablen behandelt.
Die Darstellung ist ziemlich formal und auch lückenhaft. Es
werden die Integrationsbedingungen untersucht und bemerkt, daß
nicht-exakte Differentiale sich zwar längs einer Kurve integrie-
ren lassen, daß das Resultat jedoch vom Integrationsweg abhängt.
Es ist nicht sicher, ob dieser Teil noch von Dedekind selbst
im Wintersemester gehalten wurde, oder ob er schon in das folgende Sommersemester fiel, in das wohl auch der wenig Interessantes bietende abschließende Abschnitt über Differentialgleichungen gehört. Wir haben auf eine Wiedergabe dieses Abschnittes über Differentialgleichungen verzichtet.

## 7. <u>Die Vorlesung über Differential- und Integralrechnung an der ETH nach Dedekind</u>

Obwohl an der ETH die Ausbildung von Lehrern in Mathematik seit der Gründung der Schule vorgesehen war, blieb die Differential- und Integralrechnung lange eine Vorlesung hauptsächlich für zukünftige Ingenieure. Erst 1967 kam es wegen der wachsenden Zahl von Studenten zur Einführung einer eigenen Vorlesung für Mathematiker und Physiker. Im Gegensatz zu den Vorlesungen für Ingenieure wird im neuen Kurs die Analysis auf strenger Grundlage aufgebaut.[*)]

Die Handschriftenabteilung der ETH-Bibliothek besitzt mehrere Mitschriften von den Vorlesungen der Nachfolger Dedekinds. Ein Vergleich zeigt, daß diese Vorlesungen recht unterschiedlich waren. In allen Fällen hatten sie jedoch das Ziel, den Zuhörern Sinn und Zweck mathematischer Methoden und Verfahren beizubringen und nicht in die höhere Mathematik einzuleiten. Verglichen mit der Vorlesung von Dedekind sieht diejenige von Christoffel recht altmodisch aus. Von Christoffel, der als hervorragender Lehrer bekannt war, hätte man vielleicht mehr erwarten können. Schwarz ist wohl derjenige, welcher die abstrakteste Vorlesung gab. Ein Beispiel ist seine Einführung der Exponentialfunktion durch ihre Funktionalgleichung. Bei Frobenius überrascht die ausführliche Behandlung der rationalen Funktionen im ersten Teil. Anschließend führt Frobenius Potenzreihen ein, und erst dann die elementaren transzendenten Funktionen. Komplexe Zahlen kommen sehr früh vor. Die Darstellung von Hurwitz ist wieder ganz in der Dedekindschen Art, obwohl eine vergleichbare Einleitung fehlt. Hurwitz gibt auch sehr viele Beispiele und geometrische Anwendungen.

Von 1903 und bis zu seinem Tod im Jahre 1913 hielt Hurwitz nur noch Vorlesungen für Mathematiker. Die Infinitesimalrechnung wurde dann während der nächsten 33 Jahre von Hirsch (1866-1948) gelesen und von 1936 bis 1966 von Saxer (1896-1974). Die Vorlesungen von Saxer waren von seinen vielen Zuhörern, besonders von den Ingenieurstudenten, außerordentlich geschätzt.

---

*) Das Lehrbuch von Blatter [1974] hat seinen Ursprung in dieser Vorlesung.

Im Aufbau und in der Art der Darstellung sind sie der vorliegenden Vorlesung von Dedekind sehr ähnlich. Nach dem Rücktritt von Saxer wurde die schon erwähnte getrennte Vorlesung für Mathematiker und Physiker eingeführt. Auch die Vorlesung für Ingenieure mußte wegen der großen Zahl von Studenten mehrmals geteilt werden. Als Unterlagen werden heute verschiedene hauseigene Autographien benutzt, deren Ähnlichkeit mit der Dedekind-Vorlesung stellenweise noch unverkennbar ist. Bis heute ist die Infinitesimalrechnung die mathematische Hauptvorlesung für Ingenieure geblieben. Sie wird im ersten Jahr noch sechsstündig pro Woche gelesen. Durch die Einführung weiterer mathematisch orientierter Fächer wie Lineare Algebra, Statistik, Numerische Mathematik und Informatik hat sich jedoch ihre Stellung geändert, und eine gewisse Kürzung des Stoffes ist in nächster Zeit zu erwarten.

## Literatur

Zu den in dieser Einleitung diskutierten Fragenkreisen, insbesondere zur Begründung der Analysis existiert eine nahezu unübersehbare Fülle von Primär- und Sekundär-Literatur, die wir nicht im entferntesten vollständig durchgesehen haben und auch nicht erschöpfend zitieren können. Über die Geschichte der Mathematik im 19. Jahrhundert informiert Klein [1926/27], teilweise noch als Augenzeuge. Für die Geschichte der Analysis, insbesondere Grundlagenfragen verweisen wir insbesondere auf folgende Quellen, die auch weitere Literaturangaben enthalten: Pringsheim [1899], Voss [1899], Grattan-Guinness [1970], Edwards [1980]. Biographische Angaben über Dedekind und Informationen über sein wissenschaftliches Werk finden sich vor allem in Dugac [1976], Knus [1982], Scharlau [1981], weitere Angaben über die ETH Zürich in Oechsli [1905].

## Literaturverzeichnis

K.-R. Biermann: [1973] Die Mathematik und ihre Dozenten an der Berliner Universität 1810-1920, Berlin.

C. Blatter: [1974] Analysis I, II, III, Berlin, Heidelberg, New York.

G. Bohlmann: [1897] Übersicht über die wichtigsten Lehrbücher
der Infinitesimal-Rechnung ..., Jahresb. Dt. Math. Ver. 6.

G. Cantor: [1872] Über die Ausdehnung eines Satzes aus der
Theorie der trigonometrischen Reihen, Math. Ann. 5, 123-132.

A.L. Cauchy: [1821] Cours d'analyse de l'Ecole Royale Polytechnique, Paris. (Werke (2)3) Deutsche Übersetzung,
Königsberg 1828.

- [1823] Résumé des lecons données à l'Ecole Royale Polytechnique sur le calcul infinitésimal, Paris (Werke (2)4).

- [1829] Lecons sur le calcul différentiel, Paris. (Werke
(2)4) Deutsche Übersetzung, Braunschweig 1836.

- [1853] Note sur les séries convergentes ..., Compt. Rend.
Acad. Roy. Sci. 36, 454-459 (Werke (1)12, 30-36).

C. Constantinescu: [1980] Die Definition des Integrals für ste-
tige Funktionen bei Cauchy und Dirichlet, Elemente der
Math 35, 147-152.

R. Dedekind: [1872] Stetigkeit und irrationale Zahlen, Braunschweig; zahlreiche weitere Auflagen und Übersetzungen
(Werke 3).

- [1930/32] Gesammelte mathematische Werke, Braunschweig.

U. Dini: [1877/78] Analisi Infinitesimale, lithographiert,
Pisa.

- [1878] Fondamenti per la teorica delle funzioni di variabili
reali, Paris, Deutsche Übersetzung Leipzig 1892.

G.P.L. Dirichlet: [1854] Vorlesungen über die Lehre von den
einfachen und mehrfachen bestimmten Integralen (Hrsg.
G. Arendt), Braunschweig 1904.

P. Dugac: [1973] Elements d'analyse de Karl Weierstrass,
Archive Hist. Exact Sci. 10, 41-176.

- [1976] Richard Dedekind et les fondements des mathématiques,
Paris.

C.H. Edwards jr. [1980] The Historical Development of the
Calculus, New York, Heidelberg, Berlin.

A. Genocchi - G. Peano: [1884] Calcolo differenziale e principii di calcolo integrale, Turin, Deutsche Übersetzung Leipzig 1899.

I. Grattan-Guinness: [1970] The development of the foundations of mathematical analysis from Euler to Riemann, Cambridge and London.

E. Heine: [1869] Über trigonometrische Reihen, Journal reine angew. Math 71, 353-365.

- [1872] Die Elemente der Funktionenlehre, Journal reine angew. Math 74, 172-188.

C. Jordan: [1882-87] Cours d'Analyse de l'Ecole Polytechnique, 3 Bde., Paris; weitere Auflagen und reprints.

F. Klein: [1926/27] Vorlesungen über die Entwicklung der Mathematik im 19. Jahrhundert, Berlin.

M.-A. Knus: [1982] Dedekind und das Polytechnikum in Zürich, Abh. Braunschw. Wiss. Ges. Bd. 33 (Hrsg. U. Wannagat).

S.F. Lacroix: [1802] Traité élémentaire du calcul différentiel et du calcul intégral, Paris. 2. Aufl. 1806; zahlreiche weitere Auflagen.

R. Lipschitz: [1877-80] Lehrbuch der Analysis, 2 Bde., Bonn.

W. Lorey: [1916] Das Studium der Mathematik an den deutschen Universitäten seit Anfang des 19. Jahrhunderts, Leipzig.

E. Meray: [1872] Nouveau précis d'analyse infinitésimale, Paris.

W. Oechsli: [1905] Geschichte der Gründung des eidg. Polytechnikums mit einer Übersicht seiner Entwicklung 1855-1905. Festschrift zur Feier des fünfzigjährigen Bestehens, Frauenfeld.

E. Pascal: [1895] Calcolo infinitesimale, 3 Bde., Milano.

A. Pringsheim: [1899] Grundlagen der allgemeinen Funktionenlehre, in Encyklopädie d. math. Wiss. 2. Band, 1. Hälfte, 1-53.

B. Riemann: [1854] Über die Darstellbarkeit einer Funktion durch eine trigonometrische Reihe (Habilitationsschrift), Gött. Abh. 13 (1867), (Werke 272-287).

W. Scharlau (Hrsg.): [1981] Richard Dedekind 1931-1981. Eine
    Würdigung zu seinem 150. Geburtstag. Braunschweig, Wiesbaden.

D. Schlömilch: [1847/48] Handbuch der Differential- und In-
    tegralrechnung, 3 Lieferungen, Greifswald.

E. Scholz: [1980] Geschichte des Mannigfaltigkeitsbegriffs von
    Riemann bis Poincaré, Boston, Basel, Stuttgart.

P.L. Seidel: [1848] Note über eine Eigenschaft der Reihen,
    welche discontinuierliche Funktionen darstellen",
    Abh. Akad. Wiss. Munich 7, math.-phys. Kl. 381-393
    (Ostwalds Klassiker 116).

P.G. Stäckel: [1915] Die mathematische Ausbildung der Archi-
    tekten, Chemiker, Ingenieure an den deutschen technischen
    Hochschulen, Leipzig.

G.G. Stokes: [1847] On the critical values of the sums of
    periodic series, Trans. Cambridge Phil. Soc. 8, 533-583.

O. Stolz: [1893-1899] Grundzüge der Differential- u. Inte-
    gralrechnung, 3 Bände, Leipzig.

J. Tannery: [1886] Introduction à la théorie des fonctions
    d'une variable, Paris.

A. Voss: [1899] Differential- und Integralrechnung, in
    Encyklopädie d. math. Wiss. 2. Band, 1. Teil, 58-135.

Richard Dedekind

# Vorlesung über Differential- und Integralrechnung

# Einleitung



§ 1.  VORSTELLUNG DES ZAHLENGEBIETES

Wir können jede ganze Zahl bildlich oder geometrisch darstellen.
Nehmen wir zum Beispiel eine Linie von beliebiger Länge an, und
auf derselben einen Punkt  0 . So können wir die Zahl eins so
darstellen, indem wir eine beliebige konstante Länge auf dieser
vom Nullpunkt aus nach rechts auftragen. Dieses Stück repräsen-
tirt uns also die Zahl eins. Wollen wir die Zahl  2  geometrisch
darstellen, so wissen wir, dass  2 = 1 + 1  ist. Wir haben also
nur die Einheit zweimal vom Nullpunkt aus aufzutragen, oder von
1  aus noch einmal und erhalten das geometrische Bild der Zahl
2 . Um das Bild der Zahl  3  zu erhalten, können wir unsere
Längeneinheit  dreimal vom Nullpunkt aus auftragen. Ebenso können wir  4,5,6,7,8...  bis  $\infty$  bildlich darstellen.

Wollen wir hingegen eine gebrochene Zahl geometrisch darstellen,
zum Beispiel  $\frac{7}{4}$ , so wären wir dies mit unsern Längeneinheiten
nicht imstande, denn  $\frac{7}{4} = 1\frac{3}{4}$ , und  $\frac{3}{4}$  ist eine Grösse, die
kleiner ist als  1 . Wir müssen daher unsere Länge in noch klei-
nere Theile eintheilen und zwar in Viertel. Dann sind wir erst
imstande,  $\frac{7}{4}$  geometrisch darzustellen.

Addition ist ja nichts anders als Zusammenziehen von mehreren
Zahlen, zum Beispiel  1 + 1 + 1 + 1 = 4 . Es ist also jede Zahl
grösser als  1  schon eine Summe, deren einzelne Summanden
gleich eins  sind. Natürlich ist das, was wir durch die Addition
erhalten, immer grösser als jeder der einzelnen Summanden. Somit
könnten wir auch jeden der einzelnen Summanden von der Summe
subtrahiren. Sollten wir nun aber eine Zahl von einer andern
subtrahiren, die grösser ist als die zu vermindernde Zahl, so

können wir dies mit den bisherigen Zahlen nicht, und wir müssen, um dies möglich zu machen, neue Zahlen einführen, welche im Gegensatz zu den bisherigen die negativen Zahlen heissen, während die andern die positiven genannt werden. Um nun diese negativen Zahlen bildlich auszudrücken, machen wir es gerade wie vorher, nur, dass wir die Längeneinheiten statt nach rechts nach links auftragen.

Wir sehen also, dass wir alle rationalen Zahlen, seien sie positiv oder negativ, bildlich ausdrücken können. Hingegen ist es keineswegs auch umgekehrt so, denn es könnte uns ein Stück einer Linie gegeben sein, welche durch keine uns denkbare Längeneinheit zu messen wäre. Ein Beispiel ist die Hypotenuse eines gleichseitigen rechtwinkeligen Dreiecks. Die Hypotenuse habe die messbare Länge  a  und die beiden Katheten die messbare Länge  b . So ist  $2b^2 = a^2$ . Es soll also ein doppeltes Quadrat einem andern Quadrat gleich sein.

Untersuchen wir nun, ob wirklich eine solche Zahl existirt. Es sei nun  b  die kleinste Zahl, deren doppeltes Quadrat gleich dem Quadrat einer andern Zahl  a  sei, wo aber natürlich  a > b  ist. Es soll  b  von  a  um die Grösse  c  verschieden sein, wo  b > c  sei, also  a = b + c . Setzen wir diesen Wert von a  in die Gleichung  $2b^2 = a^2$  ein, so ist:

$$2b^2 = (b+c)^2 = b^2 + 2bc + c^2$$

$$b^2 - 2bc = c^2$$

$$b^2 + c^2 - 2bc = 2c^2$$

$$(b-c)^2 = 2c^2 .$$

Wir sehen nun sogleich, dass, wenn  $2b^2$  gleich  $a^2$  sein sollte, es noch eine andere Zahl gäbe, die die nämlichen Eigenschaften habe wie die Zahl  b  [und kleiner als  b  wäre]; das kann

aber natürlich nicht sein: $\sqrt{2}$ ist also eine irrationale
Zahl.[*]

## § 2. VERAENDERLICHE GROESSEN

Wir finden in der Natur viel Veränderliches. Betrachten wir zum
Beispiel das Wachsthum, so bemerken wir, dass die Grösse einer
Pflanze nicht immer die gleiche ist. Ebenso können wir die Veränderlichkeit bei der Temperatur beobachten. Es kommen bei einer
solchen Veränderlichkeit mehrere Grössen in Betracht, wie zum
Beispiel sich die Temperatur in einer Zeit $t$ um eine gewisse
Anzahl Grade $u$ , welche wir messen können, verändert. Hier
hängt die Temperatur $u$ von der Zeit $t$ ab. Es stehen also
die Grössen $t$ und $u$ in einem gewissen Zusammenhang. Nun sagt
man, wenn zwei Grössen einen solchen Zusammenhang haben, dass
eine Grösse von der andern abhängt, die eine sei eine Funktion
der andern. Es ist also $u$ eine Funktion von $t$ , und wir
schreiben daher kurz:

$$u = f(t) \ ,$$

wobei $f$ das Wort Funktion bezeichnet und die Grösse in der
Klammer die Grösse anzeigt, von welcher $u$ eine Funktion sei.
$t$ heisst die unabhängig variable und $u$ die abhängig variable
Grösse. Für das Funktionszeichen setzt man auch $\xi, \psi, \mu, F \ldots$
und für $t$ wird auch $x, y, z \ldots$ eingesetzt.

Wir wollen annehmen, wir haben ein rechtwinkliges Achsensystem
$\underline{x \ y}$ und eine Curve $a \ b$ .

[*] Dieser originelle Beweis ist Spezialfall für $D = 2$ des Beweises der Irrationalität von $\sqrt{D}$ , gegeben von Dedekind in:
"Stetigkeit und Irrationale Zahlen, 1872, S. 12. Er ist in
der Literatur kaum zu finden. Siehe aber Hardy, G.H.: A
Course of Pure Mathematics, 1908, p. 6, oder Landau, E.:
Grundlagen der Analysis, 1930, Satz 162, S. 67. Offenbar
wollen Dedekind (und Landau) Primfaktorzerlegungen natürli-
cher Zahlen vermeiden.

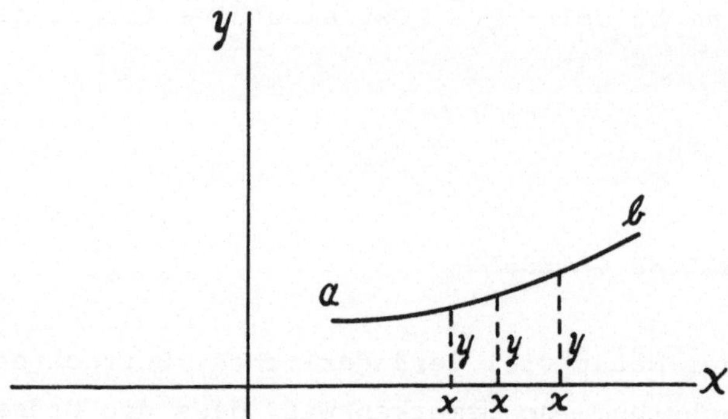


Nehme ich nun einen beliebigen Werth für  x  an, so erhalte ich
gewiss auch einen Werth für  y , indem ich nämlich wie in der
analytischen Geometrie die Ordinate  y  nur bis zur Curve ziehe.
Natürlich werde ich für einen andern Werth von  x  auch einen
andern Werth für  y  erhalten.

Wenn umgekehrt  u  eine Funktion von  t  ist, könnten wir durch
Einsetzen von verschiedenen Grössen für  t  verschiedene Grössen
von  u  erhalten und sodann aus diesen eine Curve konstruiren.
Wenn wir zum Beispiel die Grösse  4x + 7  haben, so ist mit je-
dem andern Werth von  x  der Werth der ganzen Funktion anders.
Setzen wir für  x = 1 , so ist der Werth gleich  11  und für
x = 2  ist der Werth gleich  15. Gewöhnlich bezeichnen wir die
Werthe solcher Funktionen mit  y .

## § 3.  RATIONALE FUNKTIONEN

Es stützt sich eigentlich der Begriff einer rationalen Funktion
auf denjenigen einer Potenz. Wir wissen, dass eine Potenz nichts
anders ist als ein Produkt von mehreren gleichen Faktoren, welche Anzahl uns der Exponent angibt. Eine Reihe von endlich vielen Gliedern

$$c_0 + c_1 x + c_2 x^2 + c_3 x^3 + \ldots c_n x^n$$

heissen wir eine *ganze rationale Funktion*. Unter einer *rationalen Funktion* versteht man einen Quotienten von zwei ganzen Funktionen. Es wäre also

$$y = \frac{c_0 + c_1 x + c_2 x^2 + c_3 x^3 + \ldots c_n x^n}{a_0 + a_1 x + a_2 x^2 + a_3 x^3 + \ldots a_m x^m}$$

der Werth einer rationalen Funktion.

Wenn wir nun die Division ausführen und sie nicht aufgeht, so sagen wir, die Funktion sei *gebrochen*. Ist eine ganze rationale Funktion geordnet nach steigenden oder fallenden Potenzen von x , so zeigt uns die höchste Potenz den Grad der Funktion an. Es wäre also die Funktion im Zähler unserer obigen Gleichung vom $n^{ten}$ Grad und der Nenner wäre vom $m^{ten}$ Grade. Man unterscheidet echt gebrochene und unecht gebrochene Funktionen: Ist in unserer rationalen Funktion $n \geq m$ , so heisst die Funktion *unecht gebrochen*. Ist hingegen $m > n$ , so heisst die Funktion eine *echt gebrochene rationale Funktion*. Es findet sich, wie wir sehen, eine gewisse Aehnlichkeit wie bei den gewöhnlichen Brüchen. Ist nämlich Zähler grösser als Nenner, so ist der Bruch ein echter. Hier beziehen wir uns auf den Grad des Nenners und Zählers.

*[Beispiele]*

Die allgemeinste Form einer Funktion des ersten Grades ist ax + b . Setzen wir wieder den Werth der Funktion gleich y , so ist

$$y = ax + b .$$

Diese Funktion heissen wir nun die *lineare Funktion*, denn in
der analytischen Geometrie bedeutet dies eine Gerade. Man sagt
auch, $y$ hänge linear von $x$ ab. Wir wissen, dass die Gleichung $y = ax$ eine Gerade durch den Nullpunkt gehend bedeutet,
welche mit der Abscissenachse den Winkel $\alpha$ bildet. Die Gerade
$y = ax + b$ schneidet aber von der Ordinatenachse noch das
Stück $b$ ab; wir müssen daher noch $b$ auftragen, und zwar
nach oben, wenn $b$ positiv ist. Wir ziehen also eine Parallele
zu der Geraden $y = ax$ durch $b$ . So erhalten wir das geometrische Bild der Gleichung $y = ax + b$ .

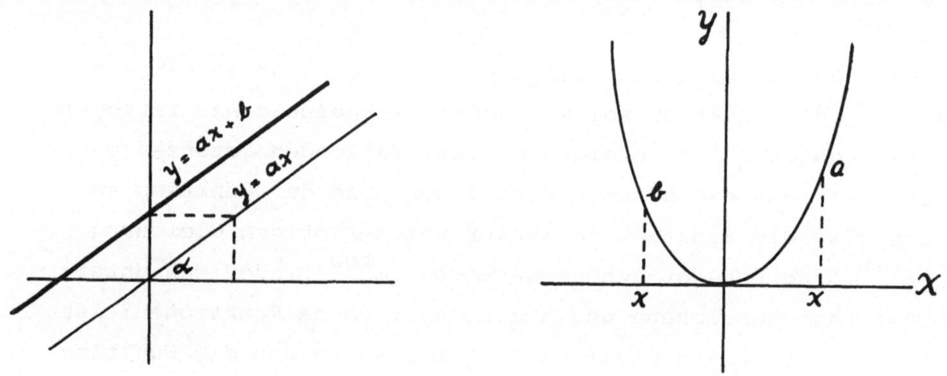


Es sei $y = x^2$ . Nehmen wir nun ein rechtwinkliges Coordinatensystem an. Unsere Curve kann jedenfalls nicht Punkte haben, die
unterhalb der $x$-Achse liegen. Denn was wir auch für $x$ setzen
mögen, ist $y$ positiv. Hingegen kann sie links und rechts
der $y$-Achse Punkte enthalten. Setzen wir $x = 0$ , so ist
$y = 0$ . Das heisst, die Curve geht durch den Nullpunkt. Setzen
wir $x = 1$ , so erhalten wir $y = 1$ und erhalten den Punkt $a$ .
Setzen wir hingegen $x = -1$ , so ist $y = 1$ . Wir sehen also,
dass für ein $y$ zwei $x$ vorhanden sind, deren Werth gleich,
hingegen deren Zeichen entgegengesetzt sind. Es geht also hieraus hervor, dass dies eine symmetrische Curve bezeichnet, dass
sie sich ferner ins Unendliche erstreckt und dass die Ordinaten
sich nach dem Quadrate von $x$ vergrössern. Eine solche Curve
heissen wir eine *Parabel*; es ist eine Curve wie uns die obige
Figur zeigt.

{Es folgt jetzt eine analoge Diskussion der Kurven  $y = x^3$ ,
$y = \dfrac{1}{x}$ , $y = \dfrac{1}{x^2}$ .}


## § 4.   [POTENZ- UND EXPONENTIALFUNKTIONEN]

Wenn wir die Funktion  $y = x^m$  haben, wo  m  beliebig sein kann,
so ist die Curve dieser Gleichung natürlich abhängig von  m .
Für  m = 1/2  ist:  $y = x^{1/2} = \sqrt{x}$ .

Um das geometrische Bild dieser Gleichung zu erhalten, nehmen
wir wieder ein rechtwinkliges Achsensystem an.

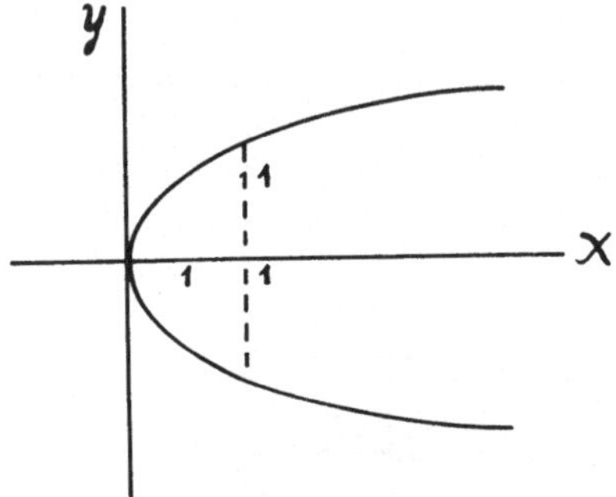

Setzen wir  x = 0 , so ist  y = 0 , das heisst die Curve geht
durch den Nullpunkt. Setze ich  ±1  für  x , so ist  y = 1
und  $y = \sqrt{-1}$ . Nun ist aber ein imaginäres   y  gar nicht möglich, das heisst, für negative  x  gibt es keine Werthe von  y ,
oder vielmehr, es liegen keine Punkte auf der linken Seite der
y-Achse. Setzen wir  x = 2 , so ist  $y = \pm\sqrt{2}$  und  x = 3  gibt
$y = \pm\sqrt{3}$ . Wir sehen also, dass für das gleiche  x  wir zwei
Werthe von  y  bekommen, welche ihrem absoluten Werth nach
gleich sind, im Zeichen aber entgegengesetzt. Es entsteht also
wieder eine symmetrische Curve, deren eine Hälfte sich über der
Abscissenachse und deren andere Hälfte sich unter der Abscissenachse befindet. Natürlich erstreckt sich die Curve ins Unendli-

che. Und wir erhalten wie früher eine Parabel, nur mit dem Unterschied, dass vorher die  y-Achse an die Stelle der jetzigen
x-Achse kommt. Wir müssten also nur die Achsen vertauschen, um
aus dieser Curve die vorhergehende zu erhalten. Hieraus geht
hervor, dass man jede Curve sich umgekehrt denken kann, mithin
man auch die Gleichung umgekehrt schreiben kann, also:

$$y = x^2 \quad \text{oder} \quad x = \sqrt{y} \quad \text{und} \quad y = \sqrt{x} \quad \text{oder} \quad x = y^2$$

Wir sehen also, dass nicht  y  von  x  abhängig sein muss, dass
es auch umgekehrt sein kann. Man sagt alsdann bei einem solchen
Falle, das  x  sei eine inverse Funktion[*] von  y . Es ist also
das Quadrat einer Grösse eine inverse Funktion von der Quadratwurzel derselben. Wenn also die Curve (Parabel) genau mathematisch wäre, so könnte man aus jeder Zahl der Quadrat finden und
ebenso aus jeder Zahl die Quadratwurzel ausziehen.
{Es folgt jetzt eine analoge Diskussion der Kurve  $y = \sqrt[3]{x}$ .}

*Exponential-Funktionen*

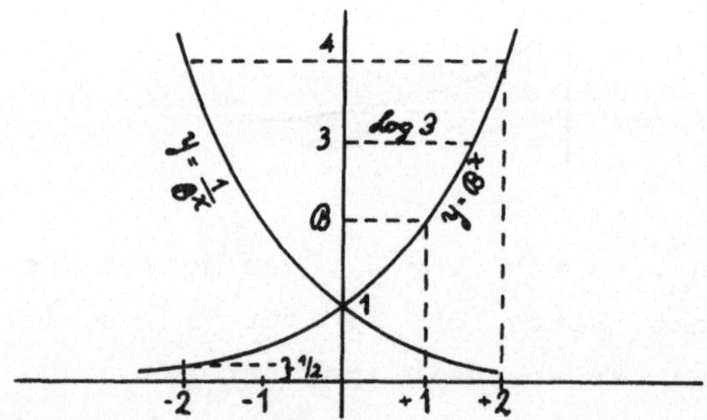


Wir verstehen unter eine Exponentialfunktion eine solche Funktion, in welcher die Variable als Exponent und die Basis konstant ist. Eine solche ist  $B^x$ , wobei  B  positiv konstant

---

[*] Dieser Begriff der inversen Funktion wurde in den damaligen
Lehrbüchern meistens vernachlässigt. Dedekind benützt ihn
systematisch.

ist und  x  variabel ist. Mit  y  bezeichnet:

$$y = B^x .$$

Wäre nun  B = 1 , so würden wir für  y  die Konstante  1  erhalten. Wir können also deshalb  B  nicht gleich  1  betrachten.
Negative Werthe geben wir dem  B  nicht. Setzen wir  x = 0 , so
ist  y = 1 ; es schneidet also die Curve das positive Stück der
y-Achse in der Entfernung  1  vom Nullpunkt.  x = 1  gibt  y = B
und  x = -1  gibt  $y = \frac{1}{B}$ . Es liegt also unsere Curve vollständig über der  x-Achse. Setzen wir  x = 2 , so erhalten wir
$y = B^2$  und  für  x = -2  $y = \frac{1}{B^2}$ . Wir sehen hieraus, dass sich
die Curve nach der negativen Seite der  x-Achse ins Unendliche
entfernt, und sich derselben immer nähert, so dass also die
x-Achse eine Asymptote ist. Hingegen erhalten wir für positive
Werthe von  x  auch positive von  y , die aber sehr rasch zunehmen, nämlich mit der Potenz von  B , welche durch  x  ange-
zeigt wird. Es geht also die Curve ziemlich stark aufwärts und
wird allmählig beinahe der  y-Achse parallel.

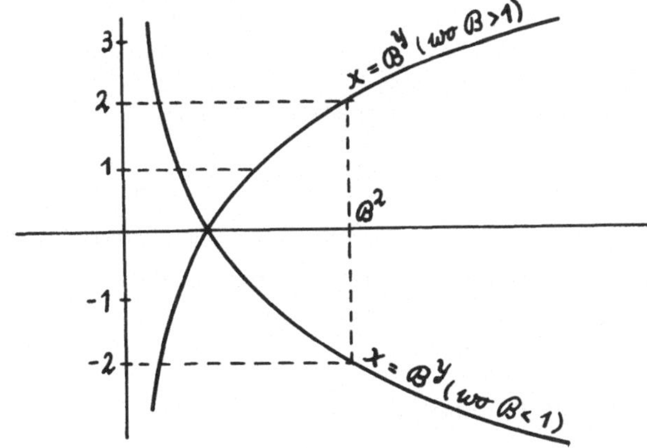


Diese Curve heisst auch die *Logarithmische Curve*. Ersetzen wir
B  durch  A , so ist  $y = B^x$  auch gleich  $y = A^x$ . Ist  $A = \frac{1}{B}$ ,
also  A < 1  [wenn  B > 1], dann könnten wir auch  $y = (\frac{1}{A})^x =$
$A^{-x}$  statt  $y = B^x$  schreiben, oder auch statt  $y = A^x$  $y = B^{-x}$ .
Für diese Gleichung erhalten wir eine Curve, die sich auf der

linken Seite der  y-Achse in die Höhe zieht und auf der rechten
Seite sich immer der  x-Achse nähert.

Wir führen jetzt den Begriff eines Logarithmus ein. Wir verstehen unter einem *Logarithmus* von  x  diejenige Zahl, mit welcher
man die Basis  B  zu potenziren hat, um  x  zu erhalten, welche
Zahl wir also mit  y  bezeichnet haben. Es wäre also

$$x = B^{\text{Log } x} \quad \text{oder} \quad B^y = x \ .$$

Früher war  $y = B^x$  und jetzt ist  $B^y = x$ . Wir sehen also hieraus, dass Exponentialfunktionen und Logarithmische Funktionen
inverse Funktionen sind.  B  heisst die *Basis* des Logarithmensystems.

Wir könnten also mit unserer Curve den Logarithmus einer jeden
Zahl finden. Wollten wir zum Beispiel  Log 2  suchen, so müssten wir für  x = 2  auf der  y-Achse auftragen und die Ordinate
ziehen.

Wäre nun die Basis nicht  B , sondern  b , so hätten wir

$$x = b^{\log x} \ .$$

Natürlich ist der Logarithmus ein anderer, und wir bezeichnen
ihn mit einem kleinen  log . Um nun von dem einen Logarithmen-
system in das andere überzugehen, [berechnen wir
$\text{Log } x = \log B^y = y \log B$  oder, da  $y = \text{Log } x$

$$\log x = \log B \cdot \text{Log } x$$

Da  log b = 1 , ist  $\log B = \dfrac{1}{\text{Log } b}$ .]

## § 5.   TRIGONOMETRISCHE FUNKTIONEN

Wir denken uns einen Winkel  ABC   und beschreiben vom Scheitel
desselben einen Bogen  s  mit dem Radius  r . Beschreiben wir
ferner einen andern Bogen  s'  mit dem Radius  r' , so findet
folgende Proportion statt:

$$s : s' = r : r' .$$

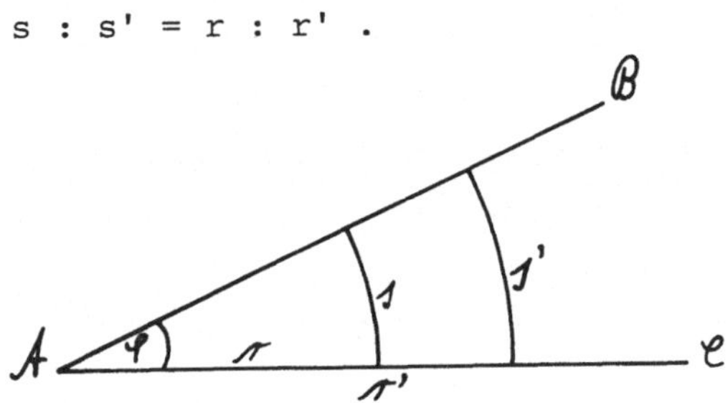

Beschreiben wir nun einen Bogen mit dem Radius gleich  1 , und
es sei der Bogen gleich  x , so findet wieder das gleiche Verhältnis statt, also

$$\frac{s}{s'} = \frac{r}{r'} = \frac{x}{1} = x .$$

Diese Zahl  x  gibt uns das Verhältnis des Bogens zu dem Radius
an. Es ist also  x  das Zahlmass, welches uns die Grösse des
Winkels angibt.

Nehmen wir einen zweiten Winkel an und heissen  ihn  $\psi$ , während
wir den ersten  $\varphi$  heissen wollen. Betrachten wir nun die beiden Winkel, so ist:  $\varphi^{\circ} : \psi^{\circ} = x : y$ .

Nehmen wir nun an, es sei der zweite Winkel  $\psi = 180^{\circ}$ , so ist
$y = \pi$ , da  $360^{\circ} = 2\pi$  ist. Dieses eingesetzt gibt folgende
Proportion:

$$\varphi : 180 = x : \pi$$

$$x = \frac{\varphi^{\circ}}{180^{\circ}} \pi$$

$$\varphi^{O} = 180^{O}\, \frac{x}{\pi}\ .$$

Wir wollen nun die Curve für  sin x  konstruiren. Es sei
y = sin x , wobei  y  die Ordinate bedeuten soll für einen Bogen  x  mit Radius  1 . Der Sinus eines Bogens ist nun offenbar
eine periodische Funktion. Denn er verändert sich nur zwischen
0  und  360$^{O}$  oder zwischen  0  und  2π  und nimmt dann wieder
seinen alten Werth an. Wir verstehen unter einer *periodischen
Funktion* nichts anders als eine Funktion, welche sich nach
einem bestimmten Intervall immer wieder reproducirt. Dieses Intervall ist also  0  bis  2π  für den Sinus.

Um nun unsere Curve zu konstruiren, setzen wir  x = 0 , dann
ist  sin = 0 , also  y = 0 . Es geht unsere Curve durch den
Nullpunkt. Setzen wir  $x = \frac{\pi}{2}$ , so ist  y = 1 , denn der Sinus,
dessen Bogen gleich  π/2  ist, ist gleich  1 . Bei einem Winkel
von 57$^{O}$,2951795131...  ist der Bogen  gleich  1 . Es ist also
π = 3,14151926536  und  1 = 57$^{O}$,2051795131 .

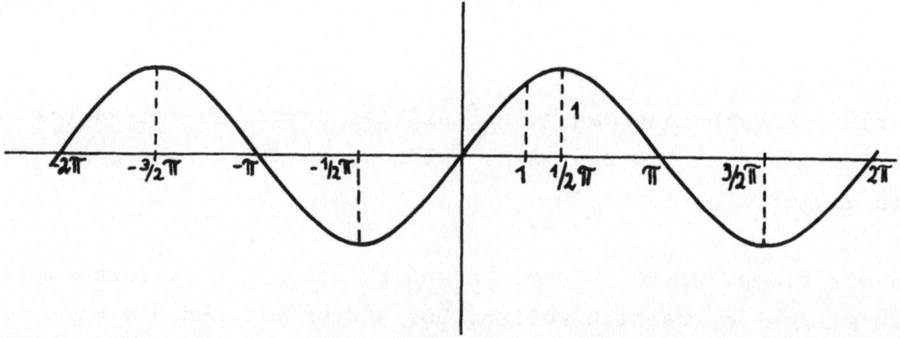

Nehmen wir  x = π  an, so ist  y = 0 , und damit trifft die
Curve die  x-Achse wieder. Setzen wir  x = 3π/2 , so ist der
Sinus negativ, und zwar hat er hier sein Minimum. Dann nimmt er
wieder zu, bis zu  0  bei  2π . Die Curve hat also bei  π/2
ein Maximum und bei  3π/2  ein Minimum. Von  2π  an reproducirt
sich die Curve bis ins Unendlich. Setzen wir für  x  negative
Bogen ein, so erhalten wir die gleiche Curve auf der linken

Seite der  y-Achse. Wir sehen also, dass die Curve für  sin x
sich ins Unendliche erstreckt.


{Es folgt jetzt eine ähnliche Diskussion der Kurven  y = cos x ,
y = tg x , y = cot x .}


Bis jetzt war uns immer der Winkel  x  gegeben und wir haben
den dazu gehörigen Sinus gesucht. Wir wollen nun umgekehrt verfahren und wollen zu einem gegebenen Sinus den dazugehörigen
Bogen  x  aufsuchen; oder  x = sin y , wo nämlich  y  der Sinus
des Bogens  x  ist und wir den Bogen  x  suchen. Statt  x =
sin y  schreibt man auch gerne  y = arcsin x .


Wir sollen also die Curve der Gleichung  y = arcsin x  suchen.
Für  x = 0  ist  y = 0 . Es geht also unsere Curve gewiss durch
den Nullpunkt; für  x = 1  ist  y = arcsin 1 . Der Sinus eines
Bogens ist aber bei  $90^\circ$  gleich 1 , also ist  $y = \frac{\pi}{2}$ . Wir können nun zwischen -1  und  +1  einen Werth  x = a  annehmen und
wir behaupten, es entsprechen diesem Werthe  x = a  unendlich
viele Werthe, die aber ganz bestimmt sind. Es versteht sich von
selbst, dass es auch negative Werthe gibt. Nehmen wir zum Beispiel einen Winkel von  $45^\circ$ , so gibt es im zweiten Quadranten
noch den Winkel von  $135^\circ$ , dessen Sinus gleich dem von  $45^\circ$
ist. Drehen wir denselben wieder um $360^\circ$ , so erhalten wir die
gleichen beiden Winkel. So könnten wir mehreremal drehen und
es gibt immer 2 Werthe für  y . Nach unendlich vielen Drehungen
erhalten wir unendlich viele Werte für  y  für einen Werth von
x .

## § 6.  THEORIE DER GRENZWERTHE[*]

Wir betrachten den Bruch  $\frac{n+1}{n}$ , wobei  n  alle positiven Zahlen  1,2,...  durchläuft.


Es ist  $\frac{n+1}{n} = 1 + \frac{1}{n}$ . Nun kann  $\frac{1}{n}$  so klein gemacht werden als
ich nur will, zum Beispiel kleiner als die unendlich kleine
Zahl  $\delta$ [**]; ich brauche nur  $n > \frac{1}{\delta}$  zu setzen. Die Differenz
$\frac{n+1}{n} - 1$  kann also immer kleiner gemacht werden.


An der Stelle von  $\frac{n+1}{n}$  betrachten wir jetzt eine veränderliche
Grösse  x . Dann wollen wir von dem  x  eine konstante Grösse
A  subtrahiren. Es soll nun der Prozess von  x  so sein, dass
die Differenz von  x  und  A  kleiner gemacht werden kann als
jede noch so kleine Zahl. Nimmt nun das  x  einen solchen Werth
an, wobei  x - A  also sehr klein wird, so sagt man, dieser
Werth ist der *Grenzwerth* von  x  und schreibt dafür  lim x = A .


Geometrisch können wir dies beschreiben, indem wir auf einer Geraden ein Stück gleich  A  annehmen und dann  x  immer grösser
machen von einem bestimmten Punkt  0  aus, so dass die Differenz zwischen  A  und  x

immer kleiner wird, und zwar so klein als man nur will; es ist
damit nicht gesagt, dass keine Schwankung eintreten soll.

---

[*]  Offenbar will Dedekind in diesem Abschnitt den Schülern die
     Problematik des Grenzwert-Begriffes an Beispielen vorführen.
     Möglicherweise hat der Student den Vortrag nicht immer rich-
     tig verstanden. Die Originalschrift ist stellenweise ziem-
     lich unverständlich und musste erheblich überarbeitet wer-
     den.

[**]  Eine unendlich kleine (oder grosse) Zahl ist eine Grösse,
      welche beliebig klein (oder gross) gewählt werden kann.

Wir wollen nun den Grenzwerth von $\dfrac{1-q^m}{1-q}$ aufsuchen, wobei $q$ eine Grösse sei, die sich immer mehr der $1$ nähert; ferner sei $m$ ganz und positiv. Wenn nun $q$ unendlich wenig von $1$ verschieden ist, so ist $\dfrac{1-q^m}{1-q} = \dfrac{1-1}{1-1} = \dfrac{0}{0}$ . Nun kann $\dfrac{0}{0}$ jede beliebige Zahl bedeuten. Ist hingegen $q$ nur um ein Kleines von $1$ verschieden, so ist der Werth unseres Quotienten ein ganz bestimmter. Es ist nun

$$\frac{1-q^m}{1-q} = 1 + q + q^2 + q^3 + q^4 + q^5 + \ldots q^{m-1} .$$

Ist nun $q = 1$ oder unendlich wenig von eins verschieden, so ist

$$\lim \frac{1-q^m}{1-q} = 1 + 1 + 1 + \ldots + 1 = m .$$

Es ist also der Grenzwerth von $\dfrac{1-q^m}{1-q}$ gleich $m$ .

Ebenso soll der Grenzwerth von $\dfrac{\delta+4\delta^4}{2\delta+\delta\sin\delta}$ bestimmt werden, wenn sich $\delta$ dem Werthe $0$ nähert. Für $\delta = 0$ ist $\dfrac{\delta+4\delta^4}{2\delta+\delta\sin\delta} = \dfrac{0}{0}$ oder unbestimmt. Nun sehen wir, dass wir Zähler und Nenner durch $\delta$ dividiren können, also $\dfrac{1+4\delta^3}{2+\sin\delta}$ erhalten. Wenn nun $\delta$ sich der Null nähert, so ist der Zähler gleich $1$ und der Nenner gleich $2$ , mithin ist:

$$\lim_{\delta=0} \frac{\delta+4\delta^4}{2 + \sin\delta} = \frac{1}{2} .$$

Zur Sicherheit setzt man oft unter $\lim$ noch die Bedingung, für was der Ausdruck seinen Grenzwerth annimmt, z.B. für $\delta = 0$ .

Es gibt nun Funktionen, wo wir gar keine Grenzwerthe bestimmen können, zum Beispiel bei $\sin\varphi$ . Wenn wir $\varphi$ variiren lassen von $-\infty$ bis $+\infty$ , so variirt $\sin\varphi$ nun von $-1$ bis $+1$ und reproducirt sich immer wieder.

Wenn aber eine veränderliche Grösse immer beständig wächst,
aber niemals stehenbleibt, dann ist gewiss, dass ein Grenzwerth
existiren muss.

a       x          A

Nehmen wir zum Beispiel einen Punkt  a  in dieser Geraden an,
so können wir  x  auftragen, dann einen fixen Punkt  A . Nun
wird die Distanz von  A  und  x  immer kleiner werden, wenn wir
x  immer grösser machen, und zwar so, dass es von  A  verschieden bleibt. Es gibt also wenigstens einen Grenzwerth  von  x .
Auf der rechten Seite von  A  kann es offenbar keine Grenzwerthe mehr geben, da die Distanz schon bei  A  Null wird.[*)]

§ 7.   [DIE ZAHL  e]

Wir betrachten nun den Bruch  $\frac{n+1}{n}$  zu der Potenz n erhoben, also
$(\frac{n+1}{n})^n$ . Wir haben eine Potenz, in welcher mit wachsendem  n
die Basis abnimmt und der Exponent zunimmt. Bliebe der Exponent
konstant und würde nur die Basis abnehmen, so würde der Werth
der Potenz immer mehr sich der Zahl  1  nähern; bliebe hingegen
die Basis konstant und wir würden in dem Exponenten das  n
wachsen lassen, so könnte, wenn  n  gross genug wäre, der Werth
ein unendlicher sein.

Bezeichnen wir  $(\frac{n+1}{n})^n$  mit  $u_n$ , also  $(\frac{n+1}{n})^n = u_n$ , so erhalten wir, wenn wir für  n  die Werthe  1,2,3,4,...  einsetzen:

---

[*)]  Insbesondere diese Ausführungen erscheinen unklar und unbe-
friedigend, wenn man bedenkt, dass Dedekind die zentrale
Bedeutung dieses Satzes genau erkannt hatte (vgl. Vorwort
zu Stetigkeit und irrationale Zahlen).

$$u_1 = \frac{2}{1} \ , \qquad u_2 = \frac{9}{4} \ , \qquad u_3 = \frac{64}{27} \ , \qquad u_4 = \frac{625}{256} \ , \ \dots$$

Wir sehen, dass der Werth der Potenz mit wachsendem  n  zunimmt, und zwar dass er von  2  an sich dem Werthe  3  nähert.

Erheben wir nun unseren Quotienten  $\frac{n+1}{n}$  zur  $n+1^{\text{ten}}$  Potenz, also  $(\frac{n+1}{n})^{n+1}$ , so erhalten wir, wenn wir für  n  Werthe 1,2,3,...  einsetzen, Werthe, welche wir mit  $v_1, v_2, v_3, \dots v_n$ bezeichnen, also  $v_n = (\frac{n+1}{n})^{n+1}$ .

$$v_1 = 4 \ , \qquad v_2 = \frac{27}{8} \ , \qquad v_3 = \frac{256}{81} \ , \qquad v_4 = \frac{3150}{1024} \ , \ \dots$$

Hieraus sehen wir sofort, dass mit wachsendem  n  der Werth  $v_n$ kleiner wird.

Es fragt sich nun, ob die Abnahme immer fortgeht, oder ob sie nur bis zu einer bestimmten Grenze stattfindet; wir behaupten das Letztere.

Wir wollen nun nachweisen, dass in der Entwicklung von  $(\frac{n+1}{n})^n$ jedes folgende Glied grösser ist als das vorangehende, hingegen in  $(\frac{n+1}{n})^{n+1}$  jedes Glied kleiner ist als das vorangehende.

Wir benützen die geometrischen Reihen, um dies zu beweisen. Es ist

$$1 - x^n = (1-x)(1+x+x^2+x^3+x^4+\dots x^{n+1})$$

Ist  x  ein positiver echter Bruch, dann sind auch  $x^2, x^3, x^4$ positive echte Brüche. Setzen wir nun für  $x, x^2, x^3, \dots$  die Zahl  1 , so ist

$$1 + x + x^2 + x^3 + \dots + x^{n-1} < 1+1+1+1+1+1+1+\dots 1$$

Nun ist die rechte Seite unserer Ungleichheit gleich  $n$ . Es ist also

$$1 - x^n < n(1-x)$$

$$1 < x^n + n(1-x)$$

$$x^n > 1 - n(1-x) \ .$$

Betrachten wir statt  $1 - x^n$  die Grösse  $1 - x^{n+1}$ , so haben wir:

$$1 - x^{n+1} = (1-x)(1+x+x^2+x^3+\ldots x^n) \ .$$

Es sei nun wieder  $x$  ein positiver echter Bruch. Dann ist $x^2 < x$  und  $x^3 < x^2$  etc. Es sind also alle Glieder grösser als das letzte, und wir haben, da im zweiten Faktor  $n+1$  Glieder sind:

$$1 - x^{n+1} = (1-x)(1+x+\ldots+x^n) > (1-x)(n+1) \ x^n$$

$$1 > x^n(x+(n+1)(1-x))$$

$$1 > x^n(x+n+1-nx-x)$$

$$1 > x^n(1+n(1-x))$$

$$x^n < \frac{1}{1+n(1-x)} \ .$$

Wir haben also folgende zwei Bedingungsgleichungen gefunden:

$$x^n > 1 - n(1-x) \quad \text{und} \quad x^n < \frac{1}{1+n(1-x)}$$

Setzen wir nun für  $x$  den Werth  $1 - \frac{1}{n^2}$  ein, dann ist:

$$(1) \qquad (1 - \frac{1}{n^2})^n > 1 - \frac{1}{n}$$

(2) $\qquad (1 - \dfrac{1}{n^2})^n < \dfrac{1}{1+\frac{1}{n}}$ .

In diesen beiden Formeln ist nun der vollständige Beweis enthalten. Zu diesem Zwecke bilden wir zuerst einmal den Quotienten $\dfrac{u_n}{u_{n-1}}$ . Es ist

$$\frac{u_n}{u_{n-1}} = (1 - \frac{1}{n^2})^n : (1 - \frac{1}{n}) .$$

Nun ist $(1 - \dfrac{1}{n^2})^n > 1 - \dfrac{1}{n}$ , wie wir oben in Gleichung (1) sehen. Also ist auch $u_n > u_{n-1}$ .

Mit Gleichung (2) sollen wir nachweisen, dass $\dfrac{v_n}{v_{n-1}} < 1$ ist. Es ist nun:

$$\frac{v_n}{v_{n-1}} = (1 - \frac{1}{n^2})^2 : \frac{1}{1+\frac{1}{n}} .$$

Nun ist aber, wie uns Gleichung (2) sagt

$$(1 - \frac{1}{n^2})^n < \frac{1}{1+\frac{1}{n}} ,$$

also ist unser Bruch $\dfrac{v_n}{v_{n-1}}$ kleiner als 1 oder $v_n < v_{n-1}$ .

Nun haben wir aber noch zu beweisen, dass beide Reihen sich einem bestimmten Werthe nähern. Da

$$v_n = (\frac{n+1}{n})^{n+1} = (\frac{n+1}{n})^n \cdot (\frac{n+1}{n}) = u_n \cdot \frac{n+1}{n} ,$$

ist $v_n > u_n$ . Hieraus geht hervor, dass jedes Glied der Reihe $v_n$ grösser ist als jedes Glied der Reihe $u_n$ . Es ist also das erste Glied der Reihe $v_n$ grösser als das letzte Glied der Reihe $u_n$ . Da die Glieder der Reihe $v_n$ abnehmen, während die

Glieder der Reihe $u_n$ zunehmen, gibt es also Zahlen, welche von der Reihe niemals erreicht werden können, da unsere Werthe zwischen 4 und 2 liegen. Wir sehen nun hieraus, dass $u_n$ einen Grenzwerth erreicht.[*) Diesen Werth bezeichnen wir mit e , es ist also:

$$\lim u_n = e .$$

Da $v_n$ und $u_n$ sich immer nähern, so geht daraus hervor, dass sie einmal zusammentreffen müssen, dass sie also den gleichen Grenzwerth haben müssen; mithin ist auch:

$$\lim v_n = e .$$

Wir sehen nun schon hieraus, dass es unmöglich ist, die Zahl e so genau zu berechnen, als man will.[**)

Wenn wir $(k + \frac{1}{k})^k$ für k zwischen n und n + 1 betrachten, und wenn ferner n ganz und immer grösser wird, so behaupten wir, der Ausdruck nähert sich auch der Zahl e .
Wir können die obigen Bedingungen so ausdrücken:

$$\frac{1}{n} > \frac{1}{k} > \frac{1}{n+1} \quad \text{oder} \quad 1 + \frac{1}{n} > 1 + \frac{1}{k} < 1 + \frac{1}{n+1} ;$$

dann ist

$$(1 + \frac{1}{n})^k > (1 + \frac{1}{k})^k > (1 + \frac{1}{n+1})^k .$$

Es ist

---

[*)   Hier benützt Dedekind den zentralen Satz über monotone, beschränkte Folgen (siehe Seite 38).

[**) Diese unklare Behauptung ist vielleicht eine Andeutung, dass e irrational ist.

$$(1+\tfrac{1}{n})^{n+1} \;>\; (1+\tfrac{1}{n})^{k} \;>\; (1+\tfrac{1}{k})^{k} \;>\; (1+\tfrac{1}{n+1})^{k} \;>\; (1+\tfrac{1}{n+1})^{n} \;\;,$$

da  $n < k < n+1$ .

Unsere Potenz  $(1+\tfrac{1}{k})^{k}$  liegt also zwischen  $(1+\tfrac{1}{n})^{n+1}$  und $(1+\tfrac{1}{n+1})^{n}$ , also ist:

$$(1+\tfrac{1}{n})^{n+1} \;>\; (1+\tfrac{1}{k})^{k} \;>\; (1+\tfrac{1}{n+1})^{n} \quad \text{oder}$$

$$(1+\tfrac{1}{n})^{n}(1+\tfrac{1}{n}) \;>\; (1+\tfrac{1}{k})^{k} \;>\; (1+\tfrac{1}{n+1})^{n+1} : (1+\tfrac{1}{n+1}) \quad .$$

Nun wissen wir, dass der erste Faktor sich immer dem Werthe  e  nähert, der zweite immer dem Werthe  1 , im Quotienten nähert sich ebenfalls der Dividend dem Werthe  e  und der Divisor dem Werthe  1 .

Hieraus folgt nothwendig, dass für  $(1+\tfrac{1}{k})^{k}$  auch  e  als Grenzwerth gelte, also ebenfalls:

$$\lim (1+\tfrac{1}{k})^{k} = e \quad .$$

Wenn nun  k  bis ins Unendliche wächst, so wird  $\tfrac{1}{k}$  natürlich unendlich klein, welche Grösse  $\tfrac{1}{k}$  wir mit  $\delta$  bezeichnen wollen. Wir haben daher durch Einsetzen von  $\delta$  in  $(1+\tfrac{1}{k})^{k}$  jetzt $(1+\delta)^{\tfrac{1}{\delta}}$ .  $\delta$  ist nun eine unendlich kleine Grösse, folglich  $\tfrac{1}{\delta}$ eine unendlich grosse Grösse, mithin ist

$$\lim (1+\delta)^{\tfrac{1}{\delta}} = e \quad .$$

Denn wir haben ja nur  $\tfrac{1}{k}$  mit  $\delta$  bezeichnet, also durchaus den Werth von  $(1+\tfrac{1}{k})^{k}$  nicht geändert.

Nun wollen wir noch beweisen, dass, wenn  $\delta$  negativ unendlich klein ist, ebenfalls der Grenzwerth gleich  e  ist. Wir bezeichnen nun die negativ unendlich kleine Grösse mit $\varepsilon$ . Alsdann ist $1 + \varepsilon < 1$ ; wir schreiben $1 + \varepsilon = \dfrac{1}{1+\delta}$ , wo natürlich $1 + \delta > 1$ und $\delta$ ist unendlich klein.

Nun ist

$$(1+\varepsilon)^{1/\varepsilon} = (1+\delta)^{1/\delta+1} = (1+\delta)^{1/\delta} (1+\delta)$$

{Rechnung gekürzt}

Nach Vorigem ist $\lim(1+\delta)^{1/\delta} = e$ und $\lim(1+\delta) = 1$ , also $\lim(1+\delta)^{1/\delta} (1+\delta) = e$ , d.h.

$$\lim(1+\varepsilon)^{1/\varepsilon} = e \; .^{*)}$$

Die Zahl $e$ dient nun als Basis des sogenannten natürlichen oder neperschen oder hyperbolischen Logarithmensystems. Wir bezeichnen die natürlichen Logarithmen immer mit $\log x$ , alle übrigen dagegen mit $\text{Log } x$ . Der Briggsche Logarithmus ist das System mit Basis 10 . Man muss also, um den Logarithmus einer Zahl im Briggschen System zu erhalten, den natürlichen Logarithmus dieser Zahl mit $\dfrac{1}{\log 10} = 0{,}4329448190$ multipliziren; wir können also vom natürlichen Logarithmen-System in das künstliche übergehn. Ist hingegen der künstliche Logarithmus einer Zahl bekannt, so muss man diesen mit $\log 10 = 2{,}3025850929940$ multipliziren, um den natürlichen Logarithmus zu bekommen.

---

*) Dieser ganze Aufbau und Beweis hat sich bis heute an der ETH erhalten; vgl. Henrici-Huber: Analysis Ia, Autographie, Zürich 1969.

## § 8.  [GRENZWERTHE FUER LOGARITHMISCHE, POTENZ- UND TRIGONO-
## METRISCHE FUNKTIONEN]

*[Logarithmische Funktionen]*

Nehmen wir eine Zahl an, die um eine sehr kleine Grösse $\delta$ von 1 verschieden ist, also $1 + \delta$ , so wollen wir den Logarithmus von dieser Zahl suchen in irgend einem System, also $\mathrm{Log}(1+\delta)$ . Natürlich ist dieser Logarithmus sehr klein, denn $\mathrm{Log}\, 1 = 0$ . Wir wollen nun noch durch $\delta$ dividiren, also $\dfrac{\mathrm{Log}(1+\delta)}{\delta}$ berechnen.

Statt diesem können wir aber auch schreiben: $\mathrm{Log}(1+\delta)^{1/\delta}$ . Nach Vorigem ist nun $\lim(1+\delta)^{1/\delta} = e$ ; folglich ist auch

$$\lim \frac{\mathrm{Log}(1+\delta)}{\delta} = \mathrm{Log}\, e \quad .$$

Wir wollen nun eine Grösse $B^{\delta}$ betrachten, wobei $\delta$ sehr klein wird, so dass $B^{\delta}$ sehr wenig von dem Werthe eins verschieden ist. Es fragt sich nun, was wird aus $B^{\delta} - 1$ , wenn wir noch durch $\delta$ dividiren, also $\dfrac{B^{\delta}-1}{\delta} = \dfrac{\varepsilon}{\delta}$ , wobei wir $B^{\delta} - 1$ mit $\varepsilon$ bezeichnen, oder $B^{\delta} = 1 + \varepsilon$ oder noch $\delta = \mathrm{Log}(1+\varepsilon)$ im Logarithmensystem, für welches $B$ die Basis ist. Es ist also:

$$\frac{B^{\delta}-1}{\delta} = \frac{\varepsilon}{\mathrm{Log}(1+\varepsilon)} = \frac{1}{\dfrac{\mathrm{Log}(1+\varepsilon)}{\varepsilon}} \quad .$$

Nun ist $\lim \dfrac{\mathrm{Log}(1+\delta)}{\delta} = \mathrm{Log}\, e$ und folglich $\lim \dfrac{\mathrm{Log}(1+\varepsilon)}{\varepsilon} = \mathrm{Log}\, e$ , das heisst

$$\lim \frac{B^{\delta}-1}{\delta} = \frac{1}{\mathrm{Log}\, e} = \log B \quad .$$

Für $B = e$ ist nun:

$$\lim \frac{\log(1+\delta)}{\delta} = 1 \quad \text{und} \quad \lim \frac{e^{\delta}-1}{\delta} = 1 \quad .$$

[*Potenzfunktionen*]

Es sei $\delta$ eine sehr kleine Grösse, dass also $1 + \delta$ sehr wenig von eins verschieden ist. Dann wollen wir dieses $1 + \delta$ zur $m^{\text{ten}}$ Potenz erheben und noch $1$ abziehen, also $(1+\delta)^m - 1$ . Es fragt sich nun, was aus dem Ausdruck wird, wenn wir durch $\delta$ dividiren: $\dfrac{(1+\delta)^m - 1}{\delta} = \dfrac{\varepsilon}{\delta}$ , wobei wir $(1+\delta)^m - 1 = \varepsilon$ setzen. Nun ist $\text{Log}(1+\delta)^m = m\,\text{Log}(1+\delta)$ . Auf der linken Seite haben wir einfach $\text{Log}(1+\varepsilon)$ , also: $m\,\text{Log}(1+\delta) = \text{Log}(1+\varepsilon)$ oder

$$\frac{m\,\text{Log}(1+\delta)}{\text{Log}(1+\varepsilon)} = 1$$

$$\frac{(1+\delta)^m - 1}{\delta} = \frac{\varepsilon}{\delta} \cdot 1$$

$$\frac{(1+\delta)^m - 1}{\delta} = \frac{\varepsilon}{\delta} \cdot \frac{m\,\text{Log}(1+\delta)}{\text{Log}(1+\varepsilon)} = \frac{m\,\text{Log}(1+\delta)}{\delta} \cdot \frac{\varepsilon}{\text{Log}(1+\varepsilon)} \quad .$$

Nun ist $\displaystyle\lim \frac{\text{Log}(1+\delta)}{\delta} = \lim \frac{\text{Log}(1+\varepsilon)}{\varepsilon} = \text{Log}\,e$ , mithin ist

$$\lim \frac{m\,\text{Log}(1+\delta)}{\delta} \cdot \frac{\varepsilon}{\text{Log}(1+\varepsilon)} = m \cdot \text{Log}\,e \cdot \frac{1}{\text{Log}\,e} = m$$

$$\lim \frac{(1+\delta)^m - 1}{\delta} = m \quad .$$

[*Trigonometrische Funktionen*]

Wir wollen nun annehmen, es sei uns ein kleiner Bogen $\delta$ gegeben, dessen Radius gleich $1$ ist. So ist natürlich der Sinus auch sehr klein und durch $\delta$ dividirt, gibt: $\dfrac{\sin\delta}{\delta}$ .

Wir behaupten nun, dass $\sin\delta < \delta$ . Es ist $\overline{mn} < \overset{\frown}{mn}$ , ferner ist $\overline{np} < \overline{mn}$ , also $\overline{np} < \overset{\frown}{mn}$ . Ferner behaupten wir, dass $\delta < \text{tg}\,\delta$ . Wir haben $\overline{mr} = \text{tg}\,\delta = \dfrac{\sin\delta}{\cos\delta}$ . Nun ist $\text{tg}\,\delta = \overline{ms} + \overline{sr}$ , wobei $ns$ die Tangente im Punkte $n$ ist. Also ist $\overline{sr} > \overline{ns}$ , denn $\overline{sr}$ ist die Hypotenuse im Dreieck $nrs$ . Folglich ist $\overline{mr} = \overline{ms} + \overline{sr} > \overline{ms} + \overline{sn} > \overset{\frown}{mn}$ .

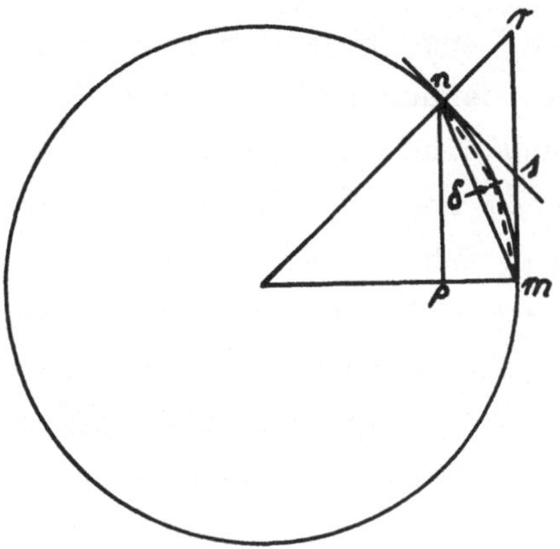

Wir können also schreiben:

$$\sin \delta < \delta < \frac{\sin\delta}{\cos\delta} \quad , \quad \frac{1}{\sin\delta} > \frac{1}{\delta} > \frac{\cos\delta}{\sin\delta} \quad ,$$

$$1 > \frac{\sin\delta}{\delta} > \cos \delta \quad .$$

Wir haben $\frac{\sin\delta}{\delta}$ in zwei Grenzen eingeschlossen. Der Cosinus für $\delta = 0$ ist $1$ , also ist der Grenzwerth von $\frac{\sin\delta}{\delta}$ gleich $1$ :

$$\lim \frac{\sin\delta}{\delta} = 1 \quad .$$

## § 9. UNENDLICH KLEINE GROESSEN GLEICHER UND VERSCHIEDENER ORDNUNG

Wenn zwei Grössen sich gleichzeitig einem bestimmten Werthe nähern, so sagt man, die Grössen seien von gleicher Ordnung. Zum Beispiel wenn $\delta$ sich dem Werthe $0$ immer nähert, so nähert sich [gleichzeitig] auch $B^{\delta} - 1$ [dem Werthe $0$ ]. Es ist also $\delta$ und $(B^{\delta}-1)$ von gleicher Ordnung, ebenso $\delta$ und $\text{Log}(1+\delta)$ . Je mehr sich $\delta$ der Null nähert, je mehr nähert sich auch $\text{Log}(1+\delta)$ der Null.

Wenn zwei Grössen  a  und  b  mit einer dritten  c  von derselben Ordnung sind, so behaupten wir, dass die Grössen unter sich
von derselben Ordnung sind. Bilden wir die Quotienten $\frac{a}{b}$ und
$\frac{b}{c}$ , und es seien beide Quotienten Grössen, die sich von  0
verschiedenen Grenzen nähern, so behaupten wir auch, dass $\frac{a}{c}$
sich einer von  0  verschiedenen Grenze nähert. Denn multipli-
ziren wir $\frac{a}{b}$ und $\frac{b}{c}$ miteinander, so erhalten wir $\frac{a}{c}$ , mithin
kann es gar nicht anders sein, als dass das Produkt sich auch
einer von Null verschiedenen Grenze nähert.[*]

Wenn nun zwei Grössen  $\varepsilon$  und  $\delta$  gleichzeitig unendlich klein
werden, aber so, dass $\frac{\varepsilon}{\delta}$ sich dem Werthe  0  nähert, dann
sagt man,  $\varepsilon$  sei von höherer Ordnung als  $\delta$ . Man könnte ebenfalls sagen,  $\varepsilon$  sei von höherer Ordnung als  $\delta$ , wenn der
Quotient $\frac{\delta}{\varepsilon}$ ins Unendliche wächst. Es kommt sehr häufig vor,
dass unendlich kleine Grössen höherer Ordnung weggeworfen wer-
den.

Wir wollen eine unendlich kleine Grösse mit  h  bezeichnen,
und eine andere mit  K , die gleichzeitig unendlich klein ist.
Es sei ferner  K  so, dass  K  sich in  2 Theile  $\ell + \varepsilon$  zerlegen lasse, wo  $\ell$  von gleicher Ordnung sei  wie  h , und  $\varepsilon$
von höherer Ordnung sei. Es nähert sich also $\frac{\ell}{h}$ einem bestimmten von Null verschiedenen Werth.  $K = \ell + \varepsilon$  durch  h  divi-
dirt gibt $\frac{K}{h} = \frac{\ell}{h} + \frac{\varepsilon}{h}$ . Wir sehen also, dass der Grenzwerth von
$\frac{K}{h}$ gleich dem Grenzwerth von $\frac{\ell}{h}$ ist, mehr dem Grenzwerth von
$\frac{\varepsilon}{h}$ . Nun ist $\frac{\varepsilon}{h}$ eine Grösse, die sich immer mehr der Null nähert, mithin der Grenzwerth auch Null ist, also reducirt sich
unsere Gleichung auf:

$$\lim \frac{K}{h} = \frac{\ell}{h} \ .$$

---

[*] Durch diese Bemerkung wird klar, was Dedekind unter "gleicher Ordnung" versteht.

Man kann also immer bei der Bestimmung der Grenzwerthe den
zweiten Bestandtheil wegwerfen, wenn man sich überzeugt hat,
dass es eine Grösse von höherer Ordnung sei.

Wir nehmen nun an, es sei $\lim \dfrac{K}{h} = p$ , wo $p$ eine bestimmte
endliche Grösse ist. Statt diesem könnten wir auch schreiben:
$\dfrac{K}{h} = p + \delta$ , wobei $\delta$ natürlich mit $h$ gleichzeitig unendlich
klein wird. Mit $h$ multiplizirt, haben wir $K = ph + \delta h$ . Also
ist $K$ gleich einer Grösse $h$ mal einer endlichen Zahl $p$
mehr einem sehr kleinen Theil $\delta h = \varepsilon$ . Natürlich ist $\varepsilon$ eine
unendlich kleine Grösse von höherer Ordnung als $ph$ . Dividiren
wir $K = ph + \varepsilon$ durch $h$ , so erhalten wir:

$$\frac{K}{h} = p + \frac{\varepsilon}{h} \ .$$

Wir kommen also wieder auf die frühere Gleichung zurück, wenn
wir nur annehmen, dass $\dfrac{\varepsilon}{h}$ eine unendlich kleine Grösse von
höherer Ordnung ist.

### Classifikation der Grössen

Wenn wir verschiedene unendlich kleine Grössen $\delta, \varepsilon, h \ldots$ haben und wir $\delta$ als die Basis dieser Grössen annehmen, dann sagen wir, dass $h$ von der ersten Ordnung sei, wenn $h$ von derselben Ordnung wie $\delta$ ist. Wenn $\delta^r$ und $h$ von derselben
Ordnung sind, so heisse $h$ von der $r^{ten}$ Ordnung. Es sei zum
Beispiel $h = \delta \sin \delta$ , also

$$\frac{h}{\delta^2} = \frac{\sin \delta}{\delta} \ .$$

Nun ist $\lim \dfrac{\sin \delta}{\delta} = 1$ , also ist $h$ von $2^{ter}$ Ordnung.

Wir behaupten, die Ordnung eines Produktes ist gleich der Summe
der Ordnungen der einzelnen Faktoren.

*Beweis.* h sei von der $r^{\text{ten}}$ Ordnung und k von der $s^{\text{ten}}$ Ordnung. Folglich wäre nach Behauptung $h \cdot k$ von der $r+s^{\text{ten}}$ Ordnung.

Es sei nun $\lim \dfrac{h}{\delta^r} = g$ , wo g eine bestimmte von 0 verschiedene Zahl ist, und es sei $\lim \dfrac{k}{\delta^s} = f$ , wo f eine bestimmte von 0 verschiedene Zahl ist. Das Produkt wäre: $\dfrac{hk}{\delta^{r+s}} = \dfrac{h}{\delta^r} \cdot \dfrac{k}{\delta^s}$ . Es folgt, dass $\lim \dfrac{kh}{\delta^{r+s}} = fg$ , wo natürlich auch fg eine von null verschiedene Grösse ist.

# I. Abschnitt
# Grundbegriffe der Differentialrechnung

§ 1.    [DER DIFFERENTIALQUOTIENT]

Die Differentialrechnung wurde ungefähr vor 200 Jahren von
einem Engländer, Newton, und - zu gleicher Zeit - von einem
Deutschen, Leibniz, erfunden; mehr und mehr wurde nun das System des letztern  angewendet. Newton kam durch Ueberlegungen
aus der Mechanik und Leibniz durch geometrische Ueberlegungen,
insbesondere durch die Untersuchung der Tangente an einer Curve,
dazu.

In der "Höheren Mathematik" können wir uns mit der frühern
Definition der Tangente nicht mehr begnügen. Nehmen wir eine
Curve  ab  an, und ferner eine Sekante, die durch die Punkte
mn  geht. Dann wollen wir annehmen, wir hätten eine Berührungslinie, die durch den Punkt  m  geht. Denken wir uns nun, dass
der Punkt  n  sich dem Punkte  m  immer mehr nähere, so wird
der Winkel zwischen  op  und  xy  immer kleiner. Rücken wir nun
mn  einander so nahe, dass sie zusammenfallen, so ist offenbar
der Winkel gleich  0 . Wenn nun dieser Winkel  0  ist, so ist
die Gerade  op  eine Tangente.

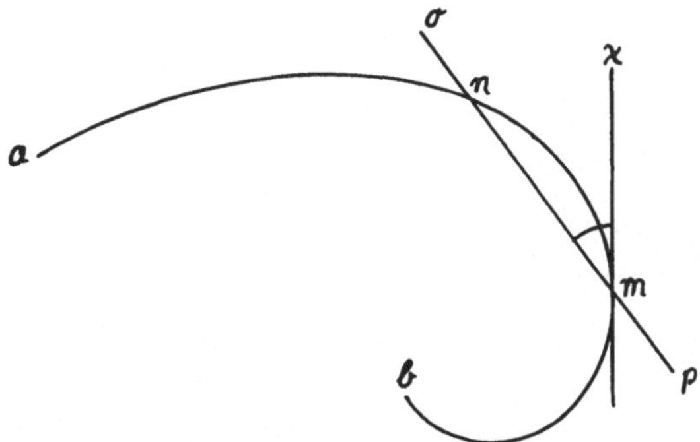

Wir wollen nun annehmen, es sei die Gleichung einer Curve bekannt und wir sollen durch Rechnung die Berührungslinie bestimmen. Wir nehmen also ein  rechtwinkliges Coordinatensystem
xy  an und eine Curve  y = f(x) . Es soll für den Punkt  m
die Berührungslinie gesucht werden.

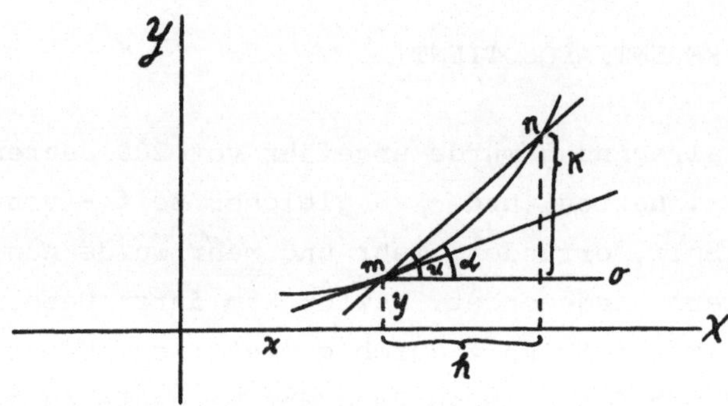

Wir können dies nun thun, indem wir den Winkel zwischen der
x-Achse und dieser Linie suchen. Nehmen wir noch einen andern
Punkt  n  an, so ziehen wir die Ordinate und Abscisse des
Punktes  n . Wenn wir die Coordinaten von  m  mit  xy  bezie-
hungsweise die Differenz von den Coordinaten von  n  mit  h
und  K  annehmen, so ist die Abscisse von  n  gleich  x + h
und die Ordinate gleich  y + K . Wir haben also  y + K =
f(x+h) .

Es handelt sich nun darum, den Winkel  u  zwischen  mn  und  mo
zu bestimmen. Nun ist aber  $\text{tg } u = \frac{K}{h}$ . Die Grösse  K  können
wir berechnen, indem wir die Gleichung  y = f(x)  von der Gleichung  y + K = f(x+h)  abziehen:

$$K = f(x+h) - f(x)$$

$$\text{tg } u = \frac{K}{h} = \frac{f(x+h)-f(x)}{h} .$$

Rücken wir nun den Punkt  n  immer mehr zum Punkte  m , so werden  h  und  K  immer kleiner und der Grenzwerth von  tg u
wird gleich dem Grenzwerth von  $\frac{K}{h}$  oder von  $\frac{f(x+h)-f(x)}{h}$  sein.
Da der Grenzwerth von  $\text{tg } u = \text{tg } \alpha$  ist, so haben wir:

$$tg\ \alpha = \lim \frac{K}{h} = \lim \frac{f(x+h)-f(x)}{h}\ .$$

Wir wollen nun nach diesem Verfahren die Tangente an einer
Parabel konstruiren. Wie wir früher gesehen haben, ist $y = x^2$
die Gleichung einer Parabel in einem rechtwinkligen Achsensystem. Wir nehmen auf der Parabel zwei nahe aneinanderliegende
Punkte $m$ und $n$ an und ziehen die Sekante durch diese Punkte.

Es fragt sich also, wo die letzte Lage der Sekanten ist, wenn
wir die Punkte einander unendlich nahe rücken, und wie gross
ist der Winkel, den diese Linie dann mit der $x$-Achse bildet.
Es seien die Coordinaten von $m$ die Längen $x$ und $y$ und die
Coordinaten von $n$ $x + h$ und $y + K$ . Wir erhalten die Gleichungen $y + K = (x+h)^2$ und $y = x^2$ . Hieraus folgt, dass

$$K = (x+h)^2 - x^2 = x^2 + h^2 + 2hx - x^2 = 2hx + h^2\ ,$$

und durch $h$ dividirt, gibt:

$$\frac{K}{h} = 2x + h\ .$$

Für einen unendlich kleinen Werth von $h$ können wir $h$ weglassen und erhalten:

$$\lim \frac{K}{h} = 2x\ .$$

Nun ist aber $tg\ \alpha = \lim \frac{K}{h}$ , also $tg\ \alpha = 2x$ . Wir sehen also,
dass die trigonometrische Tangente der Berührungslinie mit der
$x$-Achse gleich $2x$ ist.[*)]

---

[*)] Diese ganze Ableitung ist eine Wiederholung der Herleitung
von $tg\ \alpha = \lim \frac{K}{h} = \lim \frac{f(x+h)-f(x)}{h}$ im Spezialfall
$f(x) = x^2$ . Man fragt sich, warum Dedekind nicht die allgemeine Formel benutzt.

Es ist ebenfalls  tg $\alpha$ = 2x = $\frac{2y}{x}$ , da  $y = x^2$ . Aus dieser
Gleichung erhalten wir eine Construktion der Berührungslinie.
Tragen wir den absoluten Werth von  y  nach unten auf die  y-
Achse auf, so erhalten wir den Punkt  p . Verbinden wir  p  mit
dem betreffenden Punkt  m  der Curve, so ist also die Linie  mp
die gesuchte Tangente.

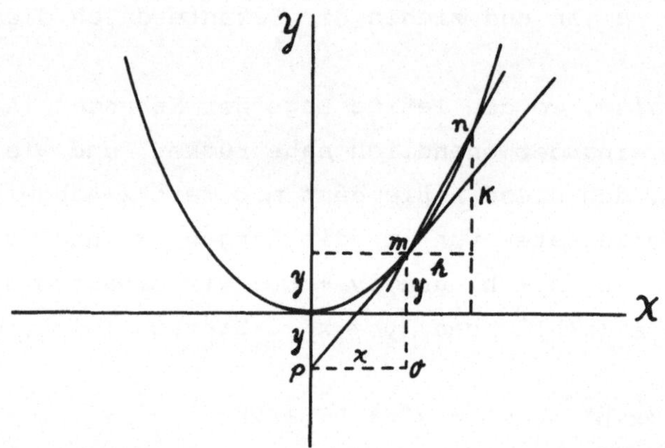

Wenn wir den Grenzwerth von der Grösse  $\frac{f(x+h)-f(x)}{h}$  bestimmen,
so erhalten wir eine neue Grösse, welche wir mit  f'(x)  bezeichnen. Es wäre also diese Grösse für  $y = x^2$  gleich  2x ,
wie wir gefunden haben. Euler hat statt  f'(x)  auch  p  gesetzt. Die Grösse  p  heisst *Derivirte*. Sie ist nichts anders
als die trigonometrische Tangente eines Winkels.


Bei der Gleichung einer Geraden  [y = ax + b]  ist dieses  p
gleich  a : Die Gleichung der Geraden ist  y = ax + b ; rücken
wir mit dem Punkt vorwärts auf der Geraden, so erhalten wir
y + K = a(x+h) + b . Die beiden Gleichungen voneinander subtrahirt, gibt  K = a(x+h) - ax = ah  oder  $\frac{K}{h}$ = a .


Nun ist aber  $\lim \frac{K}{h}$ = p , also  p = a . Das heisst, die Berührungslinie an einer Geraden fällt in diese Gerade, oder sie ist
sie selbst.

Wenn wir ein rechtwinkliges Achsensystem  xy  annehmen, ferner

eine Curve  ab  und auf dieser einen Punkt  m , so seien die
Coordinaten von  m  wieder  x  und  y .

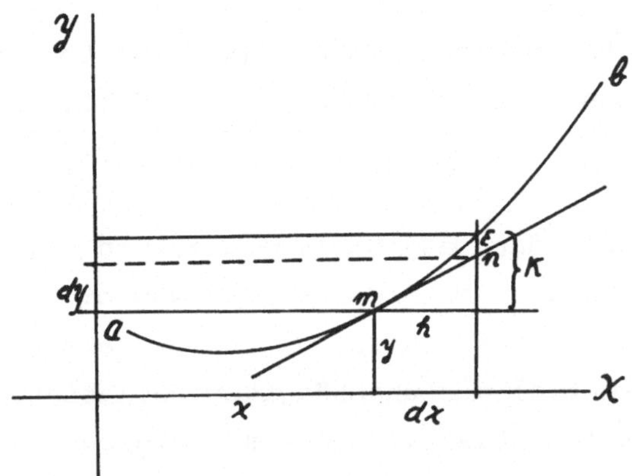

Ferner wollen wir die Berührungslinie an der Curve durch den
Punkt  m  ziehen, und auf derselben einen Punkt  n  in einer
sehr kleinen Entfernung, so dass der Unterschied von  x  und
der neuen Abscisse gleich  dx  sei. Der Unterschied der Ordinaten sei gleich  dy . Wir nennen nun  dx  und  dy  die corre-
spondirenden *Differentiale*. Wir sehen schon hieraus, dass das
Differential eine sehr kleine Grösse ist. Es ist

$$\frac{dy}{dx} = p \quad \text{oder} \quad dy = pdx = f'(x)dx \quad ^{*)}$$

Die Grösse  $\frac{dy}{dx}$  heisst der *Differentialquotient*.

Nun ist aber  $p = \lim \frac{K}{h}$  oder

$$K = ph + \varepsilon = pdx + \varepsilon = dy + \varepsilon \quad ,$$

wo  $\varepsilon$  eine unendlich kleine Grösse höherer Ordnung ist. Es ist
also der Grenzwerth von  K  gleich  dy . Man sagt, dass  x
sich um  dx  ändert und  y  sich um  dy  ändert, was nur ein

---

*) Die Definition des Differentials als  f'(x)dx  geht auf
   Cauchy zurück. (Exercices d'analyse et de phys. 3, p. 7-16
   (1844).)

Sprachgebrauch ist, denn nach  dy  wird ein Stück vernachlässigt, nämlich das Stück  $\varepsilon$ .

Nehmen wir an, wir haben eine Grösse  f(x) , so heisst Differenziren dieser Grösse nichts anders als das Differential von
f(x)  suchen.

Wir haben nun gesehen, dass das Differential von  f(x)   dy
war, oder  pdx = f'(x)dx . Wir können also sagen:
Das Differential einer Funktion ist gleich der ersten Ablei-
tung mal dem Differential der unabhängigen Variablen.
Es wäre also das Differential von  $y = x^2$  gleich  dy = 2xdx .
Statt dessen könnte ich auch schreiben:  $d(x^2) = 2xdx$ .


§ 2.   BEISPIELE AUS DER MECHANIK

[*Geschwindigkeit eines bewegten Punktes*]

Man denke sich eine gerade Linie und auf dieser einen Punkt  0 .
Wir nehmen nun an, es bewege sich der Punkt  0  nach rechts,
und zwar nach einer gleichförmigen Bewegung, während einer ge-
wissen Zeit  t . Der Weg, den der Körper zurücklegt, sei  s .
Es wird also offenbar  s  eine Funktion von  t  sein, s = f(t) .
Die Funktion ist eine lineare Funktion [für eine gleichförmige
Bewegung], also

$$s = at + b \; .$$

Bewegt sich nun  0  noch um ein Stück, während der Zeit  h , so
erhalten wir analog:

$$s + K = a(t+h) + b \; ,$$

denn  s  wird auch um ein Stück  K  wachsen. Die beiden Gleichungen subtrahirt gibt:

$$K = a(t+h) + b - at - b = ah$$

$$\frac{K}{h} = a \, .$$

Dieser Quotient  $\frac{K}{h}$  heisst nun die *Geschwindigkeit*.

Nehmen wir an, es sei das Bewegungsgesetz ganz beliebig, zum
Beispiel  $s = \varphi(t)$ . Es bewege sich nun der Punkt während einer
Zeit  h  um ein Stück  K . So ist  $s + K = \varphi(t+h)$   und
$K = \varphi(t+h) - \varphi(t)$ .

$$\frac{K}{h} = \frac{\varphi(t+h) - \varphi(t)}{h} \quad .$$

Lassen wir nun  h  sehr klein werden, so ist

$$v = \lim \frac{K}{h} = \lim \frac{\varphi(t+h) - \varphi(t)}{h} = \varphi'(t) \, .$$

Wir können auch  $v = \frac{ds}{dt}$  schreiben; [v  ist die *Geschwindigkeit*,
mit der sich der Punkt bewegt].

Wir wollen nun annehmen, wir kennen das Gesetz der Fallbewe-
gung, welches durch folgende Formel ausgedrückt wird:

$$s = 1/2 \, gt^2 \, .$$

Aus diesem Gesetz sollen wir die Geschwindigkeit, mit welcher
der Körper fällt, berechnen. Wenn sich der Körper während einer
Zeit  h  bewegt, so erhalten wir  $s = 1/2 \, gt^2$  und  $s + K =$
$1/2 \, g(t+h)^2$ . Beide Gleichungen subtrahirt gibt:

$$K = 1/2 \, g(2th+h^2)$$

$$\frac{K}{h} = 1/2 \, g(2t+h) \quad .$$

Wir sehen also, dass die mittlere Geschwindigkeit $\frac{K}{h}$ nicht bloss von  t , sondern auch von  h  abhängt. Lassen wir  h  sehr klein werden, so ist:

$$v = \lim \frac{K}{h} = gt \quad .$$

[*Definition der Dichte*]

Man spricht in der Physik von homogenen und nicht homogenen oder hydrogenen Körpern. Homogen ist ein Körper, wenn in je 2 Volumentheilchen auch gleiche Massentheile da sind, und dieses Verhältnis der Masse und des Volumens ist bei einem homogenen Körper immer das gleiche. Wird die Masse mit  m  und das Volumen mit  v  bezeichnet, so wäre also das Verhältnis gleich $\frac{m}{v}$ .

Wir wollen nun annehmen, wir haben eine vertikale prismatische Luftsäule. Wir wissen, dass das Prisma jedenfalls nicht homogen ist, das heisst, nehmen wir eine Schicht  x  heraus und eine andere  y , so ist die Dichtigkeit nicht die gleiche.

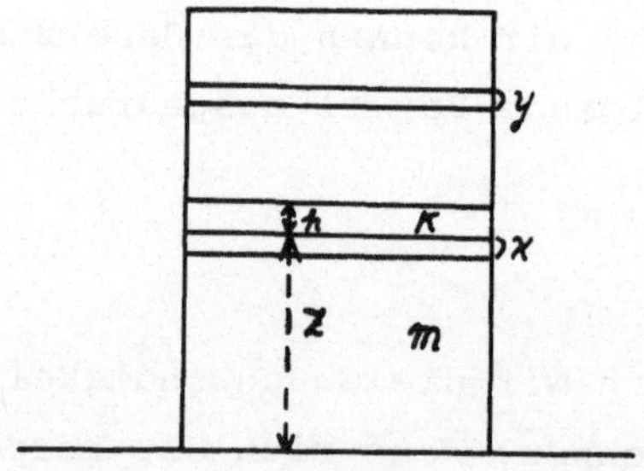


Es fragt sich aber nun, wie wir die mittlere Dichtigkeit einer solchen Schicht berechnen können. Zu diesem Zwecke nehmen wir ein Stück der Luftsäule an, dessen Höhe gleich  z  ist, und gehen dann von  z  auch noch um ein Stück  h  weiter. Die Masse von  z  sei gleich  m  und die von  z + h  habe sich um  K  ge-

ändert, also  m + K . Nun hängt aber jedenfalls die Masse  m
von der Höhe  z  ab, also:  m = f(z) , folglich haben wir auch:
m + K = f(z+h) . Hieraus folgt:

$$K = f(z+h) - f(z) \quad \text{und} \quad \frac{K}{h} = \frac{f(z+h)-f(z)}{h} \quad .$$

Es ist also die Dichtigkeit der Schichte gleich  $\frac{K}{h}$ . Lassen
wir  h  sehr klein werden, so ist die Dichtigkeit, wenn wir sie
mit  ρ  bezeichnen,

$$\rho = \lim \frac{K}{h} = \lim \frac{f(z+h)-f(z)}{h} = f'(z) = \frac{dm}{dz} \quad .^{*)}$$

## § 3.  DIFFERENTIALE DER EINFACHEN FUNKTIONEN

[Potenzfunktionen]

Es sei das Differential von  $y = x^m$  zu suchen. Lassen wir nun
x  um einen sehr kleinen Werth  h  wachsen, so ist

$$y + K = (x+h)^m$$

$$K = (x+h)^m - x^m = f(x+h) - f(x)$$

$$\frac{K}{h} = \frac{(x+h)^m - x^m}{h} \quad .$$

Nun können wir aber statt  x + h  auch  $x(1 + \frac{h}{x})$  schreiben.
Wird  $\frac{h}{x}$  mit  δ  bezeichnet, so ist

$$x + h = x(1+\delta)$$

---

*) In beiden Beispielen dieses Abschnittes wiederholt Dedekind
nochmals die Herleitung der Ableitung. Wahrscheinlich will
Dedekind betonen, dass die Ableitung nicht nur ein geometrischer Begriff ist.

$$\frac{K}{h} = \frac{x^m(1+\delta)^m - x^m}{x\delta} = \frac{(1+\delta)^m - 1}{\delta} \, x^{m-1} \quad .$$

Nun haben wir früher gesehen, dass der Grenzwerth von $\frac{(1+\ )^m - 1}{\delta}$ gleich $m$ ist, also haben wir, dass:

$$\lim \frac{K}{h} = mx^{m-1} \quad .$$

Wir können also schreiben: Wenn $y = x^m$ ist, so ist $f'(x) = mx^{m-1}$ oder $d(x^m) = mx^{m-1} \, dx$ .


*Exponentialgrössen*


Es sei $y = B^x$ . Lassen wir $x$ um die sehr kleine Grösse $h$ wachsen, so ist: $y + K = B^{x+h}$ . Also:

$$K = (B^{x+h} - B^x) = B^x(B^h - 1)$$

$$\frac{K}{h} = B^x \frac{(B^h - 1)}{h}$$

$$\lim \frac{K}{h} = B^x \log B \quad ,$$

denn wir haben früher gesehen, dass der Grenzwerth von $\frac{B^\delta - 1}{\delta}$ gleich $\log B$ ist (hier tritt $h$ an die Stelle von $\delta$ ) , also

$$d(B^x) = B^x \cdot \log B \, dx \quad .$$


*Logarithmische Funktionen*


Es sei $y = \text{Log } x$ . Vermehren wir nun $x$ wieder um ein Stück $h$ , so wollen wir den neuen Wert mit $y + K$ bezeichnen, also:

$$y + K = \text{Log}(x+h)$$

$$K = \text{Log}\left(\frac{x+h}{x}\right) = \text{Log}\left(1+\frac{h}{x}\right)$$

$$\frac{K}{h} = \frac{\text{Log}\left(1+\frac{h}{x}\right)}{h} \quad .$$

Nun ist, wie wir gesehen haben, $\lim \dfrac{\text{Log}(1+\delta)}{\delta} = \text{Log } e$ . Wir können $\dfrac{\text{Log}(1+h/x)}{h}$ auch auf diese Form bringen, was geschieht, indem wir den Nenner durch $x$ dividiren und mit $x$ multipliziren, also:

$$\frac{K}{h} = \frac{\text{Log}(1+h/x)}{h/x} \; \frac{1}{x} = \frac{\text{Log}(1+\delta)}{\delta} \; \frac{1}{x} \quad \text{mit} \quad \delta = \frac{h}{x} \quad .$$

Also ist der Grenzwerth von $\dfrac{\text{Log}(1+h/x)}{h/x}$ gleich $\text{Log } e$ , folglich:

$$\lim \frac{K}{h} = \text{Log } e \; \frac{1}{x} = \frac{\text{Log} e}{x} \quad ,$$

$$d(\text{Log} x) = \frac{\text{Log} e}{x} \; dx \quad .$$

Wir hätten nun diesen Satz auch auf folgende Weise ableiten können. Statt $y = \text{Log } x$ hätten wir auch $x = B^y$ schreiben können. Es ist also $d(x) = d(B^y)$ . Nun ist $d(B^y) = B^y \log B \; dy$ , also ist $d(x) = B^y \text{Log } B \; dy$ . Weiter ist $y = \text{Log } x$ und $B^y = x$ , folglich

$$d(x) = x \log B \; d(\text{Log} x) \quad .$$

Hieraus folgt: $d(\text{Log} x) = \dfrac{dx}{x \log B}$ . Nun ist aber $\dfrac{1}{\log B} = \text{Log } e$ , mithin

$$d(\text{Log} x) = \frac{dx}{x} \text{Log } e \quad .$$

Wir hätten uns ebenfalls fragen können, was wir für eine Formel erhalten hätten, wenn wir das Differential der inversen

Funktion von $x^m$ gesucht hätten. Statt $y = x^m$ schreiben wir $x = y^{1/m}$ . Es ist nun $y = x^m$ , mithin $dy = mx^{m-1}dx = my^{\frac{m-1}{m}} dx$ , da $x = y^{1/m}$ . Es ist also

$$dx = \frac{1}{m} y^{\frac{1-m}{m}} dy = \frac{1}{m} y^{\frac{1}{m}-1} dy \quad \text{für} \quad x = y^{1/m} .$$

Wir sehen, dass für die inverse wie für die erste Funktion die gleiche Formel gilt, nämlich: Das Differential einer Potenz ist gleich dem Exponenten multiplizirt mit der gleichen Potenz, deren Exponent aber um eins vermindert ist, multiplizirt mit dem Differential des Exponenten.


*Trigonometrische Funktionen*


Es sei $y = \sin x$ . Wie früher haben wir $y + K = \sin(x+h)$ und $K = \sin(x+h) - \sin x$ .

Schreiben wir $\sin a = \sin(\frac{a+b}{2} + \frac{a-b}{2})$ , dann ist: $\sin a = \sin\frac{a+b}{2} \cdot \cos\frac{a-b}{2} + \cos\frac{a+b}{2} \cdot \sin\frac{a-b}{2}$ , ferner ist $\sin b$ gleich $\sin(\frac{a+b}{2} - \frac{a-b}{2})$ . Also ist $\sin a - \sin b = 2\cos\frac{a+b}{2} \cdot \sin\frac{a-b}{2}$ . Wir können nun in der Gleichung $K = \sin(x+h) - \sin x$ die Differenz der Sinusse in ein Produkt verwandeln:

$$K = 2\cos(x+\tfrac{1}{2}h) \cdot \sin\frac{h}{2}$$

$$\frac{K}{h} = \cos(x+\tfrac{1}{2}h) \cdot \frac{\sin\frac{h}{2}}{\frac{h}{2}}$$

$$\lim\frac{K}{h} = \cos x$$

denn der Grenzwerth von $\cos(x+\tfrac{1}{2}h)$ ist gleich $\cos x$ und der Grenzwerth von $\dfrac{\sin\frac{h}{2}}{\frac{h}{2}}$ ist gleich $1$ . Denn wir haben gesehen, dass der Grenzwerth von $\dfrac{\sin\delta}{\delta}$ gleich 1 ist. Es ist also:

$$dy = \cos x \, dx \quad \text{oder} \quad d(\sin x) = \cos x \, dx \;.$$

{Analoge Berechnung für $y = \cos x$ .}

Es sei $y = \operatorname{tg} x$ . Dann ist:

$$y + K = \operatorname{tg}(x+h)$$

$$K = \operatorname{tg}(x+h) - \operatorname{tg} x$$

$$K = \frac{\sin(x+h)}{\cos(x+h)} - \frac{\sin(x)}{\cos(h)} =$$

$$= \frac{\sin(x+h)\cos x - \cos(x+h)\sin x}{\cos(x+h)\cos x} = \frac{\sin h}{\cos(x+h)\cos x}$$

$$\frac{K}{h} = \frac{1}{\cos(x+h)\cos x} \cdot \frac{\sin h}{h} \;.$$

Nun ist der Grenzwerth von $\cos(x+h)\cos x$ gleich $\cos^2 x$ und der Grenzwert von $\dfrac{\sin h}{h}$ ist 1 , also

$$\lim \frac{K}{h} = \frac{1}{\cos x^2} \;, \quad d(\operatorname{tg} x) = \frac{dx}{\cos^2 x} \;, \quad dy = \frac{dx}{\cos^2 x} \;.$$

{Analoge Berechnung für $y = \cot x$ .}


*Cyklometrische Funktionen*

Es sei $y = \operatorname{arc\,sin} x$ oder $x = \sin y$ .
Da $d(\sin y) = \cos y \, dy$ , folgt

$$dx = \cos y \, d(\operatorname{arcsin} x) \;.$$

Aus der Goniometrie ist bekannt, dass $\cos y = \sqrt{1-\sin^2 y} = \sqrt{1-x^2}$

ist. Also gilt:

$$dx = \sqrt{1-x^2} \cdot d \arcsin x$$

$$d(\arcsin x) = \frac{dx}{\sqrt{1-x^2}} \ , \quad dy = \frac{dx}{\sqrt{1-x^2}} \ .$$

Es fragt sich nun, wann ist $\sqrt{1-x^2}$ positiv und wann ist $\sqrt{1-x^2}$ negativ zu nehmen. Wenn nun arcsin x zwischen $90^o$ und $270^o$ liegt, so ist der Cosinus jedenfalls positiv, überhaupt wenn er zwischen $2m\pi - \frac{\pi}{2}$ und $2m\pi + \frac{\pi}{2}$ liegt. [Also ist für $2m\pi - \frac{\pi}{2} < \arcsin x < 2m\pi + \frac{\pi}{2}$

$$\sqrt{1-x^2} > 0 \ ,$$

für $2m\pi + \frac{\pi}{2} < \arcsin x < 2m\pi + \frac{3\pi}{2}$

$$\sqrt{1-x^2} < 0 \ . \ ]$$

{Analoge Berechnung für $y = \arccos x$ .}

Es sei $y = \operatorname{arctg} x$ oder $x = \operatorname{tg} y$ . Es gilt $dx = \dfrac{dy}{\cos^2 y}$ . Nun ist: $\cos \varphi = \dfrac{1}{\sqrt{1+\operatorname{tg}^2 \varphi}}$ , mithin $\cos^2 y = \dfrac{1}{1+\operatorname{tg}^2 y}$ . Dies eingesetzt, gibt:

$$dx = (1+\operatorname{tg}^2 y)dy \quad \text{oder}$$

$$dy = \frac{dx}{1+\operatorname{tg}^2 y} = \frac{dx}{1+x^2} \ .$$

{Analoge Berechnung für $y = \operatorname{arccot} x$ .}

{Es folgt noch die Berechnung der Ableitung einer Konstanten.}

## § 4.  REDUKTIONSSAETZE

[*Ableitung einer zusammengesetzten Funktion*]

Es sei  $u = f(x)$  und  $y = \varphi(u)$ . Dann ist  $y = \varphi(f(x))$ . Es
sei zum Beispiel  $u = \sin x$  und  $y = \log u$ , dann ist
$y = \log \sin x$ .

Aendern wir nun das  $x$  um  $dx$ , so ändert sich  $u$  um
$du = f'(x)dx$  mehr eine unendlich kleine Grösse  $\varepsilon$  höherer
Ordnung. Es sei  $\ell = du + \varepsilon$ . Lassen wir  $u$  um  $\ell$  ändern, so
ändert sich  $y$  um  $dy + \varepsilon'$ . Nun ist  $y = \varphi(u)$ , also  $dy =$
$d\varphi(u) = \varphi'(u)\ell$ , denn  $\ell$  tritt an die Stelle von  $du$ . Es ändert sich also  $y$  um  $\ell \cdot \varphi'(u) + \varepsilon'$ , also um
$\varphi'(u)\{du + \varepsilon\} + \varepsilon'$ . Das Differential von  $y$  wird nun sein
$\varphi'(u)du$ , denn  $\varepsilon$  und  $\varepsilon'$  werden weggeworfen. Aus  $dy =$
$\varphi'(u)du$  und  $du = f'(x)dx$  folgt also  $dy = \varphi'(u) \cdot f'(x)dx$ .

Wenn  $y$  eine Funktion von einer Funktion ist, so ist das Differential der Funktion gleich dem Produkt der Derivirten der
Funktionen mal dem Differential der unabhängigen Variablen  $x$ .

Es wäre also bei unserem Beispiel  $u = \sin x$  und  $y = \log u$ :

$$du = \cos x\, dx \quad \text{und} \quad dy = \frac{du}{u} = \frac{\cos x dx}{u}$$

$$du = \frac{\cos x dx}{\sin x} \quad \text{oder} \quad d\,\log \sin x = \cot x\, dx .$$

Würden wir nun  $y = \sin \log x$  haben, so wäre das Differential
ein ganz anderes. Wenn also  $u = \log x$  und  $y = \sin u$  ist,
so gilt  $du = \dfrac{dx}{x}$  und  $dy = \cos u\, du = \cos(\log x)\dfrac{dx}{x}$ .

*Beispiele*

Es sei  $y = x^{mn}$ ; dann ist:

$$dy = mn\, x^{mn-1}\, dx .$$

Wir könnten aber nun statt $x^{mn}$ auch schreiben $y = (x^m)^n$ , dann wäre

$$dy = n(x^m)^{n-1} d(x^m) = n(x^m)^{n-1} dn(x^{(m-1)})dx$$

$$= mn \cdot x^{mn-m} \cdot x^{m-1} dx = mn \cdot x^{mn-1} dx \ .$$

Wir sehen also, dass wir auf diese Art das gleiche Resultat erhalten wie für $x^{mn}$ .

Es sei $y = \log(e^{x^2})$ ; dann ist:

$$dy = \frac{d(e^{x^2})}{e^{x^2}} = \frac{e^{x^2} \log e \ d(x^2)}{e^{x^2}}$$

$$dy = \frac{e^{x^2} 2xdx}{e^{x^2}} \ , \quad \text{denn} \quad \log e = 1$$

$$= 2x \ dx \ .^{*)}$$

Weitere Beispiele:

$$y = e^{\log \sin x}$$

$$dy = e^{\log \sin x} \ d \ \log \sin x$$

$$dy = e^{\log \sin x} \ \cot x \ dx$$

$$y = (e^x)^2$$

$$dy = 2e^x de^x = 2e^x e^x dx = 2e^{x^2} dx \ .$$

---

[*] Es ist eine didaktische Eigenheit Dedekinds, neu abgeleitete Sätze oder Regeln an Beispielen zu demonstrieren, wo das Resultat aus anderen Betrachtungen unmittelbar einsichtig ist. Damit sollen offenbar die Hörer von der Gültigkeit der neuen Sätze überzeugt werden. Beispiele dafür werden noch oft vorkommen.

[*Das Differential einer Summe*]

Es seien  u  und  v  zwei Funktionen von  x , mithin ist auch
u + v  eine Funktion von  x . Lassen wir nun  x  um  dx  än-
dern, so ändert sich  u  um  du + $\varepsilon$  und  v  um  dv + $\varepsilon'$ ,
mithin:  u + v  um  du + $\varepsilon$ + dv + $\varepsilon'$ . Es ist also das Differential von  y = u + v :

$$dy = d(u+v) = du + dv .$$

Wir sehen hieraus, dass das Differential einer Summe von Funktionen gleich ist der Summe der Differentiale jedes einzelnen
Summanden.

*Beispiele*

$$d(x^2 + \frac{1}{x}) = d(x^2) + d(\frac{1}{x})$$

$$= 2xdx + (-\frac{dx}{x^2}) = (2x - \frac{1}{x^2})dx$$

$$d(\cos^2 x + \sin^2 x) = d \cos^2 x + d \sin^2 x$$

$$= 2\cos x \, d \cos x + 2\sin x \cdot d \sin x$$

$$= 2\cos x \cdot (-\sin x \, dx) + 2\sin x \cdot \cos dx$$

$$= -2\cos x \, \sin x \, dx + 2\sin x \cdot \cos dx = 0 .$$

Dies hätten wir auch sofort erkennen können, denn  $\cos^2 x$ +
$\sin^2 x = 1$  und das Differential einer Konstanten ist gleich  0 .

{Es wird  d(u-v) = du - dv  und  d(u+c) = du  bewiesen, wobei
c  eine Konstante ist.}

*[Das Differential eines Produktes]*

Wenn eine Funktion aus einem Produkt von zwei andern Funktionen entsteht, so frägt es sich, wie alsdann das Differential dieses Produktes sei. Es sei $y = uv$ , wo $u$ und $v$ von der Variablen $x$ abhängen. Aendern wir nun $x$ um $dx$ , so ändert sich $u$ um $du$ mehr einer unendlich kleinen Grösse höherer Ordnung, ferner ändert sich $v$ um $dv$ mehr einer unendlich kleinen Grösse höherer Ordnung. Wir haben:

$$(u+du)(v+dv) = uv + v\,du + u\,dv + du \cdot dv \quad .$$

Die unendlich kleinen Grössen höherer Ordnung fallen weg. Nun können wir auch das Produkt $du \cdot dv$ weglassen, denn $du$ und $dv$ sind an sich schon sehr klein, um so mehr aber ihr Produkt; es wird so klein sein, dass wir es auch vernachlässigen können. Also:

$$uv + d(uv) = uv + v\,du + u\,dv$$

$$d(uv) = v\,du + u\,dv \ .$$

Das heisst, das Differential eines Produktes aus zwei Faktoren ist gleich dem ersten Faktor mal dem Differential des zweiten plus dem zweiten Faktor mal dem Differential des ersten.

Um nun den Satz auch zu beweisen für ein Produkt aus drei und mehr Faktoren, betrachten wir das ganze aus zwei Faktoren (so konnten wir zum Beispiel $u \cdot v \cdot w$ aus $(uv)$ und $w$ betrachten) und differenziren nach der obigen Regel, dann würden wir also $(uv)dw + d(uv)w$ erhalten. Nun würden wir also $(uv)dw + d(uv)w$ erhalten. Nun würden wir noch das Differential von $uv$ zu suchen haben, was wir ebenfalls nach unserem obigen Lehrsatz können, nämlich $du\,v + u\,dv$ . Mithin ist schliesslich:
$$d(uvw) = uv\,dw + (du\,v + u\,dv)u \quad \text{oder}$$
$$d(uvw) = uv \cdot dw + vw\,du + uw\,dv \ .$$

Hätten wir von $(u \cdot v \cdot w \cdot m)$ das Differential zu suchen, so würden wir $(u \cdot v \cdot w)$ als den einen und $m$ als den andern Faktor betrachten und würden auf gleiche Weise verfahren wie bei $(u\,v\,w)$ .

Wäre in dem Produkte $uv$ gleich $c$ und $c$ konstant, so wäre nach unserem Satze $d(uc) = u\,dc + c\,du$ . Da nun $dc = 0$ , gilt $u\,dc = 0$ , also $d(uc) = c\,du$ . Das heisst, wenn in einem Produkt ein konstanter Faktor enthalten ist, so wird das Differential der übrigen variablen Faktoren nur mit dem konstanten Faktoren multiplizirt, um das Differential des Produktes zu erhalten.

*Beispiele*

$$d(x^m \cdot x^n) = x^n d(x^m) + x^m dx^n$$

$$= x^n m x^{m-1} dx + x^m n x^{n-1} dx$$

$$= m x^{m+n-1} dx + n x^{m+n-1} dx$$

$$d(x^m x^n) = (m+n) x^{m+n-1} dx \quad .$$

Wir hätten dies auch als Differential einer Potenz berechnen können, da ja $x^m x^n = x^{m+n}$ ist.

$$d(\cos x \cdot \mathrm{tg}\,x) = \cos x\, d\,\mathrm{tg}\,x + \mathrm{tg}\,x\, d\cos x$$

$$= \cos x \frac{dx}{\cos^2 x} + \mathrm{tg}\,x\,(-\sin x)dx$$

$$= dx\left(\frac{1}{\cos x} - \mathrm{tg}\,x\,\sin x\right)$$

$$= dx\left(\frac{1}{\cos x} - \frac{\sin^2 x}{\cos x}\right)$$

$$= dx\left(\frac{1-\sin^2 x}{\cos x}\right) \quad .$$

So ist:

$$d(\cos x \cdot tg\, x) = dx\left(\frac{\cos^2 x}{\cos x}\right) = dx \cdot \cos x \ .$$

Auch dieses Resultat hätten wir viel einfacher finden können,
da ja $\cos x \cdot tg\, x = \cos x \cdot \dfrac{\sin x}{\cos x} = \dfrac{\sin x \cdot \cos x}{\cos x} = \sin x$ , mithin
$d(\cos x \cdot tg\, x) = d \sin x = \cos x\, dx$ .

$$d(\sin x \cdot \log(x^m)) = \sin x\, d\, \log(x^m) + \log(x^m) \cdot d \sin x$$

$$= \sin x \cdot \frac{dx^m}{x^m} + \log(x^m)\, \cos x\, dx$$

$$= \sin x \frac{mx^{m-1}dx}{x^m} + \log(x^m)\, \cos x\, dx$$

$$d(\sin x \cdot \log(x^m)) = \sin x\ m\, \frac{dx}{x} + \log(x^m)\, \cos x\, dx\ .$$

Wir wollen nun den Satz für das Produkt von mehreren Faktoren
anders ableiten. Es ist nämlich: $\log(u \cdot v \cdot w...) = \log u\ +$
$\log v\ +\ \log w\ +\ ...$ . Indem wir beide Seiten differenziren,
erhalten wir

$$\frac{d(u \cdot v \cdot w...)}{u \cdot v \cdot w...} = \frac{du}{u} + \frac{dv}{v} + \frac{dw}{w} + \dots \ .$$

Beide Seiten mit $uvw$ multiplizirt, gibt:

$$d(u \cdot v \cdot w...) = u \cdot v \cdot w\ ... \left(\frac{du}{u} + \frac{dv}{v} + \frac{dw}{w} + \dots\right)\ .$$

Wir können also unseren Satz auch folgendermassen ausdrücken:

Das Differential eines Produktes ist gleich dem Differential
des ersten Faktors, dividirt durch den ersten Faktor, mehr dem
Differential des zweiten Faktors, dividirt durch den zweiten
Faktor, dividirt durch den dritten Faktor und so fort, und diese Summe multiplizirt mit dem Produkt der sämtlichen Faktoren.
Also, wenn wir ihn so anwenden, wäre: $d(uv) = uv\left(\dfrac{du}{u} + \dfrac{dv}{v}\right) =$
$v\, du + u\, dv$ , wie früher.

Diese Methode heisst logarithmisch differenziren. Wären alle Faktoren  u,v,w ...  gleich  u  und deren Anzahl gleich  m , so hätten wir:

$$d(u^m) = u^m(\frac{du}{u} + \frac{du}{u} + \frac{du}{u} + \frac{du}{u} + \ldots )$$

$$= u^m \, m(\frac{du}{u}) = m \, u^m \, \frac{du}{u} \quad .$$

Wir bekommen  $d(u^m) = m \, u^{m-1} du$  wie früher.


[*Das Differential eines Quotienten*]


Es sei  $y = \frac{u}{v}$ . Diesen Quotient könnten wir auch als ein Produkt betrachten; nämlich als  $y = u \cdot \frac{1}{v} = uv^{-1}$ , dann ist:

$$dy = d(uv^{-1}) = v^{-1} \, du + u \, dv^{-1} = \frac{du}{v} + (-v^{-1-1}) dv \, ,$$
$$dy = \frac{du}{v} - \frac{udv}{v^2} - \frac{vdu-udv}{v^2} \, ,$$

das heisst, das Differential eines Quotienten ist gleich dem Nenner mal dem Differential des Zählers weniger dem Zähler mal dem Differential des Nenners, dividirt durch das Quadrat des Nenners.

Diesen Beweis könnten wir auch folgendermassen ableiten:
$\log(\frac{u}{v}) = \log u - \log v$ . Differenziren wir beide  Seiten, so

ist  $\dfrac{d(\frac{u}{v})}{\frac{u}{v}} = \frac{du}{u} - \frac{dv}{v}$ . Beide Seiten mit  $\frac{u}{v}$  multiplizirt, gibt

$$d(\frac{u}{v}) = \frac{u}{v}(\frac{du}{u} - \frac{dv}{v}) = \frac{vdu-udv}{v^2} \quad ,$$

also ganz das gleiche Resultat.


*Beispiele*


Es sei  $\text{tg}\, x = \frac{\sin x}{\cos x}$ , mithin:

$$d(tgx) = d\left(\frac{sinx}{cosx}\right)$$

$$d(tgx) = \frac{cosx\ cosx\ dx - sinx\ d(cosx)}{cos^2x}$$

$$= \frac{cosx\ cosx\ dx - sinx(-sinx\ dx)}{cos^2x}$$

$$= \frac{cos^2x\ dx + sin^2x\ dx}{cos^2x}$$

$$= \frac{(cos^2x + sin^2x)dx}{cos^2x} = \frac{dx}{cos^2x} \quad .$$

Wir sehen also, dass wir auf diese Art das gleiche Resultat erhalten wie früher.

{Auf gleiche Art wird das Differential von  cotx  berechnet.}

Wenn wir eine Potenz $u^v$ haben und in derselben  u  und  v  Variable sind, so frägt es sich, wie alsdann das Differential ausfällt. Nun ist  $\log u^v = v \log u$  in bezug auf die Basis  e . Also ist  v log u  nichts anders als der Exponent, mit welchem e  potenzirt werden muss, um  $u^v$  zu erhalten:

$$u^v = e^{v\ logu} \quad .$$

Indem wir beide Seiten differenziren, erhalten wir:

$$d(u^v) = e^{v\ logu}d(v\ logu)$$

$$= u^v \cdot (logu \cdot dv + vd\ logu)$$

$$= vu^{v-1}du + u^v\ logu\ dv \quad .$$

Wir sehen aus unserm Resultat, dass wir es erhalten hätten, wenn wir zuerst  v  als konstant angenommen und  u  als Variable, und dann  u  als konstant und  v  als Variable, und diese beiden Resultate addirt hätten. Es würde sich also hieraus schliessen lassen, dass, wenn man zwei Bedingungen combinirt, dass auch nur beide Differentiale zu addiren wären, um das Differential der Funktion zu erhalten. Dieses Verhalten ist aber noch nicht allgemein nachgewiesen, und deshalb können wir es auch nicht als bestätigt ansehen.[*)]

Setzen wir  u = x  und  v = x , so ist

$$d(x^x) = (x \cdot x^{x-1} + x^x \log x)\,dx .$$

§ 5.   PROBLEM DER TANGENTE AN EINER CURVE

[*Gleichung der Tangente*]

Wir nehmen ein rechtwinkliges Achsensystem, ferner eine Curve der Gleichung  y = f(x)  an. Es soll die Tangente an irgend einem Punkt, dessen Coordinaten  x  und  y  sind, gesucht werden.

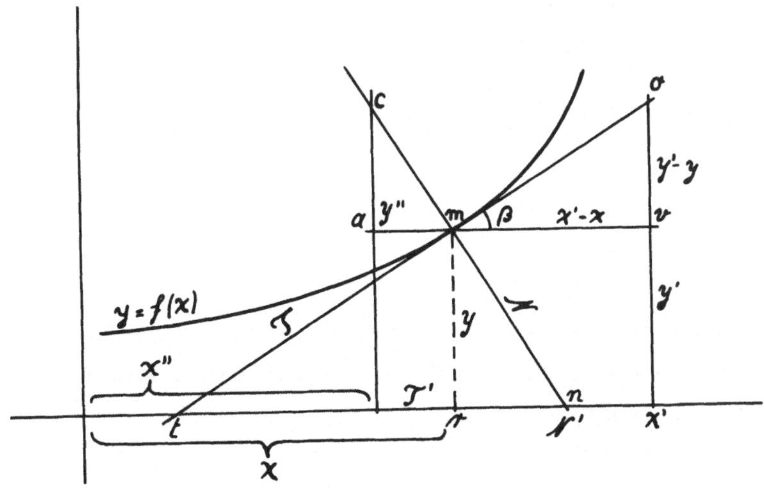


---

[*)] Der hier angedeutete Beweis der Reduktionssätze mittels partieller Differentiation wird S. 257 noch ausgeführt werden.

Wir können nun den Winkel $\beta$ , den die Tangente mit der x-Achse bildet, wie bekannt, aus der Differentialrechnung finden, es ist nämlich $\text{tg } \beta = \dfrac{dy}{dx}$ .

In der analytischen Geometrie will man die Gleichung dieser Tangente haben. Wenn wir mit x'y' einen Punkt der Tangente bezeichnen und mit xy den Berührungspunkt der Tangente an die Curve, so haben wir nur die Verbindungslinie von xy und x'y' zu suchen. Die allgemeine Gleichung dieser Linie ist y' - y = a(x'-x) , wo a der Winkelkoeffizient derselben ist. Nun ist, wenn wir das Dreieck o v m betrachten:

$$\frac{y'-y}{x'-x} = \frac{dy}{dx} = a = \text{tg } \beta .$$

Setzen wir dieses ein, so ist:

$$y' - y = \frac{dy}{dx}(x'-x)$$

$$y' - y = p(x'-x) \quad \text{mit} \quad p = f'(x) = \frac{dy}{dx} .$$

Statt $y' - y = \dfrac{dy}{dx}(x'-x)$ hätten wir die Gleichung in folgender Form schreiben können:

$$\frac{x'-x}{dx} = \frac{y'-y}{dy} .$$

*Gleichung der Normalen*

Unter der *Normalen* verstehen wir die Gerade, welche senkrecht auf der Tangente durch den Berührungspunkt geht. Nun ist wie bekannt die Gleichung einer Geraden y = ax + b , für eine Senkrechte darauf ändert sich das a in $-\dfrac{1}{a}$ , also y = $-\dfrac{1}{a}$ x + b . Wir haben folglich, wenn wir diese Beschaffenheit der Gleichung einer Senkrechten auf einer andern Geraden auf unsere Tangente anwenden:

$$y'' - y = -\frac{1}{p}(x''-x) .$$

Betrachten wir das Dreieck  c a m , so sehen wir auch, dass

$$\frac{y''-y}{x-x''} = \cot \beta = \frac{1}{\text{tg}\beta} = \frac{1}{p} \quad , \text{ oder wieder:}$$

$$y'' - y = -\frac{1}{p}(x''-x) \quad .$$

Wir hätten auch die Gleichung der Normalen in der Form
$(x''-x)dx + (y''-y)dy = 0$  schreiben können.


*Gleichung der Subtangente* [siehe Zeichnung S. 73!]


Wenn  r  der Fusspunkt des Perpendikels ist, das von dem Berührungspunkte auf die Abscissenachse gefällt worden ist, so
heisst  tr  die *Subtangente* und  nr  die *Subnormale*.


Nehmen wir auf einer Geraden $\underset{\displaystyle a \quad c \quad d}{\overline{\quad|\quad|\quad|\quad}}$ einen Punkt  a
an, dann noch zwei andere Punkte  c  und  d , so wollen wir
die Distanz  ac  gleich  u  und die Distanz  ad  gleich  v
setzen. Dann ist  cd = v - u . Würden wir nun statt  cd  "dc"
setzen, so müssten wir auch  u - v  setzen. Auf diese Art können wir durch die Stellung der Zeichen auch angeben, ob das
Stück nach rechts oder nach links von dem angenommenen Punkte
steht. Würden wir also schreiben  dc = u - v , so würde  u - v
negativ, da  u < v  ist nach Annahme, mithin zeigt uns das Zeichen an, welcher der Punkte mehr rechts oder links liegt.
Wir wenden dies an auf die Stücke  rt  und  rn . Wir kennen nun
schon die Abscisse des Punktes  r , hingegen soll die des Punktes  t  erst gesucht werden. Diese wird gleich  x  weniger die
Distanz  tr  sein.


Wir denken uns nun den Punkt  x'y'  auf der Tangente an die
Stelle von  t , oder die Coordinaten von  t  seien  x'y' . Dann
ist aber  y' = 0 . Mithin folgt aus  y' - y = p(x'-x) , dass

$$-y = p(x'-x) \quad \text{oder} \quad (x'-x) = -\frac{y}{p} \quad .$$

Ist also die Subtangente negativ, so liegt  t  links von  r .

*Gleichung der Subnormalen* [siehe Zeichnung S. 73!]

Es handelt sich noch darum, die Gleichung der Subnormalen zu
finden. Hiebei denken wir uns den Punkt  x"y"  nach  n  hin
gerückt, dann ist aber  y" = 0 . Mithin haben wir aus  y" - y =
$-\frac{1}{p}$(x"-x)  die Gleichung

$$-y = -\frac{1}{p}(x"-x) \quad \text{oder} \quad x" - x = +y \cdot p \ .$$

Es ist also die Differenz von der Abscisse des Punktes  n  und
der des Punktes  r  gleich  yp . Wir sehen also, dass der Punkt
n  rechts von  r  liegt, das heisst die Abscisse des Punktes
n  ist grösser als die des Punktes  r . Es haben also die Subtangente und die Subnormale entgegengesetzte Zeichen, mithin
liegen sie entgegengesetzt von dem Punkte  r , das heisst der
Punkt  r  liegt immer zwischen den Punkten  n  und  t . Da
x' - x = N'  ist, so ist:

$$\frac{N'}{y} = p \ , \quad \text{mithin} \quad N' = py \quad .$$

Ebenso ist  x" - x = -T' ,  mithin  $\frac{y}{-T'} = p$  oder

$$T' = -\frac{y}{p} \quad .$$

Die Dreiecke  m r n  und  n r t  sind rechtwinklig, mithin:

$$T = \sqrt{y^2 + T'^2} \ = \ \sqrt{y^2 + \frac{y^2}{p^2}}$$

$$= \sqrt{\frac{y^2}{p^2}(p^2+1)} \ = \ \frac{y}{p}\sqrt{1+p^2}$$

$$N = \sqrt{y^2 + N'^2} \ = \ \sqrt{y^2 + y^2 p^2} \ = \ \sqrt{y^2(1+p^2)}$$

$$= y\sqrt{1+p^2} \quad .$$

T  heisst die *Tangente im engeren Sinne* und  N  die *Normale im engeren Sinne.*

Wir haben also gefunden:

$$(1) \quad y' - y = p(x'-x) \;\; ; \qquad\qquad (2) \quad y'' - y = -\frac{1}{p}(x''-x) \;\; ;$$

$$(3) \quad N' = py \;\; ; \qquad\qquad\qquad (4) \quad T' = -\frac{y}{p} \;\; ;$$

$$(5) \quad T = \frac{y}{p}\sqrt{1+p^2} \;\; ; \qquad\qquad (5) \quad N = y\sqrt{1+p^2} \;\; .$$

*Anwendung dieser 6 Formeln auf den Kreis*

Die Gleichung eines Kreises ist wie bekannt:

$$x^2 + y^2 = r^2 \quad \text{oder} \quad y = \sqrt{r^2-x^2}$$

Differenziren wir die erste Gleichung, so ist das Differential von $x^2 + y^2$ gleich $2xdx + 2ydy$ , das Differential der rechten Seite ist gleich Null, mithin:

$$2xdx + 2ydy = 0$$

$$2xdx = -2ydy$$

$$xdx = -ydy$$

$$\frac{x}{y} = -\frac{dy}{dx} \;\; , \quad \frac{dy}{dx} = -\frac{x}{y} = -\frac{x}{\sqrt{r^2-x^2}} \;\; .$$

Wir wären auch zum Ziele gekommen, wenn wir  $y = \sqrt{r^2-x^2}$  differenzirt hätten:

$$dy = \frac{-2xdx}{2\sqrt{r^2-x^2}} = \frac{-xdx}{\sqrt{r^2-x^2}} = -\frac{dx\,x}{\sqrt{r^2-x^2}}$$

$$\frac{dy}{dx} = -\frac{x}{\sqrt{r^2-x^2}} = -\frac{x}{y} \;\; .$$

Wir setzen den Werth von $\dfrac{dy}{dx}$ in die Gleichung (1) [der Tangente] ein und bekommen

$$(1) \qquad y' - y = -\frac{x}{y}(x'-x) \quad .$$

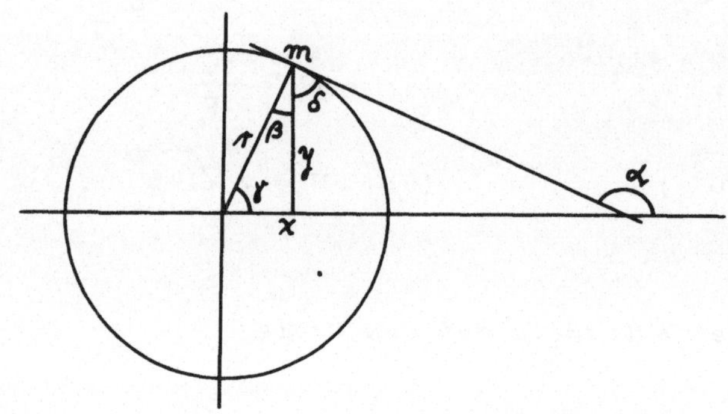

Nun ist $\dfrac{x}{y} = \operatorname{tg} \beta$ , ferner ist $\alpha = \gamma + \beta + \delta$ . Es ist $\gamma + \beta = 90^{\circ}$ .

Es ist also $\alpha = 90^{\circ} + \delta$ , mithin

$$\operatorname{tg} \alpha = \operatorname{tg}(90^{\circ}+\delta) = \frac{\sin(90^{\circ}+\delta)}{\cos(90^{\circ}+\delta)} = \frac{\cos\delta}{-\sin\delta} = -\cot \delta \ ,$$

also $\operatorname{tg} \alpha = -\cot \delta$ .

*Normale*

Setzen wir den Wert $p = -\dfrac{x}{y}$ in Gleichung (2) ein, so haben wir die Gleichung der Normalen, also:

$$(2) \qquad y'' - y = \frac{y}{x}(x''-x) = \frac{yx''}{x} - \frac{xy}{x}$$

$$y'' = \frac{yx''}{x} \ , \quad \frac{y''}{y} = \frac{x''}{x} \quad .$$

Setzen wir $x'' = 0$ , so ist $\dfrac{x''}{x} = 0$ , mithin auch $y'' = 0$ . Hieraus folgt, dass die Normale immer durch den Nullpunkt geht.

Die Tangente im engern Sinne ist

$$T = \frac{y}{p} \sqrt{1+p^2} \quad .$$

Nun ist $\dfrac{x^2}{y^2}$ ,

$$\sqrt{1+p^2} = \sqrt{1 + \frac{x^2}{y^2}} = \sqrt{\frac{y^2+x^2}{y^2}} = \frac{r^2}{y^2} = \frac{r}{y} \quad .$$

(3) $\qquad T = \frac{y}{p} \cdot \frac{r}{y} = \frac{r}{p} = \frac{ry}{x} \quad .$

Die Normale im engern Sinne ist

(4) $\qquad N = y \sqrt{1+p^2} = y \frac{r}{y} = r \quad .$

Die Subtangente ist

(5) $\qquad T' = +\frac{y}{p} = \frac{y^2}{x} \quad .$

Die Subnormale ist

(6) $\qquad N' = -py = -x \quad .$

*Anwendung auf die Ellipse*

Nehmen wir ein rechtwinkliges Achsensystem an und in demselben eine Ellipse, so wissen wir, dass die Gleichung derselben ist:

$$\frac{x^2}{a^2} + \frac{y^2}{b^2} = 1 \quad .$$

Die Zahl $\sqrt{a^2-b^2}$ ist die lineare Excentricität. Der Quotient $\dfrac{\sqrt{a^2-b^2}}{a}$ heisst die *Exponenticität* und wird mit $\varepsilon$ bezeichnet, also $\varepsilon = \sqrt{1 - \dfrac{b^2}{a^2}} \quad .$

Die äussere Form einer Ellipse hängt nur von $\varepsilon$ ab, das heisst
von dem Verhältnisse von a und b . Wenn $\varepsilon = 1$ ist, so ist
b = 0 , und die Ellipse reducirt sich auf eine Gerade. Wenn
hingegen $\varepsilon = 0$ ist, so muss b = a sein, dann verwandelt
sich die Ellipse in einen Kreis.

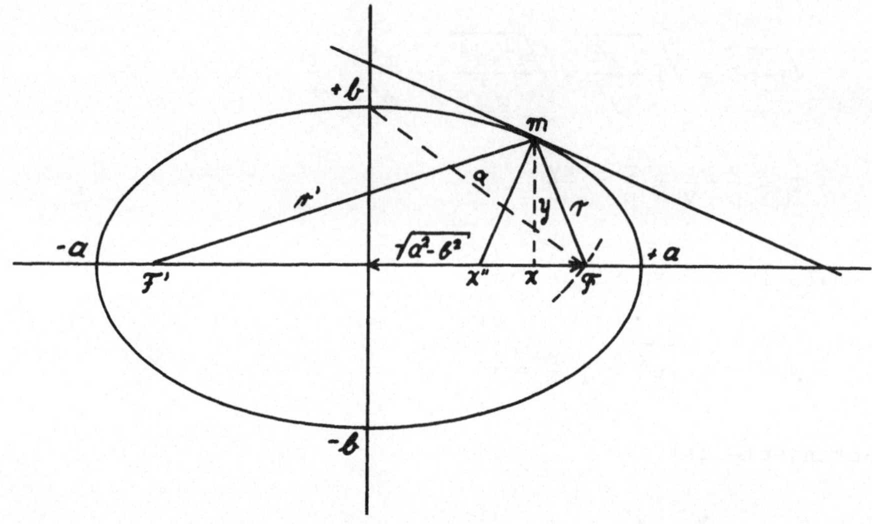


Eine andere Form unserer Gleichung ist:

$$y^2 = \frac{b^2}{a^2}\,(a^2-x^2) \quad \text{oder} \quad y = \frac{b}{a}\,\sqrt{a^2-x^2} \; .$$

Wir wollen nun zuerst die Entfernungen des Punktes m von den
Brennpunkten F und F' suchen. Zu diesem Zwecke fällen wir
das Perpendikel y . Dann haben wir ein rechtwinkliges Dreieck
x F m , dessen Seiten sind $x\,F = \sqrt{a^2-b^2} - x$ , ferner $m\,F = r$ , endlich m x = y . Mithin:

$$r^2 = y^2 + (\sqrt{a^2-b^2} - x)^2$$

$$r^2 = \frac{b^2}{a^2}\,(a^2-x^2) + a^2 - b^2 - 2x\sqrt{a^2-b^2} + x^2$$

$$= x^2\left(1 - \frac{b^2}{a^2}\right) + a^2 - 2x\sqrt{a^2-b^2} \; .$$

Nun ist $\dfrac{\sqrt{a^2-b^2}}{a} = \varepsilon$ . Dies eingesetzt, gibt:

$$r^2 = \varepsilon^2 x^2 + a^2 - 2\varepsilon a x = (a-\varepsilon x)^2 .$$

Auf gleiche Weise würden wir $r'^2$ erhalten, nämlich

$$r'^2 = (a+\varepsilon x)^2 .$$

Es unterscheidet sich also $r^2$ und $r'^2$ nur im Zeichen von $\varepsilon x$ . Es fragt sich nun, ob die Wurzeln von $r^2$ und $r'^2$ positiv oder negativ sind. Zu diesem Zwecke sehen wir nach, ob $a$ grösser oder kleiner als $\varepsilon x$ ist. $\varepsilon$ ist jedenfalls kleiner als $a$ , ferner ist $x$ auch kleiner, mithin $\varepsilon x$ um so mehr kleiner als $a$ . Folglich ist $a - \varepsilon x$ positiv, $r'$ ist natürlich schon positiv, da es eine Summe ist. Wir haben also:

$$r = a - \varepsilon x , \quad r' = a + \varepsilon x , \quad r + r' = 2a .$$

Wir kommen also wieder auf die geometrische Definition der Ellipse zurück.


*Tangente*

Es soll nun die Tangente gesucht werden:

$$y = \frac{b}{a} \sqrt{a^2-x^2}$$

$$dy = \frac{b}{a} \frac{-x\,dx}{\sqrt{a^2-x^2}}$$

$$p = \frac{dy}{dx} = -\frac{b}{a} \cdot \frac{x}{\sqrt{a^2-x^2}} = -\frac{bx}{\dfrac{a^2}{b} \cdot \dfrac{b}{a} \sqrt{a^2-x^2}}$$

$$= -\frac{bx}{\dfrac{a^2}{b} y} = -\frac{b^2 x}{a^2 y} .$$

Hätten wir die Gleichung $\dfrac{x^2}{a^2} + \dfrac{y^2}{b^2} = 1$ differenzirt, so wären wir sofort zu diesem Resultate gekommen, nämlich:

$$\frac{2xdy}{a^2} + \frac{2ydy}{b^2} = 0 \quad \text{oder} \quad \frac{dy}{dx} = -\frac{b^2x}{a^2y} \ .$$

Setzen wir diesen Werth für $p$ in die Gleichung $y' - y = p(x'-x)$ ein, so ist:

$$y' - y = -\frac{b^2x}{a^2y} \ (x'-x)$$

$$\frac{yy'}{b^2} - \frac{y^2}{b^2} = -\frac{xx'}{a^2} + \frac{x^2}{y^2}$$

$$\frac{yy'}{b^2} + \frac{xx'}{a^2} = \frac{x^2}{a^2} + \frac{y^2}{b^2} = 1 \quad .$$

*Normale*

Hier haben wir nun $-\dfrac{1}{p}$ statt $p$ zu setzen, also $\dfrac{a^2y}{b^2x}$ statt $-\dfrac{b^2x}{a^2y}$ . Dann ist:

$$y'' - y = \frac{a^2y}{b^2x} \ (x''-x) \ .$$

Um den Punkt zu suchen, wo die Normale die Abscisse schneidet, setzen wir $y'' = 0$ , dann ist

$$-y = \frac{a^2y}{b^2x} \ (x''-x)$$

$$x'' - x = -\frac{b^2x}{a^2}$$

$$x'' = x(1 - \frac{b^2}{a^2}) = \varepsilon^2 x \ .$$

Es schneidet also die Normale die x-Achse immer zwischen dem Nullpunkt und dem Fusspunkt des Berührungspunktes der Tangente an die Ellipse.

Wir wollen nun die Entfernung  nf  des Fusspunktes der Normalen von den Brennpunkten suchen. Diese Entfernungen sind:

$$nf = of - on$$

$$nf' = of' + on \quad .$$

Nun ist

$$of = of' = \quad = \frac{\sqrt{a^2 - b^2}}{a} \quad .$$

Mithin ist:

$$nf = \varepsilon a - on \quad , \quad nf' = \varepsilon a + on \quad .$$

on   ist gleich  $x'' = \varepsilon^2 x$ , mithin:

$$nf = \varepsilon a - \varepsilon^2 x \quad , \quad nf' = \varepsilon a + \varepsilon^2 x \quad .$$

Multipliziren wir nun die Gleichungen  $r = a - \varepsilon x$  und
$r' = a + \varepsilon x$   mit  $\varepsilon$ , so ist:

$$\varepsilon r = a - \varepsilon^2 x \quad , \quad \varepsilon r' = \varepsilon a + \varepsilon^2 x \quad .$$

So sehen wir, dass  $nf = \varepsilon r$  und  $nf' = \varepsilon r'$ .

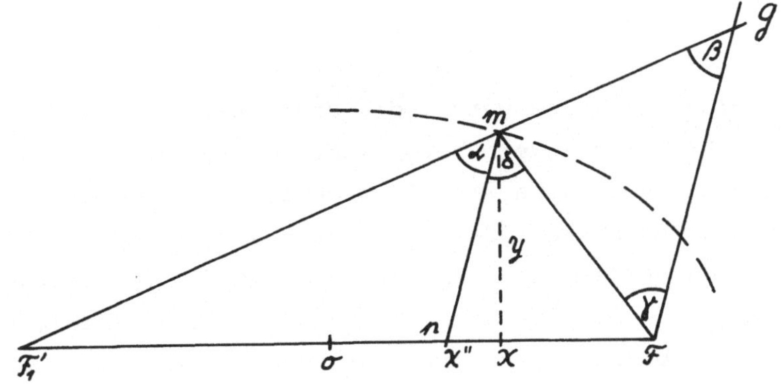

Verlängern wir nun  F'm  um  mF  und verbinden wir  G  mit  F ,
so erhalten wir die ähnlichen Dreiecke  FGF'  und  Fmn . Hieraus folgt, dass $\dfrac{nf}{mf} = \dfrac{nf'}{mf'}$ .

Mithin haben wir  $\sphericalangle\,\alpha = \sphericalangle\,\beta$  oder  $\alpha + \delta = \beta + \gamma$  als Aussen-
winkel. Nun ist  $\gamma = \beta$ , also auch  $\alpha = \delta$ , das heisst die Nor-
male halbiert den Winkel, den die beiden Leitstrahlen mitein-
ander bilden.

*Subtangente*

Es ergibt sich

$$T' = -\frac{y}{p} = -y \cdot \frac{1}{p}$$

$$= y \cdot \frac{\frac{1}{b^2 x}}{a^2 y} = \frac{a^2 y^2}{b^2 x} = \frac{b^2 (a^2 - x^2)}{b^2 x}$$

$$= \frac{a^2 - x^2}{x} \quad .$$

Die Subtangente hängt also nicht von  b , sondern nur von  a
ab.

*Cycloide*

Es sei  C  eine beliebige Curve, die aber starr ist. Diese Curve sei die Bahn einer andern beweglichen Curve, die eine rela-
tive Festigkeit habe. Wenn wir die bewegliche Curve mit  C'
bezeichnen und uns denken, dass  C'  sich auf  C  bewege, so
haben natürlich beide Curven in  a  und  a'  die gleiche
Tangente. Bewegt sich die Curve  C'  auf  C , bis beide sich
in  b  und  b'  berühren, so wird der Punkt  a'  in die neue
Lage  $a_1'$  gelangen. Wir sagen, die Curve  C'  sei auf  C  ge-
rollt, wenn  $b'a_1' = ab$  ist, das heisst, wenn das abgewinkelte

Stück der Curve  C  gleich dem aufgewinkelten der Curve  C'
ist. Wäre  $a_1'b'$  nicht gleich  ab , so wäre die Bewegung durch
Rollen und Gleiten gemischt, oder es wäre auch ein blosses
Gleiten.

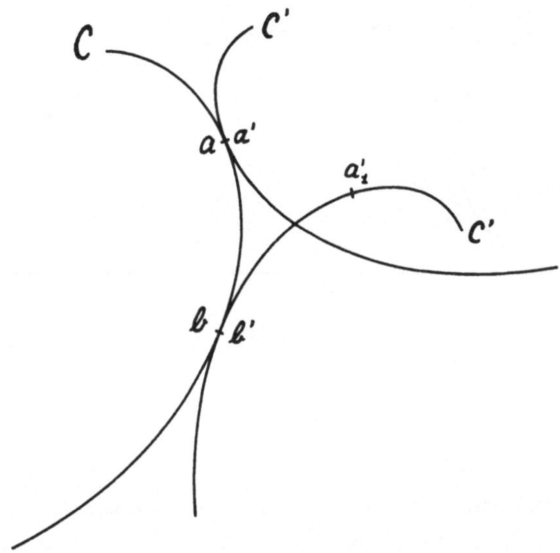


Um die Bewegung des Rollens zu bestimmen, müssen wir die Bahn
und bewegliche Curve kennen. Wir können zum Beispiel eine Gerade als Bahn und einen Kreis als rollende Curve annehmen, oder
auch den Kreis als Bahn und die Gerade als bewegliche Curve, oder
endlich als Bahn und bewegende Curve zwei Kreise, von gleichen
oder verschiedenen Durchmessern. [Zuerst lassen wir einen Kreis
auf einer Geraden rollen.] Nehmen wir auf der Peripherie des
Kreises einen Punkt  m  an, so wird dieser Punkt während der
Bewegung des Rollens eine ganz bestimmte Curve durchlaufen,
welche man die gemeine *Cycloide* nennt.

Wir wollen nun die Bahn unserer Bewegungscurve auf ein Achsensystem beziehen. Die  x-Achse desselben sei die Bahn selbst,
die  y-Achse soll hingegen durch denjenigen Punkt der  x-Achse
gehen, in welchem der Punkt  m  in der Anfangslage dieselbe
trifft. Es sei also  on = mn . Es sollen nun die Coordinaten

x  und  y  des Punktes  m  bestimmt werden. Es bezeichne  K
die augenblickliche Lage des Centrums.

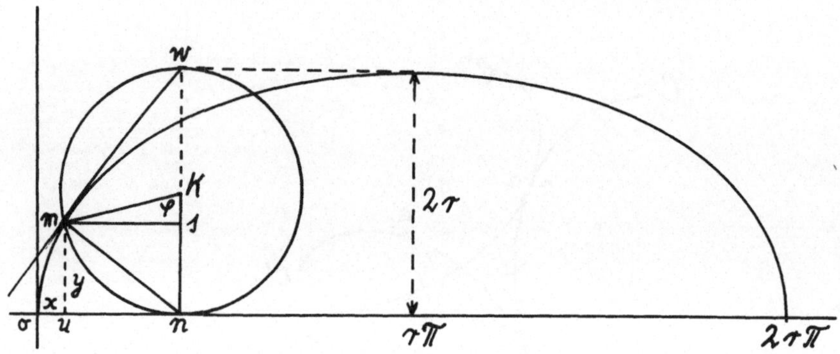

Verbinden wir  K  mit dem Berührungspunkte des Kreises und der
Geraden (in diesem Augenblick), also  K  mit dem Punkt  n , so
erhalten wir natürlich eine zur  x-Achse stehende vertikale
Linie. Verbinden wir ferner  K  mit  m , so wird durch die beiden Linien  mK  und  nK  ein bestimmter Winkel  $\varphi$  eingeschlossen, welcher den Punkt  m  vollständig bestimmt, oder durch
welchen wir die Coordinaten  x  und  y  des Punktes  m  ausdrücken könnten. Es ist nämlich  y = ns = nK - sK . Nun ist
sK  die anliegende Kathete des Winkels  $\varphi$  im rechtwinkligen
Dreieck  mKs . Also ist  $\dfrac{sK}{r}$ = cos $\varphi$ , mithin  sK = r cos $\varphi$ .
Folglich ist:  y = nK - r cos $\varphi$ = r - r cos $\varphi$ .

Wenn  u  der Fusspunkt des Perpendikels von  m  auf die  x-Achse ist, so ist also  ou = x . Es wäre also:  x = on - un =
on - ms = mn - ms . Da der Kreis rollt und nicht gleitet, ist
mn = $\overline{on}$ = r$\varphi$ , denn der Bogen eines Kreisstückes ist immer
gleich dem Radius multiplizirt mit dem eingeschlossenen Winkel.
Ferner ist  ms = r sin $\varphi$ . Setzen wir diese beiden Werthe  r$\varphi$
und  r sin $\varphi$  in die Gleichung  x = mn - ms  ein, so ist

$$x = r\varphi - r \sin \varphi$$

$$y = r - r \cos \varphi \,, \quad x = r\varphi - r \sin \varphi \,.$$

Es sind also  x  und  y  vollständig bestimmt. Wir wollen nun
$\varphi$  eliminiren  und  x  in Funktion von  y  ausdrücken:
Es ist

$$\cos \varphi = \frac{r-y}{r} \,,$$

also

$$\sin^2\varphi = 1 - (\frac{r-y}{r})^2 = \frac{r^2+2ry-y^2-r^2}{r^2} = \frac{2ry-y^2}{r^2}$$

$$\sin \varphi = \frac{\sqrt{2ry-y^2}}{r} \,.$$

Nun ist  $\varphi = \arccos \frac{r-y}{r}$ . Setzen wir dieses in die Gleichung
$x = r\varphi - r \sin \varphi$  ein, so ist:

$$x = r \arccos \frac{r-y}{r} - \sqrt{2ry-y^2} \,.$$

Der Punkt  m  wird natürlich in einer Entfernung von  $r\pi$  vom
Nullpunkt seine höchste Lage haben, und zwar senkrecht über
$\pi r$  in der Höhe des Durchmessers. Offenbar wird  m  wieder bei
$2r\pi$  in seine ursprüngliche Lage zurückkehren.

Um nun die Tangente zu konstruiren, wollen wir die Subnormale
suchen. Zu diesem Zwecke differenziren wir die letzte Gleichung
und erhalten:

$$dx = r\left(-\frac{d(\frac{r-y}{r})}{\sqrt{1-(\frac{r-y}{r})^2}}\right) - \frac{d(2ry-y^2)}{2\sqrt{2ry-y^2}}$$

$$= r\left(+\frac{\frac{dy}{r}}{\sqrt{\frac{2ry-y^2}{2}}}\right) - \frac{rdy-ydy}{\sqrt{2ry-y^2}} \,.$$

$$dx = \frac{y\,dy}{\sqrt{2ry-y^2}} \quad , \quad \frac{dx}{dy} = \frac{y}{\sqrt{2ry-y^2}} \quad .$$

Wir wären auch zu diesem Resultat gekommen, wenn wir die beiden
ursprünglichen Gleichungen

$$x = r\varphi - r \sin \varphi \ , \quad y = r - r \cos \varphi$$

differenzirt hätten. Wir erhalten

$$dx = rd\varphi - r \cos \varphi \, d\varphi = r(1-\cos\varphi)d\varphi \ ,$$

$$dy = r \sin \varphi \, d\varphi \ ,$$

$$\frac{dx}{dy} = \frac{r(1-\cos\varphi)d\varphi}{r \sin \varphi \, d\varphi} = \frac{r(1-\cos\varphi)}{r \sin \varphi}$$

Nun ist $r \sin \varphi = \sqrt{2ry-y^2}$ und $r - r \cos \varphi = y$ ,
mithin ist:

$$\frac{1}{p} = \frac{dx}{dy} = \frac{y}{\sqrt{2ry-y^2}} \quad ,$$

also das gleiche Resultat.

Es war nun $N' = yp$ und der Wert für $p$ eingesetzt, gibt:

$$N' = \frac{\sqrt{2ry-y^2}}{y} \ , \ y = \sqrt{2ry-y^2}$$

Es ist also $N' = ms$ , da $ms = r \sin \varphi = \sqrt{2ry-y^2}$ . Wir zeigen
nun, dass die Normale im engeren Sinne gleich $mn$ ist. Um also
diese Normale zu erhalten, brauchen wir nur die augenblickliche
Lage des Punktes mit dem tiefsten Punkte $n$ des Kreises zu
verbinden; durch die Verlängerung auf beiden Seiten von $mn$
erhalten wir im allgemeinen die Normale. Da nun die Tangente
mit der Normalen einen Winkel von $90^{\circ}$ bildet, so kann es
nicht anders sein, als dass die Tangente durch den höchsten

Punkt  w  des Kreises geht. Denn die in einem Halbkreis gebil-
deten Winkel sind  $90°$ .

Die Normale im engeren Sinne ist, wie wir gesehen haben:

$N = y \sqrt{1+p^2}$ . Nun ist  $p = \dfrac{\sqrt{2ry-y^2}}{y}$ , also  $1 + p^2 =$

$1 + \dfrac{2ry-y^2}{y^2} = \dfrac{2ry}{y^2}$ , dies eingesetzt, gibt die Behauptung

$N = \sqrt{2ry} = mn$ . Wir hätten dies auch durch Geometrie erhalten
können, wenn wir gesagt hätten:

$$ns : mn = mn : nw$$

$$mn^2 = ns \cdot nw$$

$$mn^2 = y \cdot 2r = 2ry$$

$$mn = \sqrt{2ry} .$$

[*Kreisevolvente*]

Nun sei die Basis ein Kreis und die rollende  Curve eine Gerade.

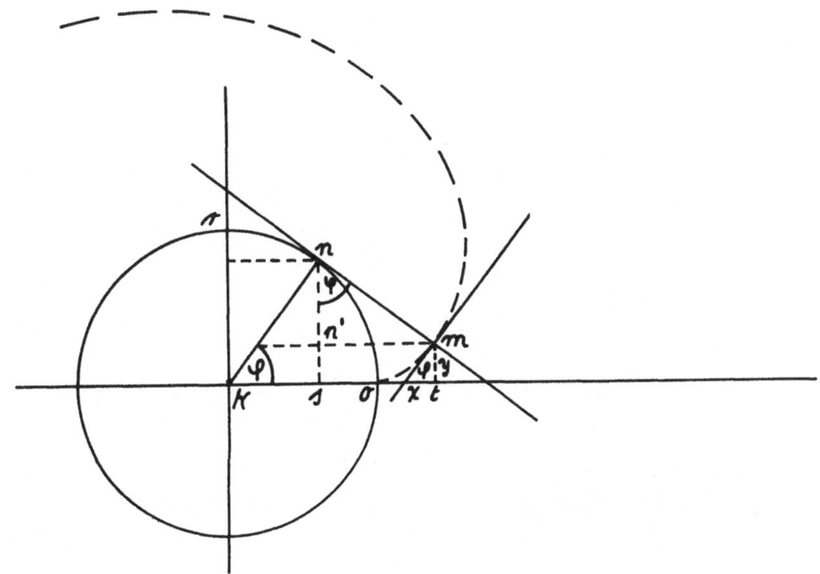

Es ist also unsere Gerade immer eine Tangente an den Kreis. Es frägt sich nun hier wieder, was für eine Curve ein Punkt auf der Tangente durch Rollen der Geraden beschreibe. Diese Curve heisst *Kreisevolvente*. Denken wir uns, die Gerade drehe sich, bis der Punkt $m$ den Kreis berührt, so wollen wir die x-Achse durch diesen Berührungspunkt, welchen wir mit $0$ bezeichnen, ziehen. Es ist also die charakteristische Eigenschaft des Rollens $\overline{mn} = \overset{\frown}{on}$ . Es hängt $n$ jedenfalls von $\varphi$ ab, ferner folgt die Lage von $m$ aus dem Winkel $\varphi$ , wenn wenn wir on auf der beweglichen Geraden von $n$ aus auftragen, so erhalten wir $m$ , mithin sind die Coordinaten des Punktes $m$ abhängig von $\varphi$ .

Nun ist $x = Ks + st$ . Da aber $\dfrac{Ks}{r} = \cos \varphi$ ist, so ist $Ks = r \cos \varphi$ . Ferner haben wir $\dfrac{st}{mn} = \sin \varphi$ , denn $\measuredangle\ mns = \varphi$ .

Also ist $st = mn \sin \varphi = no \sin \varphi$ . Nun ist $no = r\varphi$ , mithin $st = r\varphi \sin \varphi$ . Setzen wir diese Werthe für $Ks$ und $st$ in die Gleichung für $x$ ein, so ist:

$$x = r \cos \varphi + r\varphi \sin \varphi .$$

Ferner ist

$$y = ns - nn' = r \sin \varphi - r\varphi \cos \varphi .$$

Diese Gleichung quadrirt und addirt, gibt:

$$x^2 + y^2 = r^2 + (\varphi r)^2$$

$$\varphi = \frac{\sqrt{x^2+y^2-r^2}}{r} .$$

Wir hätten dieses Resultat auch aus der Geometrie ableiten können, denn es ist:

$$x^2 + y^2 = mK^2 = (Kn)^2 + mn^2 .$$

Nun ist

$$(Kn)^2 = r^2 \quad \text{und} \quad (mn)^2 = (on)^2 = (\varphi r)^2$$

$$x^2 + y^2 = r^2 + (r\varphi)^2$$

$$\varphi = \frac{\sqrt{x^2+y^2-r^2}}{r} \ .$$

Wir untersuchen nun, was geschieht, wenn das Rollen nur sehr wenig vor sich geht, das heisst, was für eine Aenderung  x und  y  dadurch erleiden:

$$dx = -r \cdot \sin \varphi \, d\varphi + r \sin \varphi \, d\varphi + r\varphi \cos \varphi \, d\varphi$$

$$= r\varphi \cos \varphi \, d\varphi$$

$$dy = r \cos \varphi \, d\varphi - r \cos \varphi \, d\varphi + r\varphi \sin \varphi \, d\varphi$$

$$= r\varphi \sin \varphi \, d\varphi \ .$$

[Dies können wir auch aus der Geometrie ableiten.]

Durch unsere Drehung wird ein kleiner Bogen entstehen, den wir mit Ausnahme eines kleinen Fehlers als einen Kreisbogen betrachten dürfen. Da nun aber der Bogen gleich ist dem Radius, multiplizirt mit dem Centriwinkel, so ist  $r\varphi \, d\varphi$  gleich dem Bogen, denn  no = $\varphi r$  ist der Radius und  $d\varphi$  ist die Aenderung des Winkels. Um die Aenderung der Abscisse  x  zu erhalten, projiziren wir diesen Bogen  $r\varphi \, d\varphi$  auf die Abscissenachse  und erhalten  $r\varphi \cos\varphi \, d\varphi$ , ebenso wäre die Aenderung von  y  gleich der Projektion auf die  y-Achse, oder $r\varphi \sin \varphi \, d\varphi$ .  Für die Tangente  p  ergibt sich

$$p = \frac{dy}{dx} = \frac{\sin\varphi \, r\varphi \, d\varphi}{\cos\varphi \, r\varphi \, d\varphi} = \frac{\sin\varphi}{\cos\varphi} = tg \ \varphi \ .$$

Nun ist  p = tg $\alpha$  , folglich  $\alpha = \varphi$  .

Hieraus folgt nun, dass wir, um die Tangente zu finden, nur
eine Parallele zum Radius, der den Winkel $\varphi$ begrenzt, an die
Curve zu ziehen haben.

Denken wir uns nun die rollende Linie unendlich lang, und wir
würden das Rollen immer mehr fortsetzen, so würde natürlich
der Punkt m sich immer mehr von dem Kreise entfernen, wir
würden dann eine spiralförmige Curve erhalten.

[*Berechnung des Linienelementes*]

Wir betrachten ein rechtwinkliges Achsensystem und wir nehmen
darauf eine Curve, die beliebig sei, an, ferner einen beweglichen Punkt n auf der Curve.

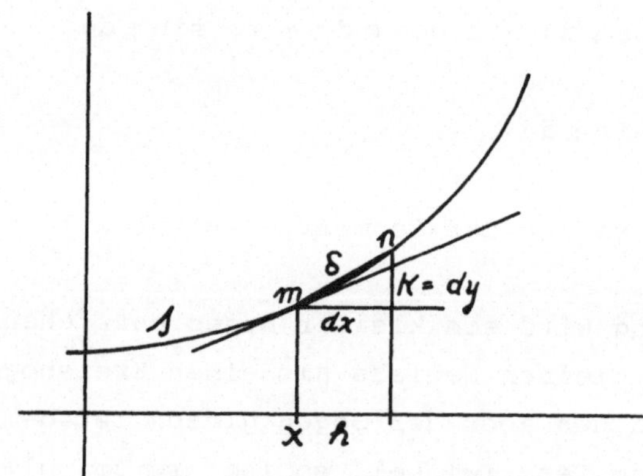


Lassen wir x um h ändern, so ändert sich y um K , oder
wenn x um dx geändert wird, so ändert sich y um dy ,
abgesehen von den unendlich kleinen Grössen höherer Ordnung.

Wenn nun eine Linie von einer geraden Linie in zwei Punkten
geschnitten wird, so [heisst] diese Linie nach dem archimedi-
schen Axiom *konvex*. Ein anderes Axiom ist, dass, wenn wir auf
einer krummen Linie zwei Punkte annehmen und diese Punkte miteinander verbinden und diese Punkte sich nähern, alsdann das

Verhältnis der Grössen $\delta$ und $b$ sich dem Werthe eins nähert, das heisst, dass die Länge unendlich wenig verschieden von $b$ sei, oder, dass die Differenz zwischen $\delta$ und $b$ sehr klein sei (eine unendlich kleine Grösse höherer Ordnung sei). Es soll also: $\lim \frac{b}{\delta} = 1$ sein. Wir denken uns nun eine Curve, für welche dieses Axiom stattfindet. Wird nun $x$ um $h$ geändert, so handelt es sich darum, den Grenzwerth von $\frac{b}{h}$ zu finden. Nun ist aber $\frac{b}{h} = \frac{b}{\delta} \cdot \frac{\delta}{h}$ , mithin $\lim \frac{b}{h} = \lim \left( \frac{b}{\delta} \cdot \frac{\delta}{h} \right)$ .

Da aber der Grenzwerth von $\frac{b}{\delta}$ gleich $1$ ist, so reducirt sich der Grenzwerth von unserem Produkte auf den Grenzwerth von $\frac{\delta}{h}$ .

Folglich ist $\lim \frac{b}{h} = \lim \frac{\delta}{h}$ . Nun ist aber $\delta = \sqrt{h^2 + K^2}$ , und dies eingesetzt, gibt:

$$\lim \frac{b}{h} = \lim \frac{\sqrt{h^2 + K^2}}{h} = \lim \sqrt{1 + \left(\frac{K}{h}\right)^2} \quad .$$

Da aber $\lim \frac{K}{h}$ gleich $p$ ist, so ist

$$\lim \frac{b}{h} = \sqrt{1 + p^2} \quad .$$

Wenn nun $s$ den Bogen, dessen Abscisse $x$ ist, bezeichnet, ergibt sich für das Differential

$$ds = \sqrt{1 + p^2}\, dx \quad .$$

Da aber $p = \frac{dy}{dx}$ ist, so ist auch

$$ds = \sqrt{1 + \frac{dy^2}{dx^2}}\, dx = \sqrt{dx^2 + dy^2} \quad .$$

Es ist also die Aenderung des Bogens gleich dem Stück der Tangente von dem Berührungspunkte bis zur Abscisse $x + dx$ . Da $\frac{dy}{dx} = \mathrm{tg}\, \alpha$ , ist nun $ds = \sqrt{1 + \mathrm{tg}^2 \alpha}\, dx = \sqrt{\frac{1}{\cos^2 \alpha}}\, dx = \frac{dx}{\cos \alpha}$ .

Um die Tangente im engern Sinne des Wortes zu suchen, haben wir: $T = \dfrac{y}{p}\sqrt{1+p^2}$ . Nun ist: $\sqrt{1+p^2}\,dx = ds$ , mithin

$$T = \frac{y}{p}\,\frac{ds}{dx} \ .$$

Die Normale im engeren Sinne ist:

$$N = y\,\sqrt{1+p^2} = \frac{yds}{dx} \ .$$

Denken wir uns nun, die Curve sei eine Gerade, und nehmen wir wieder einen Punkt  m  an, dessen Coordinaten  x  und  y  sind, so ist  $y = x\cdot\mathrm{tg}\,\alpha$ , wenn nämlich unsere Gerade durch den Nullpunkt geht. Ferner ist:  $\dfrac{x}{s} = \cos\alpha$ , mithin:  $s = \dfrac{x}{\cos\alpha}$  und  $dx = \dfrac{dx}{\cos\alpha}$ . Dies stimmt mit der obigen Rechnung überein.

Wäre hingegen die Curve ein Kreis, so wäre  $s = r\,\arcsin\dfrac{x}{r}$ , denn  $s = r\cdot\varphi$  und

$$ds = r\,\frac{d\left(\frac{x}{r}\right)}{\sqrt{1-\left(\frac{x}{r}\right)^2}} = \frac{rdx}{\sqrt{r^2-x^2}} = \frac{rdx}{y} \ .$$

Es frägt sich nun wieder, ob die allgemeine Form, die aus dem Differential genommen ist, mit dieser übereinstimmt.

Ersetzen wir  y  durch  $r\cos\varphi$ , so folgt  $ds = \dfrac{dx}{\cos\varphi}$ , wie aus der allgemeinen Formel.

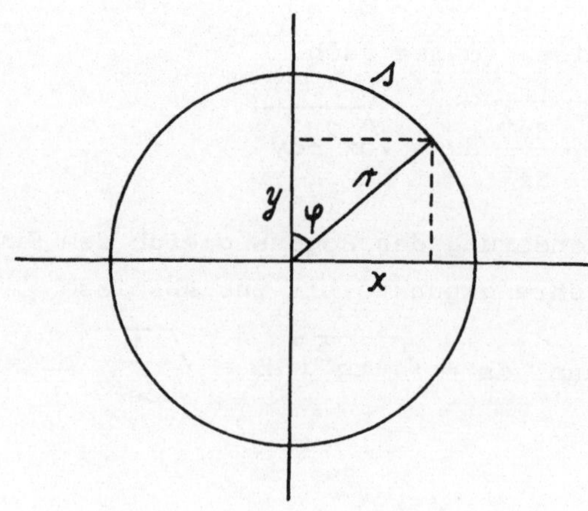

## § 6.   BETRACHTUNG VON POLARCOORDINATEN

Denken wir uns in der Ebene einen fixen Punkt  0 , und ziehen
von diesem Punkt  0  eine Gerade, die ebenfalls unbeweglich
ist, ferner einen zweiten beweglichen Punkt  m . Verbinden wir
nun  0  mit  m , so wird für ein anderes  m  auch die Lage von
0m  verschieden sein.

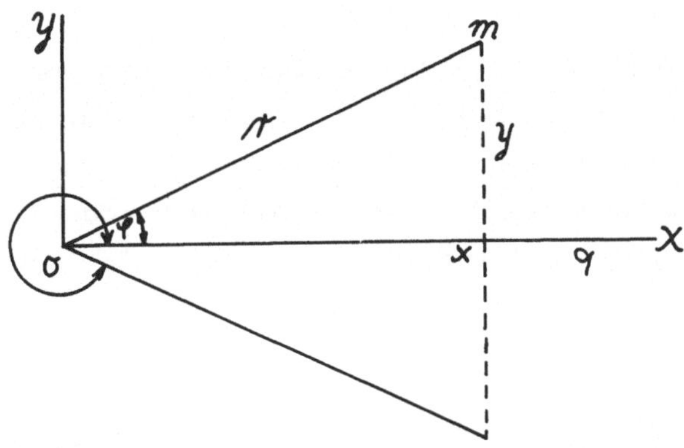


Durch den Winkel  $\varphi$  und durch  r  wird  m  vollständig bestimmt. Die Lage des Punktes  m  hängt also von  r  und von  $\varphi$
ab. Diese beiden Grössen  r  und  $\varphi$  heissen nun die *Polarcoordinaten*, die Verbindungslinie r  von dem beweglichen Punkt
m  bis zum Pol  0  heisst *Radiusvector* oder *Leitstrahl* oder
*Fahrstrahl*. Der Punkt (Pol)  0  und die feste Gerade  0q  bilden nun zusammen das Polarcoordinatensystem. Der Fahrstrahl
wird immer als positiv betrachtet. Die feste Gerade  0q  heisst
man die *Polarachse*. Denken wir uns nun, der Fahrstrahl drehe
sich um  $2\pi$ , so erhalten wir wieder den gleichen Punkt, wenn
sich also der Leitstrahl um ein beliebiges Multiplum von  $2\pi$
dreht, so erhalten wir immer den gleichen Punkt  m .


Wir wollen nun annehmen, es sei ein rechtwinkliges Achsensystem
in der Ebene gegeben, und zwar so, dass der Nullpunkt mit dem
Pol zusammenfällt. Unter diesen Bedingungen sind dann die Co-

ordinaten von  m  die Distanzen  x  und  y . Wir können nun
aus den Polarcoordinaten  die Coordinaten  x  und  y  finden.
Es ist:

$$x^2 + y^2 = r^2 \ , \qquad r = \sqrt{x^2 + y^2}$$

$$\cos \varphi = \frac{x}{r} = \frac{x}{\sqrt{x^2 + y^2}} \ , \qquad \varphi = \arccos \frac{x}{\sqrt{x^2 + y^2}} \ .$$

Der  arccos  hat aber nun unendlich viele Werthe, ja sogar in
dem Intervalle von  0  bis  $360^{\circ}$  sind zwei Grössen für den
cos  enthalten. Nämlich bei  $\varphi$  und  $360 - \varphi$  ist der  cos
gleich. Nun ist aber  $x = r \cos \varphi$  und  $y = r \sin \varphi$ , mithin
kennen wir auch noch das Vorzeichen vom  sin  des Winkels; es
ist nun aber beim Winkel von  $360 - \varphi$  der  sin  negativ, hieraus folgt, dass man unter dem  arccos  $\dfrac{x}{x^2 + y^2}$  nur den Winkel  $\varphi$
betrachten kann.

Da  $\sin \varphi = \dfrac{y}{r}$ , haben wir  $\varphi = \arcsin \dfrac{x}{\sqrt{x^2 + y^2}}$ . Hieraus können
wir nun das gleiche Bedenken hegen wie beim  arccos. Denn auch
zwischen  $0^{\circ}$  und  $360^{\circ}$  existiren zwei gleiche Werthe für den
sin  für ganz verschiedene Winkel, nämlich bei  $\varphi$  und
$180 - \varphi$ . Da wir aber wieder den  cos  kennen, so hebt sich
die Zweideutigkeit auf. Wir könnten nun noch eine dritte Formel
aufstellen, nämlich  $\mathrm{tg}\, \varphi = \dfrac{y}{x}$  oder

$$\varphi = \mathrm{arctg}\, \frac{y}{x} \ .$$

Auch hier könnten wir wieder im Zweifel sein, wenn wir den  cos
oder  sin  ausser Betracht liessen, wir müssten wieder sagen,
es wäre die Tangente des Winkels zu nehmen, dessen  cos  positiv
ist. Wir sehen also, dass eine unserer drei Formeln den Winkel
nicht bestimmt.

Nehmen wir nun eine beliebige Curve und ein Polarcoordinatensystem an und ziehen wir an einem beliebigen Punkt der Curve

den Leitstrahl, so hängt offenbar die Länge des Leitstrahls
von dem Winkel  $\varphi$  ab. Die Gleichung der Curve sei

$$r = f(\varphi)$$

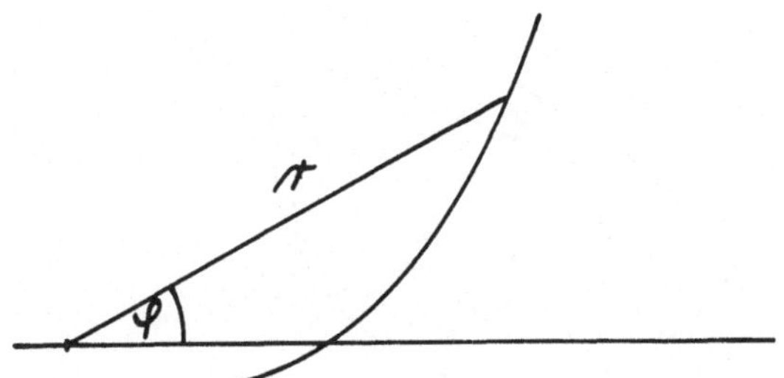

[*Beispiel*]

Wir wollen nun annehmen, es sei

$$r = a \cos \varphi + b \sin \varphi \; ,$$

wobei  a  und  b  konstante Faktoren sind.

Denke ich mir nun  a  und  b  aufgetragen, und zwar senkrecht
zueinander, so ist

$$a = K \cos \alpha \; , \quad b = K \sin \alpha \; .$$

Setzen wir diese beiden Werthe für  a  und  b  ein, so ist:

$$r = K \cos \alpha \cos \varphi + K \sin \alpha \sin \varphi$$

$$r = K \cos(\varphi-\alpha) \; .$$

Es ist also der Radius aus unserer Curve gleich einem  cos ,
dessen Winkel  $\varphi - \alpha$  ist, multiplizirt mit  K .
Wir werden daher  r  erhalten, wenn wir den Winkel  $\varphi - \alpha$  auf-

tragen und von  m  aus eine Senkrecht an den andern Schenkel
des Winkels fällen, dann wird  $\frac{r}{K} = \cos(\varphi - \alpha)$  sein.

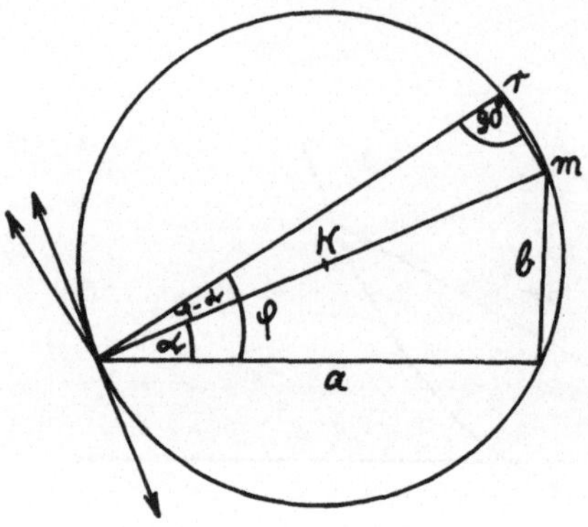

Es frägt sich nun nach dem Ort aller Punkte der Curve. Offenbar wird dies ein Kreis sein, in welchem  K  der Durchmesser
ist, denn wir haben über  K  ein rechtwinkliges Dreieck errich-
tet, und wir wissen ja, dass das über einem Durchmesser in
einem Halbkreis errichtete Dreieck rechtwinklig ist. Nehmen wir
nun eine Richtung an, welche mit  K  einen stumpfen Winkel bildet, so können wir natürlich kein Perpendikel von  K  auf diese Gerade fällen, das heisst es existirt auf dieser Geraden
kein Punkt unserer Curve. Nehmen wir die Richtung hingegen
senkrecht zu  K   und fällen wir ein Perpendikel von  K  auf
diese Richtung, so kann das zweimal geschehen, wir können auf
der positiven und negativen Richtung ein Perpendikel auf die
Senkrechte fällen und wir erhalten offenbar den gleichen Punkt,
es ist also gewissermassen dieser Punkt ein doppelter.

Wir suchen nun die Gleichung des Kreises, auf ein rechtwinkliges Achsensystem bezogen. Aus der Relation

$$r^2 = r(a\cos\varphi + b\sin\varphi)$$

finden wir die Gleichung

$$x^2 + y^2 = ax + bx$$

$$x^2 - ax + \frac{a^2}{4} + y^2 - by + \frac{b^2}{4} = \frac{a^2+b^2}{4}$$

$$(x-\tfrac{a}{2})^2 + (y-\tfrac{b}{2})^2 = \frac{a^2+b^2}{4} \quad .$$

Wir wollen nun die Richtung der Berührungslinie bestimmen,
wenn die Gleichung einer Curve in Polarcoordinaten gegeben ist.
Die Gleichung der Curve sei:   $r = f(\varphi)$ .

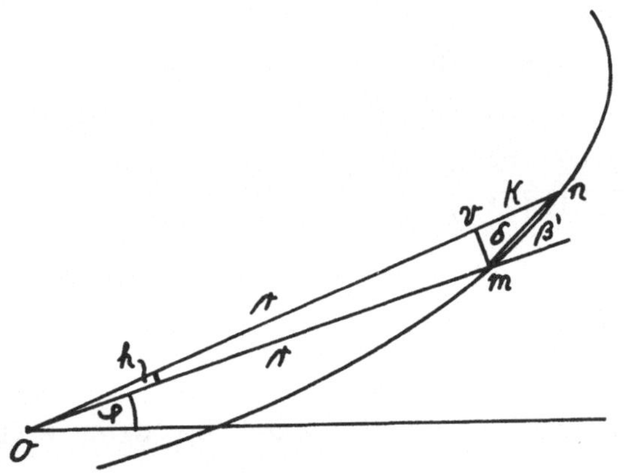


Es frägt sich also, wie können wir durch Differentialrechnung
die Tangente finden. Zu diesem Zwecke nehmen wir einen andern
Punkt  n  an und fragen uns, wie liegt die Linie  mm , wenn  n
dem  m  unendlich nahe  rückt. Der Grenzwerth vom Winkel  β'
sei  β . Wir denken uns nun von dem Nullpunkt aus einen Kreisbogen  mv  gezogen, so dass also der Unterschied vom Radiusvector an den Punkt  n  und an den Bogen  vn  gleich K  ist.
Denken wir uns den Winkel  h  sehr klein, so können wir  vm
und  mn  als gerade annehmen. Also haben wir dann ein Dreieck
vnm . In einem Dreieck verhalten sich nun wie bekannt die Seiten wie die Sinusse der gegenüberliegenden Winkel. Mit  δ
wollen wir die Sehne  mn  bezeichnen. Wir bekommen also in unserem Dreieck  0nm

$$r : \sin(\beta'-h) = (r+K) : \sin \beta' = \delta : \sin h$$

Es folgt, dass  $r + K = \dfrac{r\sin\beta'}{\sin(\beta'-h)}$  oder

$$K = r \ \frac{\sin\beta' - \sin(\beta'-h)}{\sin(\beta'-h)} \quad .$$

Nun ist aber:

$$\sin a - \sin b = 2\sin \frac{a-b}{2} \cos\frac{a+b}{2} \quad ,$$

folglich ist:

$$K = r \ \frac{2\sin\frac{h}{2} \cos(\beta'-\frac{h}{2})}{\sin(\beta'-h)} \quad ,$$

$$\frac{K}{h} = r \ \frac{2\sin\frac{h}{2}\cdot\cos(\beta'-\frac{h}{2})}{h\sin(\beta'-h)} = r \cdot \frac{\sin\frac{h}{2}}{\frac{h}{2}} \cdot \frac{\cos(\beta'-\frac{h}{2})}{\sin(\beta'-h)} \quad .$$

Nun ist $K = dr$ die Aenderung von $r$ und $h$ ist die Aenderung von $\varphi$ , also $d\varphi$ . Auf der rechten Seite ist $\dfrac{\sin\frac{h}{2}}{\frac{h}{2}}$ für den Grenzwerth gleich $1$ und der Grenzwerth von $\dfrac{\cos(\beta'-\frac{h}{2})}{\sin(\beta'-h)}$ ist $\dfrac{\cos(\beta)}{\sin(\beta)} = \cot \beta$ , folglich ist $\dfrac{dr}{d\varphi} = r \cot \beta$ , oder $\cot \beta = \dfrac{1}{r} \dfrac{dr}{d\varphi}$ . Nun ist $\dfrac{d\log r}{d\varphi} = \dfrac{dr}{r} \cdot \dfrac{1}{d\varphi}$ , mithin ist auch:

$$\cot \beta = \frac{d\log r}{d\varphi} \quad .$$

Wir wollen nun $\dfrac{ds}{d\varphi} = \lim \dfrac{b}{h}$ berechnen. Da $\dfrac{b}{h} = \dfrac{b}{\delta} \cdot \dfrac{\delta}{h}$ und $\lim \dfrac{b}{\delta} = 1$ , so ist $\dfrac{ds}{d\varphi} = \lim \dfrac{\delta}{h}$ .

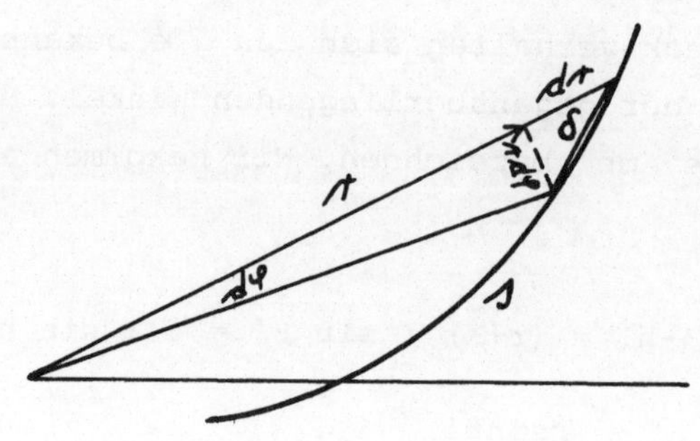

Aus den obigen Proportionen folgt, dass

$$\delta = r \cdot \frac{\sinh}{\sin(\beta'-h)}$$

$$\frac{\delta}{h} = \frac{r}{\sin(\beta'-h)} \cdot \frac{\sinh}{h} \quad .$$

Da aber $\lim \frac{\sinh}{h} = 1$ ist, ferner $\lim \sin(\beta'-h) = \sin \beta$
ist, so ist

$$\lim \frac{\delta}{h} = \frac{r}{\sin\beta} \quad .$$

Nun ist $\frac{1}{\sin\beta} = \sqrt{1+\cot^2\beta}$ .

Setzen wir diesen Werth ein, so ist

$$\frac{ds}{d\varphi} = \frac{r}{\sin\beta} = r \sqrt{1+\cot^2\beta} \quad .$$

Mit $\cot \beta = \frac{1}{r} \frac{dr}{d\varphi}$ folgt

$$\frac{ds}{d\varphi} = \sqrt{r^2+r^2\cot^2\beta} = \sqrt{r^2 + \frac{dr^2}{d\varphi^2}}$$

$$ds = \sqrt{r^2 d\varphi^2 + dr^2} \quad .$$

Wir hätten nun ebenfalls auf geometrischem Wege zu diesem Resultate gelangen können. Denn es kann $ds$ , abgesehen von unendlich kleinen Grössen höherer Ordnung, als gerade angenommen
werden. Ebenso kann $rd\varphi$ als gerade betrachtet werden, und
zwar um so eher, je kleiner $h$ ist. Nun steht $rd\varphi$ senkrecht
zu $r$ und das Dreieck $rd\varphi$ , $dr$ , $ds$ ist rechtwinklig. Die
Hypotenuse ist $ds$ , folglich haben wir die Beziehung:

$$ds^2 = r^2 d\varphi^2 + dr^2 \quad ,$$

$$ds = \sqrt{r^2 d\varphi^2 + dr^2} \quad .$$

Dies stimmt also vollständig mit dem obigen überein.

*Definition von Polartangente, Polarnormale, Polarsubtangente,*
*Polarsubnormale*

Wir nehmen einen Punkt  0  und eine Polarachse an, ferner eine
Curve, und ziehen an einen beliebigen Punkt der Curve den Leitstrahl  r . Errichten wir ferner auf dem Leitstrahl  r  eine
Senkrechte durch  0  und an die Curve eine Tangente, so werden
sich diese beiden Linien irgendwo schneiden. Wir bezeichnen
den Schnittpunkt mit  t .

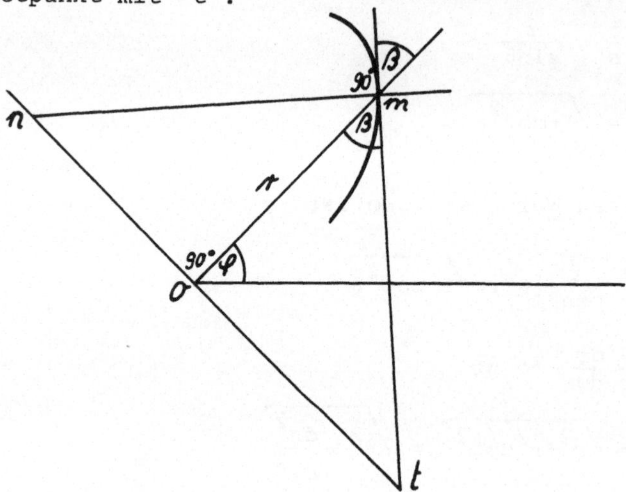


Wenn wir auf der Tangente durch den Punkt  m  eine Senkrechte
errichten, so wird sie die Gerade  0t  in  n  schneiden. Das
Stück  mt  heisst nun die *Polartangente* und wird mit  P  bezeichnet. Das Stück  mn  heisst die *Polarnormale* und wird mit
Q  bezeichnet. Das Stück  0t  heisst die *Polarsubtangente* und
wird mit  P'  bezeichnet. Das Stück  0n  heisst *Polarsubnormale*
und wird mit  Q'  bezeichnet. Die Polarsubtangente  0t  ist
gleich  $0t = r \, \text{tg} \, \beta = r^2 \frac{d\varphi}{dr}$ , denn  $\frac{0t}{r} = \text{tg} \, \beta$  und  $\text{tg} \, \beta = r \frac{d\varphi}{dr}$ . Die Polarsubnormale  0n = Q'  ist gleich  $r \cot \beta$ . Da
$\cot \beta = \frac{1}{r} \frac{dr}{d\varphi}$  ist, folgt  $0n = -r \cot \beta = -\frac{dr}{d\varphi}$  . Hier müssen
wir das Negativzeichen anbringen, weil dieses Stück  0n  nega-
tiv (links) von  n  liegt.

Die Polartangente ist gleich  P = mt , also

$$P = \sqrt{0m^2 + 0t^2} = \sqrt{r^2 + r^4 \frac{d\varphi^2}{dr^2}}$$

$$= \sqrt{\frac{r^2(dr^2 + r^2 d\varphi^2)}{dr^2}}$$

$$= \frac{r}{dr}\sqrt{dr^2 + r^2 d\varphi^2} \quad .$$

Da $ds = \sqrt{dr^2 + r^2 d\varphi^2}$ ist, folgt

$$P = \frac{r\,ds}{dr} \quad .$$

Die Polarnormale ist gleich $mn = Q$ , also

$$Q = \sqrt{0n^2 + 0m^2} = \sqrt{r^2 + \frac{dr^2}{d\varphi^2}} = \sqrt{\frac{r^2 d\varphi^2 + dr^2}{d\varphi^2}}$$

$$Q = \frac{ds}{d\varphi} \quad .$$

[*Diskussion des Kreises, auf Polarkoordinaten bezogen.*]

Wie früher gesehen, gibt die Relation

$$r = a \cos \varphi + b \sin \varphi$$

einen Kreis. Setzen wir $a = K \cos \alpha$ und $b = K \sin \alpha$ , so gilt $r = K \cos(\varphi - \alpha)$ . Wir haben $\log r = \log K + \log(\cos(\varphi - \alpha))$ .

So ist

$$\frac{d\log r}{d\alpha} = -\mathrm{tg}(\varphi - \alpha)$$

Da $\quad \cot \beta = \dfrac{d\log r}{d\varphi}$ ist, so ist

$$\cot \beta = -\mathrm{tg}(\varphi - \alpha) \quad .$$

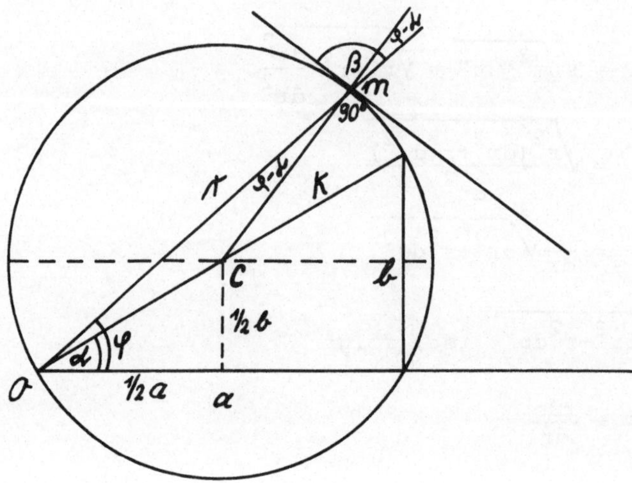

Es ist also

$$\frac{1}{tg\beta} = -tg\,(\varphi-\alpha)$$

$$1 + tg\,(\varphi-\alpha)\ tg\ \beta = 0$$

$$1 + \frac{\sin(\varphi-\alpha)\sin\beta}{\cos(\varphi-\alpha)\cos\beta} = 0\ .$$

$$\frac{\cos(\varphi-\alpha)\cdot\cos\beta+\sin(\varphi-\alpha)\sin\beta}{\cos(\varphi-\alpha)\cos\beta} = 0$$

$$\frac{\cos(\beta-(\varphi-\alpha))}{\sin(\beta-(\varphi-\alpha))} = 0$$

$$\cot(\beta-(\varphi-\alpha)) = 0\ .$$

Hieraus folgt, dass

$$(\beta-(\varphi-\alpha)) = 90^{\circ}\ ,$$

also steht der Radius senkrecht auf der Tangente.

*Diskussion der Parabel, auf Polarcoordinaten bezogen*

Wir nehmen einen Pol  0  und eine Polarachse  0t  an, ferner
eine Gerade senkrecht zu der Polarachse an, welche *Directrix*
heisst. Unter der Parabel verstehen wir die Curve, deren sämtliche Punkte von  0  und der Directrix gleich weit entfernt ist.
sind.

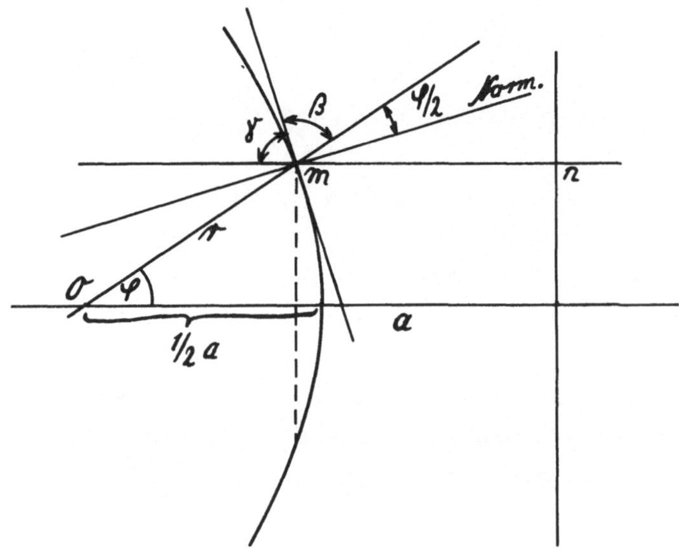


Wenn  m  ein Punkt der Curve ist, so muss in Polarcoordinaten
$r = 0m = mn$  sein. Ferner ist  $\frac{a-r}{r} = \cos \varphi$  oder  $r = \frac{a}{1+\cos\varphi}$ .

Nehmen wir nun  $\varphi$  positiv oder negativ, so ist der Leitstrahl
doch positiv, es sind für jeden Winkel  $\varphi$  zwei Werthe enthalten oder zwei Punkte der Curve, nämlich für  $-\varphi$  und  $+\varphi$ . Es
wird also unsere Curve durch die Polarachse in zwei Theile getheilt. Wenn nun  $\cos \varphi$  abnimmt, so wird  $1 + \cos \varphi$  immer
kleiner und nähert sich dem Werthe  1 . Lassen wir nun  $\cos$
negativ wachsen, so wird  $1 + \cos \varphi$  noch kleiner als  1 , und
für  $\cos \varphi = -1$  wird  r  unendlich. Es geht also unsere Curve
ins Unendlich, und zwar positiv und negativ. Setzen wir  $\varphi = 0$ ,
so ist  $\cos \varphi = 1$  und  $r = \frac{a}{2}$ . Es schneidet also die Curve die
Polarachse in der Entfernung  $\frac{1}{2}$ a .

Aus
$$r = \frac{a}{1+\cos\varphi} = \frac{a}{2\left(\cos\frac{\varphi}{2}\right)^2}$$

folgt nun

$$\log r = \log\frac{a}{2} - 2\log\left(\cos\frac{\varphi}{2}\right)$$

$$d\log r = \frac{\sin\frac{\varphi}{2}}{\cos\frac{\varphi}{2}}\,d\varphi = \operatorname{tg}\frac{\varphi}{2}\,d\varphi$$

$$\frac{d\log r}{d\varphi} = \operatorname{tg}\frac{\varphi}{2} = \cot\beta \ .$$

Also

$$\frac{\varphi}{2} + \beta = 90^{\circ} \quad \text{oder} \quad 2\beta + \varphi = 180^{\circ} \ .$$

Da die Tangente mit der Normalen einen rechten Winkel bildet,
folgt, dass die Normale den Winkel $\varphi$ halbirt. Verlängern wir
mn , so ist $\varphi = \varphi'$ als Wechselwinkel. Wegen $\beta + \frac{\varphi}{2} = 90^{\circ}$
und $\gamma + \frac{\varphi}{2} = 90^{\circ}$ ist $\beta = \gamma$ und $\beta + \gamma + \varphi = 180^{\circ}$ . Also halbirt die Tangente den Winkel zwischen dem verlängerten Leit-
strahl und der entgegengesetzten Richtung der Polarachse.


[*Diskussion einer beliebigen Curve in Polarcoordinaten*]

Denken wir uns eine Curve auf Polarachsen bezogen. Gleichzeitig können wir sie auch auf cartesische Koordinaten beziehen.
Wir haben

(1) $\qquad x = r \cos\varphi \quad \text{und} \quad y = r \sin\varphi \ .$

Früher haben wir gesehen, dass für rechtwinklige Coordinaten
die Gleichungen $\operatorname{tg}\alpha = \frac{dy}{dx}$ und $ds = \sqrt{dx^2 + dy^2}$ stattfinden.
Wir wollen nun von den rechtwinkligen Coordinaten zu den Polar-
coordinaten übergehen.

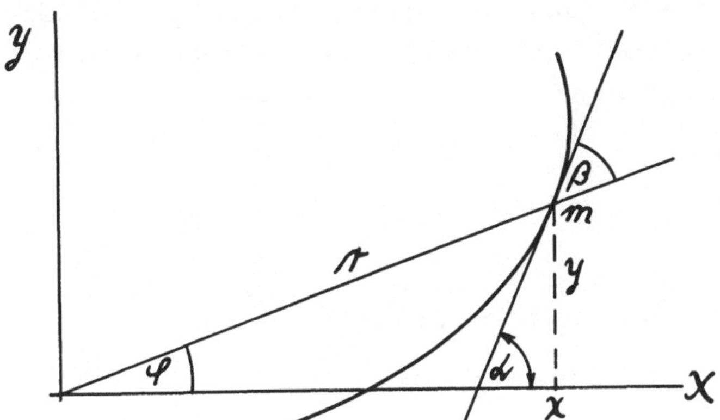


Es ist  $\beta + \varphi = \alpha$  oder  $\beta = \alpha - \varphi$ ,  folglich

$$\cot \beta = \cot(\alpha-\varphi) = \frac{\cos\alpha\cdot\cos\varphi+\sin\alpha\cdot\sin\varphi}{\sin\alpha\cdot\cos\varphi-\cos\alpha\cdot\sin\varphi} \quad .$$

Dann ist

(2)        $\cot \beta = \dfrac{dx \; \cos\varphi+\sin\varphi \; dy}{dy \; \cos\varphi-\sin\varphi \; dx}$ ,   da   $\operatorname{tg} \alpha = \dfrac{dy}{dx}$  .

Differenziren wir die beiden Gleichungen in (1), so ist:

$$dx = dr \cos \varphi - r \sin \varphi \, d\varphi \quad \text{und}$$

$$dy = dr \sin \varphi + r \cos \varphi \, d\varphi \; .$$

Diese Werthe in (2) eingesetzt, gibt:

$$\cot \beta = \frac{(dr\cos\varphi-r\sin\varphi d\varphi)\cos\varphi+(dr\sin\varphi+r\cos\varphi d\varphi)\sin\varphi}{(dr\sin\varphi+r\cos\varphi d\varphi)\cos\varphi-(dr\cos\varphi-r\sin\varphi d\varphi)\sin\varphi}$$

$$\cot \beta = \frac{dr\cos^2\varphi-r\sin\varphi\cos\varphi d\varphi+dr\sin^2\varphi+r\cos\varphi\sin\varphi d\varphi}{dr\cos\varphi\sin\varphi+r\cos^2\varphi d\varphi-dr\sin\varphi\cos\varphi+r\sin^2\varphi d\varphi}$$

$$\cot \beta = \frac{dr}{r d\varphi} = \frac{d\log r}{d\varphi} \quad .$$

Wir erhalten also die gleiche Formel wie früher für den Winkel, den die Tangente mit dem verlängerten Leitstrahl bildet. Wir wollen nun auch noch $ds^2$ suchen. Dafür haben wir bereits die Formel $ds^2 = dx^2 + dy^2$ in rechtwinkligen Coordinaten gefunden.

Addiren wir also:

$$dx^2 = (dr \cos \varphi - r \sin \varphi \, d\varphi)^2 \quad \text{und}$$

$$dy^2 = (dr \sin \varphi + r \cos \varphi \, d\varphi)^2 \quad ,$$

so erhalten wir:

$$ds^2 = dx^2 + dy^2 = dr^2 \cdot \cos^2\varphi + r^2\sin^2\varphi \, d\varphi^2 -$$

$$- 2dr \cos \varphi \sin \varphi \, d\varphi \, r + dr^2\sin^2\varphi +$$

$$+ r^2\cos^2\varphi d\varphi^2 + 2dr \, r \cos \varphi \sin \varphi \, d\varphi$$

$$= dr^2 + r^2 \, d\varphi^2 \quad \text{oder}$$

$$ds = \sqrt{dr^2 + r^2 d\varphi^2} \quad .$$

Dieses Resultat stimmt also auch mit dem früheren überein.

# II. Abschnitt

# Derivirte Funktionen und Differentiale höherer Ordnung

§ 7.   [HOEHERE ABLEITUNGEN]

Es sei  y = f(x) . Lassen wir nun  x  um  h  wachsen und ziehen wir davon  f(x)  ab und dividiren diese Differenz durch h , so haben wir die Derivirte.

$$f'(x) = \lim \frac{f(x+h)-f(x)}{h} \quad \text{oder} \quad df(x) = f'(x)\,dx .$$

Auf gleiche Weise wäre

$$\lim \frac{f'(x+h)-f'(x)}{h} = f''(x) \quad \text{oder} \quad df'(x) = f''(x)\,dx .$$

Die Funktion  f''(x)  könnten wir wieder differenziren etc. Führen wir dieses an  $x^m$  aus, so ist:

$$d(x^m) = mx^{m-1}\,dx$$

$$d(mx^{m-1}) = m(m-1)x^{m-2}\,dx$$

$$d(m(m-1)x^{m-2}) = m(m-1)(m-2)x^{m-3}\,dx .$$

$$\dots\dots\dots\dots\dots\dots\dots\dots\dots\dots\dots\dots\dots$$

$$d(m(m-1)\dots(m-n+1)x^{m-n}) = m(m-1)(m-2)\dots(m-n)x^{m-n-1}\,dx .$$

Es wäre also:

$$f(x) = x^m$$

$$f'(x) = mx^{m-1}$$

$$f''(x) = m(m-1)x^{m-2}$$

$$f'''(x) = m(m-1)(m-2)x^{m-3}$$

$$f''''(x) = m(m-1)(m-2)(m-3)x^{m-4}$$

$$\dots\dots\dots\dots\dots\dots\dots\dots\dots\dots\dots\dots$$

$$f^{(n)}(x) = m(m-1)(m-2)\dots(m-n+1)x^{m-n} \quad .$$

Wir werden nun in Zukunft die erste Derivirte mit $p$ , die zweite mit $q$ , die dritte mit $r$ und die vierte mit $s$ bezeichnen[*], also:

$$p = f'(x) = \frac{dy}{dx} \; ; \qquad q = f''(x) = \frac{dp}{dx} \; ;$$

$$r = f'''(x) = \frac{dq}{dx} \; ; \qquad s = f''''(x) = \frac{dr}{dx} \quad .$$

Es ist nun $dy = f'(x)dx$ und $d(f'(x)) = f''(x)dx$ .

Statt $d(f'(x)dx)$ können wir auch schreiben: $d(dy) = d^2y$ .

Ferner wäre:

$$d(d^2y) = d^3y$$

$$d(d^ny) = d^{n+1}y \quad .$$

Es fragt sich nun, was für ein Zusammenhang zwischen $d^ny$ und $f^{(n)}(x)dx$ besteht.

Wenn wir $y = f(x)$ haben, dann ist $dy = f(x)dx = d(f(x))$ .

---

[*] Diese Bezeichnungen gehen auf Lagrange zurück (Théorie des fonctions analytiques, $2^{\text{ème}}$ Ed., 1813, p. 24).

Differenziren wir dieses wieder, und wird  dx  als ein konstanter Faktor betrachtet, so ist

$$d(f'(x)dx) = dx\, df'(x) = f''(x)dx \cdot dx$$

$$d(f'(x)dx = f''(x)dx^2 = d(dy) = d^2y \, , \quad \text{also}$$

$$d^2y = d^2f(x) = f''(x)dx^2 \, .$$

Auf gleiche Weise ist auch:

$$d^3y = d^3f(x) = f'''(x)dx \cdot dx^3 = f(x)dx^4$$

$$\dots\dots\dots\dots\dots\dots\dots\dots\dots\dots\dots\dots\dots\dots\dots$$

$$d^ny = d^nf(x) = f^{(n)}(x)dx \cdot dx^{n-1} = f^{(n)}(x)dx^n \, .$$

Hieraus folgt, dass

$$f^{(n)}(x) = \frac{d^nf(x)}{dx^n} = \frac{d^ny}{dx^n} \, .$$

Dies heissen wir den *Differentialquotienten*  $n^{\text{ter}}$ Ordnung.

Denken wir uns nun eine feste Curve und es bewege sich darauf
ein Punkt eine Zeitlang. Die Abscisse  x  wird dann natürlich
abhängig sein von der Zeit  t  und von dem  x  hängt dann wieder die Ordinate  y  ab. Wir müssten also statt  dx   dx(t)
schreiben. Es ist also in diesem  dx  als variabel zu betrachten. Folglich

$$df(x) = f'(x)dx$$

$$d^2f(x) = f'(x)d(dx) + f''(x)dx \cdot dx$$

$$d^2f(x) = f'(x)d^2x + f''(x)dx^2$$

denn wir haben  f'(x)dx  wie ein Produkt zu differenziren.

[*Beispiele*]

1) Es sei $f(x) = B^x$ . Dann ist:

$$d(B^x) = B^x \log B \, dx$$

$$d^2(B^x) = B^x (\log B)^2 \, dx^2$$

$$\dots\dots\dots\dots\dots\dots$$

$$d^n(B^x) = B^x (\log B)^n \, dx^n$$

mithin ist auch:

$$f^{(n)}(x) = B^x (\log B)^n$$

und setzen wir für $B$ die Basis $e$ , so ist:

$$f^{(n)}(x) = e^x (\log e)^n \quad \text{oder}$$

$$d^n(e^x) = e^x dx^n \;, \quad \text{denn} \quad (\log e)^n = 1 \;.$$

2) Es sei $f(x) = \text{Log } x$ . Dann ist:

$$d \, \text{Log } x = \frac{dx}{x} \, \text{Log } e = x^{-1} (\text{Log } e) dx$$

$$d^n \, \text{Log } x = d^{n-1} (x^{-1}) (\text{Log } e) dx^n \;.$$

3) Es sei $f(x) = \sin x$ , dann ist

$$f'(x) = \cos x \;, \quad f''(x) = -\sin x \;, \quad f'''(x) = -\cos x \;.$$

Für die vierte Derivirte erhalten wir wieder die Funktion
selbst, also $\sin x = f''''(x)$ . Es wiederholt sich also das gleiche Resultat nach vier Derivationen, es ist also

$$f(x) = \sin x = f^{IV}(x) = f^{VIII}(x) \;, \; \dots$$

und dann auch:

$$d^{4h} \sin x = \sin x \, dx^{4h}$$

$$d^{4h+1} \sin x = \cos x \, dx^{4h+1}$$

$$d^{4h+2} \sin x = -\sin x \, dx^{4h+2}$$

$$d^{4h+3} \sin x = -\cos x \, dx^{4h+3} \ .$$

4)   {Analog wird die Cosinus-Funktion behandelt.}

Wir können alle höheren Differentiale vom Sinus und ebenso vom
Cosinus durch eine einzige Formel ausdrücken: Es ist:
$d \sin x = \cos x \, dx$ . Da   $\cos x = \sin(x+\frac{\pi}{2})$ , gilt

$$d \sin x = \sin(x+\tfrac{\pi}{2}) \, dx \ ,$$

mithin auch

$$d^2 \sin x = \sin(x+2\tfrac{\pi}{2}) \, dx^2 \ ,$$

$$\dotsc\dotsc\dotsc\dotsc\dotsc\dotsc\dotsc$$

$$d^n \sin x = \sin(x+n\tfrac{\pi}{2}) \, dx^n \ ,$$

und ganz genau so

$$d^n \cos x = \cos(x+n\tfrac{\pi}{2}) \, dx^n \ .$$

[*Differentiale von Summen und Produkten*]

Es frägt sich nun, wie haben wir das $n^{te}$ Differential von
einer Summe, einer Differenz und von einem Produkt zu suchen.

Offenbar wird das $n^{te}$ Differential von $(u \pm v)$ sein:

$$d^n(u \pm v) = d^n u \pm d^n v \;,$$

das $n+1^{te}$ Differential von $(u \pm v)$ ist:

$$d^{n+1}(u \pm v) = d(d^n u \pm d^n v) = d^{n+1}u \pm d^{n+1}v$$

Es gilt also unsere Differentiation für $n$ und $n+1$ , also auch für $n+2$ , $n+3$ etc., also allgemein.[*)]

Wir betrachten jetzt das $n^{te}$ Differential von $(uv)$ :

$$d(uv) = du \cdot v + u \cdot dv$$

$$d^2(uv) = d^2u \cdot v + du \cdot dv + du \cdot dv + u \cdot d^2v$$

$$= d^2u \cdot v + 2du \cdot dv + u \cdot d^2v$$

$$d^3(uv) = d^3u \cdot v + 2d^2u \cdot dv + du \cdot d^2v + d^2u \cdot dv +$$

$$+ 2du \cdot d^2v + u \cdot d^3v$$

Wir sehen sofort, dass dies auf gleiche Weise zusammengesetzt ist, wie die dritte Potenz von $(a+b)$ . Wollten wir nun das $n^{te}$ Differential von $(uv)$ suchen, so müssten wir also bedenken, dass es zusammengesetzt wäre wie $(a+b)^n$ . Also:

$$d^n(u \cdot v) = d^n u \cdot v + \frac{n}{1} d^{n-1} u \cdot dv +$$

$$+ \frac{n(n+1)}{2!} d^{n-2} u \cdot d^2 v +$$

$$+ \frac{n(n-1)(n-2)}{3!} d^{n-3} u \cdot d^3 v + \ldots +$$

---

[*)] Hier möchte man annehmen, dass Dedekind einen Induktionsbeweis vorgeführt hat, den der Student nicht ganz verstanden hat.

$$+ \frac{n(n-1)(n-2)\ldots(n-r+1)}{r!}\, d^{n-r}u \cdot d^r v +$$

$$+ \ldots u \cdot d^n v \; .$$

Nun müssen wir noch beweisen, dass dieses allgemein gilt, dass es also auch für die $(n+1)^{te}$ Differentiation gilt. Wir haben daher nur zu beweisen, dass der Coeffizient vom $n^{ten}$ Gliede plus der vom vorangefundenen Gliede gleich dem Coeffizienten des $n^{ten}$ Gliedes von der $n+1^{ten}$ Differentiation ist. Denn das allgemeine Glied von $(a+b)^{n+1}$ ist gleich dem allgemeinen Gliede von $(a+b)^n$ , mehr dem ihm vorangefundenen Gliede von $(a+b)^n$ . Es ist aber:

$$\frac{n(n-1)\ldots(n-r+1)}{r!} + \frac{n(n-1)\ldots(n-r+2)}{(r-1)!} =$$

$$= \frac{n(n-1)\ldots(n-r+1)+n(n-1)\ldots(n-r+2)r}{r!} =$$

$$= \frac{(n(n-1)\ldots(n-r+2))(r+n-r+1)}{r!} =$$

$$= \frac{(n+1)n(n-1)(n-2)\ldots(n-r+2)}{r!} \; .$$

Die Formel gilt also für das $(n+1)$-te Differential, denn dies ist der gesuchte Coeffizient, mithin auch für das folgende und für das nächste usf., mithin allgemein.

Wir können diesen Satz noch auf eine andere Art beweisen, ohne den binomischen Satz zu Hülfe zu nehmen. Wir haben das $n^{te}$ Differential von $(uv)$ zu suchen. Also

$$u \quad v$$

$$(1) \qquad duv \qquad\qquad udv$$

$$(2) \qquad d^2uv \qquad dudv \qquad dudv \qquad ud^2v$$

Betrachten wir nun (2), so sehen wir, dass alle Theile aus
2 Faktoren bestehen, und dass bei jedem Theil die Summe der
Differentiationen gleich  2  ist.

Wenn wir also das  $n^{te}$  Differential von  uv  suchen und der
eine Faktor das  $r^{te}$  Differential von  v  ist, so muss der andere das  $(n-r)^{te}$  Differential von  u  sein. Sei  c  der Coeffizient vom Theil  $d^{n-r}u \cdot d^r v$  im  $n^{ten}$  Differential von
uv . Setzen wir  $u = x^{n-r}$  und  $v = x^r$ , so bekommen wir
$d^n(x^n) = cd^r(x^r)d^{n-r}(x^{n-r})$ . Nun ist  $d^n(x^n) = n!dx^n$ ,
$d^r(x^r) = r!dx^r$ ,  $d^{n-r}(x^{n-r}) = (n-r)!dx^{n-r}$ . Folglich ist
$n!dx^n = c \cdot r!dx^r \cdot (n-r)!dx^{n-r}$  oder  $n! = c \cdot r!(n-r)!$

$$c = \frac{n!}{r!(n-r)!} = \frac{n(n-1)\dots(n-r+1)}{r!}$$

und

$$d^n(uv) = d^n u \cdot v + \frac{n}{1} d^{n-1} u \cdot dv + \dots +$$

$$+ \frac{n(n-1)\dots(n-r(r+1))}{r!} d^{n-r} u \cdot d^r v + \dots$$

$$+ u \cdot d^n v .$$

## § 8.  BEZIEHUNGEN ZWISCHEN DEN FUNKTIONEN UND IHREN DERIVIRTEN

Unter Wachsen verstehen wir das algebraische Zunehmen oder positive Zunehmen einer Grösse. Unter Abnehmen verstehen wir das
negative Zunehmen einer Grösse. Wollen wir das analytisch oder
mechanisch ausdrücken, so können wir sagen, die Abscisse  x
ist im Wachsen begriffen, wenn sich der Punkt  xy  nach rechts
bewegt, bewegt er sich hingegen nach links, so ist  x  im Abnehmen.

Ebenso können wir sagen, wenn wir uns zwei Grössen  a  und  b  denken:

$$\text{Ist } b-a \text{ positiv, so ist } b > a ,$$

$$\text{ist } b-a = 0 , \qquad \text{so ist } b = a ,$$

$$\text{ist } b-a \text{ negativ, so ist } b < a .$$

Wenn wir vier Grössen  a , b , c  und  d  haben und  b > a , ferner  c > d , so ist offenbar auch

$$b+c > a+d$$

oder $\qquad (b-a) + (c-d) > 0$

oder $\qquad (b+c) - (a+d) > 0 .$

Wenn wir eine Ungleichung, zum Beispiel  b > a , mit einer Grösse  $\alpha$ , die grösser als  0  ist, multipliziren, so erhalten wir:

$$b\alpha > a\alpha .$$

Wäre hingegen  $\alpha < 0$ , so würde  $b\alpha < a\alpha$  gelten, denn dadurch, dass wir  b  und  a  mit  $\alpha < 0$  multipliziren, so werden  b  und  $a\alpha$  negativ, dem absoluten Werth nach ist  $b\alpha > a\alpha$ , nehmen wir hingegen das negative Zeichen noch in Betracht, so ist gleichsam  $b\alpha$  mehr negativ als  $a\alpha$ , mithin  $b\alpha < a\alpha$ .

Wir sehen also hieraus, dass, wenn wir eine Ungleichung mit einer positiven Grösse multipliziren, so ist das Zeichen gleich, wenn wir sie hingegen mit einer negativen Grösse multipliziren, so changirt das Zeichen, indem es dann entgegengesetzt wird.[*]

---

[*] Es erscheint bemerkenswert, dass Dedekind hier schon ganz dicht an einer axiomatischen Charakterisierung des Ordnungs-Begriffs für Körper ist.

*Satz*

Nehmen wir nun an, wir haben die drei Grössen  x , y  und  p ,
wo  p  die Derivirte [von  y = f(x)]  ist. Wir denken uns,  p
habe einen ganz bestimmten positiven Werth. In diesem Falle
kann man behaupten, dass mit wachsendem  x  das  y  auch wachse
und dass mit abnehmendem  x  auch das  y  abnehme. Wäre hingegen  p  negativ, so würde das Entgegengesetzte stattfinden,
also wenn  x  zunimmt, nimmt  y  ab, und wenn  x  abnimmt, so
nimmt  y  zu.

[*Beweis*]

Schreiben wir  f(x+h) = y + K , so haben wir für den Grenz-
werth von  $\frac{K}{h}$  die Grösse  p  gefunden, also  $\lim \frac{K}{h} = p$ . Setzen
wir  $\frac{K}{h} = p + \varepsilon$ , so wird für  h = 0  auch  $\varepsilon = 0$ , mithin kann
$\varepsilon$  kleiner gemacht werden als jede noch so kleine Zahl. Es
hängt also für unendlich kleine Aenderungen von  h  das Zeichen der linken Seite lediglich von dem von  p  ab. Hieraus
folgt also, dass, wenn  p  positiv ist,  K  und  h  gleiche
Zeichen haben müssen, dass aber, wenn  p  negativ ist,  K  und
h  entgegengesetzte Zeichen haben. Also bei einem positiven  p
ist, mit wachsendem  x , auch  y  wachsend, und mit abnehmendem
x  auch das  y  abnehmend. Wenn  p  negativ ist, so ist ferner
mit wachsendem  x  das  y  abnehmend und mit abnehmendem  x
das  y  zunehmend. Denn würden beide abnehmen oder zunehmen,
so müsste  p  positiv sein.

Allein dieses gilt nur für unendliche kleine Aenderungen  h ,
denn es könnte das auch eine Grenze haben; das wäre zum Beispiel der Fall bei der folgenden Curve: Von  a  an wird mit
wachsendem  x  das  y  immer kleiner, während es nach  x = b
wieder zunimmt.

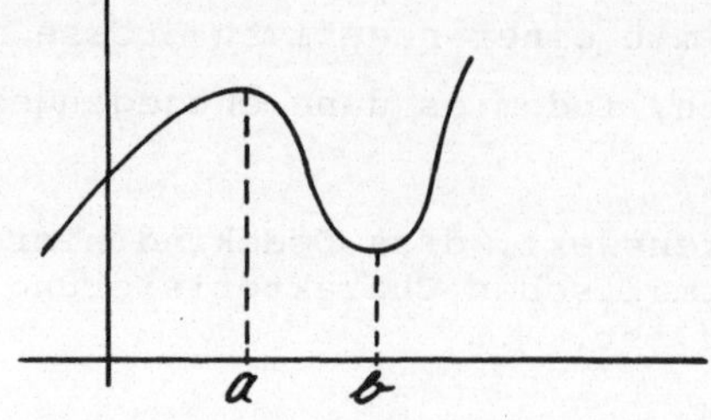

## § 9.  THEORIE DER MAXIMAL- UND MINIMALWERTHE EINER FUNKTION

*Definition*.  Man sagt, dass an einer Stelle einer Curve die Ordinate ein *Maximum* erreicht habe, wenn dieselbe bei der Aenderung von  x  nach beiden Seiten eine negative Aenderung erleidet.

Es ist damit nicht gesagt, dass an einer andern Stelle das  y
nicht noch grösser sein könne. Es ist zum Beispiel bei der
nachstehenden Curve das  y  für  x = a  ein Maximum, allein es
gibt noch ein grösseres Maximum von  y , und zwar bei  b , dessen ungeachtet ist aber doch das  y  für  x = a  ein Maximum.

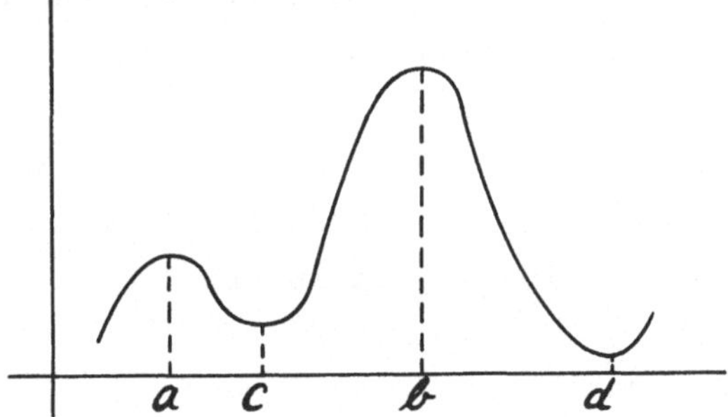

Ein *Minimum* ist eine solche Stelle einer Curve, in welcher bei
wachsendem und abnehmendem  x  das  y  eine positive Aenderung
erleidet.

Die Funktion kann verschiedene Maxima oder Minima annehmen. So
ist zum Beispiel das Minimum bei  c  nicht gleich dem bei  d .

Es fragt sich nun, wie können wir ein Maximum oder ein Minimum
bestimmen. Nehmen wir nun an, es sei  für  x = a  das  y  ein
Maximum, mithin wird für eine sehr wenig von  x  verschiedene
Abscisse das  y  auch von dem für  x = a  sehr wenig verschieden sein. Es fragt sich also, wie kann dieser Vorgang stattfinden. Nun leuchtet ein, dass er blos  daher kommen kann, dass
vor  x = a [die Derivirte]  p  positiv und nach  x = a  das  p
negativ ist. Für ein Maximum ist also erforderlich, dass  vor
x = a   p  positiv und nach  x = a  negativ ist.

Nun ist uns aber noch unbekannt, wie dieser Zeichenwechsel
entsteht. Wir wissen nicht, ob er von  +1  auf einmal in  -1
überspringt. So zum Beispiel springt  p  bei folgender Curve
von  +1  in  -1  über, denn bei  ab  ist  p = +1 , und bei  bc
ist  p = -1 .

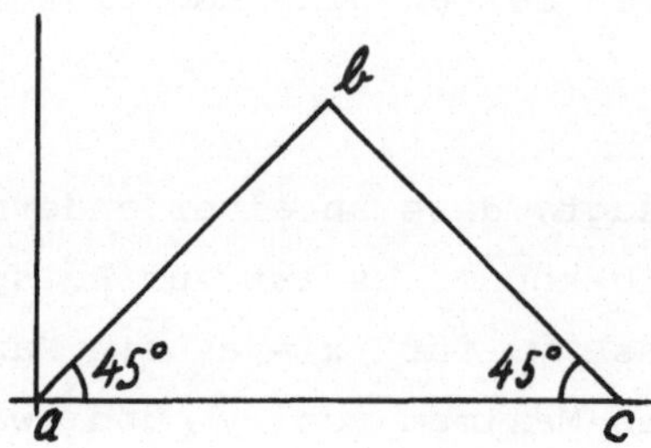

Wenn aber die Derivirte sich stetig ändert, so kann es nicht
anders sein als dass bei dem Maximum  p = 0  ist.

Beim Minimum geht die Derivirte von den negativen Werthen zu
den positiven über. Es muss also auch beim Minimum  p = 0
sein, wenn die Derivirte sich stetig ändert.

Es geht aber daraus nicht hervor, dass, wenn  p = 0  ist, dann
ein Maximum oder ein Minimum stattfindet, denn wir wissen ja
nicht, ob die Derivirte einen Zeichenwechsel erleidet. Es fragt
sich also, wie kann man entscheiden, ob bei der Stelle  p = 0
einer Curve ein Maximum oder ein Minimum stattfindet, oder keines von beiden. Dies könnte auch der Fall sein, denn es könnte
p = 0  werden, indem es von positiven Werthen her der  0  ent-
gegenrückte und dann wieder von  0  an  positiv wachsen würde.

Für  p = 0  ist die Tangente parallel zur  x-Achse. Also ist
bei den Maxima und Minima die Tangente parallel zur  x-Achse.
Dies kann auch der Fall sein an gewissen Stellen, wo die Tangente die Curve schneidet (siehe folgende Figur).

Wir haben

$$p = \frac{dy}{dx} \quad \text{und} \quad q = \frac{dp}{dx} = \frac{d^2y}{dx^2} \ .$$

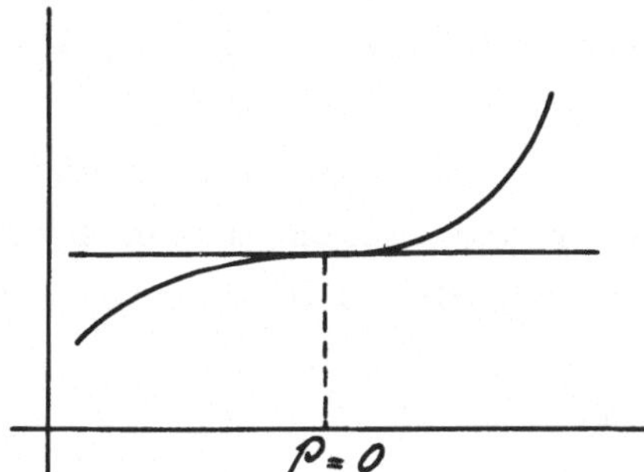


Wenn nun  q  negativ ist und  p = 0 , so wird für ein wachsen-
des  x  das  p  algebraisch kleiner, das heisst negativ, und
für ein abnehmendes  x  das  p  algebraisch grösser, das heisst
positiv. Also findet dann ein Maximum statt, denn vor  p = 0
wird  p  positiv und nach  p = 0  wird  p  negativ. Es ergibt
sich also für  p = 0  und  q < 0  ein Maximum der Ordinate  y .

Ist hingegen  q > 0  und  p = 0 , so wird mit wachsendem  x
das  p  algebraisch grösser und für ein Abnehmen von  x  algebraisch kleiner, folglich ist  p  vor  p = 0  negativ und nach
p = 0  positiv. Nun wissen wir, dass in diesem Falle ein Minimum stattfindet.

Wir haben nun gesehen, dass  dy = p · dx  ist, es ist aber  p
für ein Maximum oder Minimum gleich  0 , also  $\frac{dy}{dx} = 0$ , was
aber nur dann sein kann, wenn  dy = 0  wäre. Lassen wir nun
dx  ändern, und zwar um unendlich wenig, so ändert sich  dy
um noch weniger. Die Aenderung ist also bei  p = 0  unendlich
klein  $2^{ter}$  Ordnung. Es scheint nun gleichsam, dass an der
Stelle eines Maximums oder Minimums die Ordinate konstant
bleibt. Dieses können wir beispielsweise auch bei der Anwendung der Tageslängen beobachten.

*Beispiele zur Bestimmung von Maxima und Minima:*

1) Will man von einer Funktion das Maximum oder das Minimum suchen, so hat man zuerst die beiden ersten Derivirten zu suchen. Wenn wir also zum Beispiel die Funktion:

$$y = x^2 - 4x + 1$$

haben, so suchen wir  p  und  q :

$$p = 2x - 4 \ , \quad q = 2 \ .$$

Hieraus folgt schon, dass die Curve unserer Gleichung kein Maximum haben kann, denn  q  ist positiv. Nun soll aber für ein Minimum  p = 0  sein, wir haben  p = 2x - 4  gleich  0  zu setzen und daraus  x  zu bestimmen:  2x - 4 = 0  gibt  x = 2 .

Es liegt also für  x = 2  ein Minimum vor. Für den Wert von  y  an dieser Stelle, bekommen wir  y = -3 . Würden wir nun die Curve näher untersuchen, so würden wir finden, dass es eine Parabel ist.

2) Nehmen wir an, es sei eine Länge  $2\ell$  uns gegeben. Es soll nun aus dieser Länge  $2\ell$  ein Rechteck mit maximalem Inhalt konstruirt werden. Es fragt sich, wie gross wir die Seiten zu machen haben. Wenn wir nun die eine Seite mit  x  bezeichnen, so ist die andere  $\ell - x$  und der Inhalt des ganzes Rechtecks ist  $x(\ell-x)$ .

Bezeichnen wir dies mit  y , so haben wir also das Maximum von  $y = x(\ell-x)$  zu suchen. Zu diesem Zwecke haben wir  p  und  q  von  y  zu berechnen, also:

$$p = \frac{dy}{dx} = \ell - x - x = \ell - 2x \ , \quad q = -2 \ .$$

Wir sehen also, dass  q  negativ ist, mithin ist für  y  nur ein Maximum möglich.

Das Maximum findet aber nur statt, wenn  $p = 0$  ist. Wir müssen also  $\ell - 2x = 0$  setzen und daraus  $x$  bestimmen. Also:

$$0 = \ell - 2x \quad , \quad x = \frac{\ell}{2} \quad ,$$

folglich ist  $y = \frac{\ell}{2}\left(\ell - \frac{\ell}{2}\right) = \frac{\ell}{2} \cdot \frac{\ell}{2} = \frac{\ell^2}{4}$ . Hieraus folgt unmittelbar, dass  die gesuchte Fläche ein Quadrat ist.

3)  Es sei die Gleichung gegeben:

$$y = x(x^2-1) = x^3 - x \ .$$

Wir haben nun eine cubische Gleichung. Setze ich  $y = 0$ , so ist entweder  $x$  gleich Null, oder  $(x^2-1)$  gleich Null. Mithin schneidet die Curve die  x-Achse in 3 Punkten, nämlich im Nullpunkt und in der Entfernung  $+1$  und  $-1$ .

Wir haben nun eine sogenannte *ungerade* Funktion, das heisst eine solche Funktion, wo für den negativen Werth von  $x$  die Funktion zwar gleich dem absoluten Werthe nach ist, hingegen dem Zeichen nach entgegengesetzt. So ist zum Beispiel der sin x  auch eine unpaare Funktion. Im Gegensatz zu den unpaaren Funktionen sind die *paaren* Funktionen solche, bei welchen auch für negative Werthe von  $x$  die Grössen algebraisch gleich sind. Zum Beispiel ist der  cos x  eine paare Funktion, denn cos x = cos(-x) .

Wir müssen also unsere Curve nur auf einer Seite der  y-Achse konstruiren, die andere Hälfte können wir dann finden, wenn wir das, was ob der  x-Achse war, unter die  x-Achse bringen und umgekehrt.

Wir haben nun zuerst, um das Maximum und Minimum von  $y$  zu bestimmen, die beiden ersten Differentialquotienten zu suchen, also:

$$y = x^3 - x$$

$$p = \frac{dy}{dx} = 3x^2 - 1$$

$$q = \frac{d^2y}{dx^2} = 6x \ .$$

Es ist aber  $p = 0$  für ein Maximum oder ein Minimum, folglich

$$3x^2 - 1 = 0 \ , \quad x^2 = \frac{1}{3} \ ,$$

$$x = \frac{1}{\sqrt{3}} \ , \quad x' = +\frac{1}{\sqrt{3}} \quad \text{und} \quad x'' = -\frac{1}{\sqrt{3}} \ .$$

Es sind also  2 Stellen, wo  $p = 0$  ist, und da $q = 6x$  ist, so ist für  $+\frac{1}{\sqrt{3}}$  das Minimum und für  $-\frac{1}{\sqrt{3}}$  das Maximum. Folglich ist ein Maximum und ein Minimum der Curve vorhanden. Setzen wir diese Grössen  $x'$  und  $x''$  ein, so erhalten wir die Werthe von  $y$ . Also:

$$y = \frac{1}{\sqrt{3}} \ (\frac{1}{3} - 1) \ = \ -\frac{2}{3\sqrt{3}} \quad \text{und}$$

$$y = -\frac{1}{\sqrt{3}} \ (\frac{1}{3} - 1) \ = \ +\frac{2}{3\sqrt{3}}$$

Wir bekommen also diese Curve:

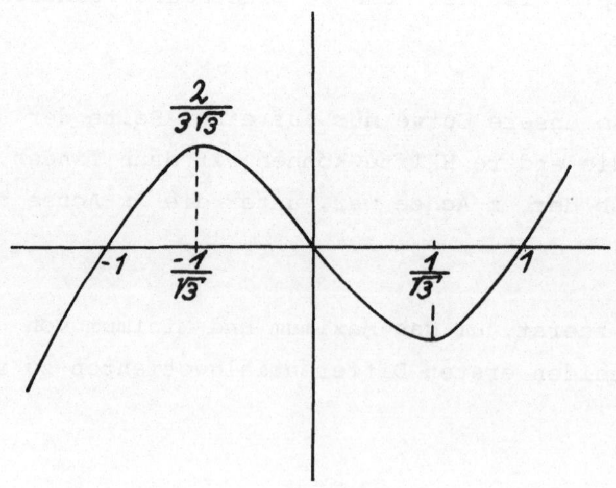

4)  *Beispiel aus der Mechanik*

Es sei  s = f(t) , welches ein geradliniges Bewegungsgesetz
bezeichnen soll. Differenziren wir unsere Gleichung, so ist:

$$ds = f'(t)dt , \quad \frac{ds}{dt} = f'(t) .$$

Diesen Quotienten haben wir mit  v  bezeichnet. Dies ist die
Geschwindigkeit, mit der sich der Punkt bewegt.  v  hat hier
die gleiche Bedeutung wie früher  p . Es fragt sich nun, was
für eine Aenderung  s  erleidet, wenn wir  t  um  dt  ändern
lassen. Wir haben hier unter  s  nicht mehr den Weg zu verstehen, sondern die Distanz von einem festen Punkte während der
Bewegung  t .

In unserer Gleichung sei  v  positiv, wir nehmen an, es sei
dt  auch positiv, mithin ist  ds = v · dt = positiv. Also ver-
läuft die Bewegung nach rechts, wenn wir nämlich ein für alle-
mal feststellen, dass eine nach rechts hingehende Bewegung positiv und eine nach links hin gehende Bewegung negativ ist.
Wäre hingegen  v  negativ, so müsste  ds  offenbar negativ
sein,  dt  negativ genommen hätte gar keinen Sinn, folglich
ist dann die Bewegung nach links. Betrachten wir die Gleichung
$v = \frac{ds}{dt}$ , so ist:

$$dv = s''(t)dt = f \cdot dt = \text{Kraft mal } dt ,$$

wo  f  die Kraft bezeichnet, welche bei dieser Bewegung wirkt.
Es fragt sich nun, was bedeutet ein positives Vorzeichen und
was bedeutet ein negatives Vorzeichen von  $\frac{dv}{dt}$  bei der Bewegung. Ich nehme  dt  immer positiv an. Wenn nun  v  positiv ist
und ebenfalls  f , so werden also  f  und  v  nach der gleichen Seite, nämlich nach rechts, hinstreben, und zwar wird  f
die Geschwindigkeit  v  noch beschleunigen. Eine positive Kraft
wird also eine positive Geschwindigkeit noch verstärken. Wäre
hingegen  v  negativ und  f  aber doch positiv, so wird offen-

bar die Wirkung eine entgegengesetzte sein, denn  v  will nach
links und  f  möchte nach rechts, es wird also  v  durch  f
verzögert, mithin wird eine positive Kraft eine negative Geschwindigkeit verzögern.

Wäre  f  negativ und  v  positiv, so wird offenbar wieder eine
verzögerte Bewegung stattfinden. Wäre aber  v  negativ und  f
negativ, so würden also beide nach links hinstreben. Folglich
wird die Kraft die Geschwindigkeit noch beschleunigen.

Wir wollen nun einen Blick auf die Maxima und Minima werfen,
das heisst nachsehen, wann  s  am grössten und wann  s  am
kleinsten sein wird. Damit ein Maximum oder Minimum stattfindet, muss offenbar  v  von der positiven Richtung nach der negativen gehen, oder umgekehrt, was aber nur dann der Fall sein
kann, wenn  v  an einer gewissen Stelle den Werth  0  erreicht.
Es muss also, damit ein Maximum stattfindet,  v = 0  sein, hieraus geht hervor, dass bei einem Maximum die Bewegung gleich  0
zu sein scheint. Wenn ein Minimum von  s  stattfinden soll, so
muss  v  von negativen zu positiven Werthen übergehen. Wenn
nun eine positive Bewegung stattfindet und  v = 0  ist, so kann
dies nur dann sein, wenn  f  negativ ist, und zwar muss  f  gerade so sein, dass es  v  aufhebt, denn nur dann kann  v = 0
sein. Wenn nun die Bewegung negativ ist und  v = 0 , so kann
dies nur dann sein, wenn  f  positiv ist, dass also  v  von  f
aufgehoben wird.

5)  *Aetherschwingungen*

Wenn  s  die Lage eines schwingenden Punktes bezeichnet, so
ist:

(1)        $s = a \cdot \cos t + b \sin t$ .

Um nun die Geschwindigkeit zu bestimmen, müssen wir unsere
Gleichung differenziren, also:

(2) $\qquad v = \dfrac{ds}{dt} = -a \sin t + b \cos t$ .

(3) $\qquad f = \dfrac{dv}{dt} = \dfrac{d^2 s}{dt^2} = -a \cos t - b \sin t = -s$ .

Es geht nun hieraus hervor, dass die Kraft  f  nur von der Lage, die der schwingende Punkt hat, abhängt. Nehmen wir  v = 0  an, so ist

(4) $\qquad a \sin t = b \cos t$ , also  $\operatorname{tg} t = \dfrac{b}{a}$ .

Wenn  $\operatorname{tg} t = \dfrac{b}{a}$ , so ist die Geschwindigkeit gleich  0 . Statt (4)  können wir auch schreiben:

$$\frac{\sin t}{b} = \frac{\cos t}{a} .$$

Diesen Werth bezeichnen wir mit  x , also

$$\sin t = bx , \quad \cos t = ax .$$

Dann ergibt sich, wenn  $\operatorname{tg} t = \dfrac{b}{a}$ :

$$\sin^2 t + \cos^2 t = x^2 (a^2 + b^2) ,$$

$$1 = x^2 (a^2 + b^2) ,$$

$$x = \pm \frac{1}{\sqrt{a^2 + b^2}} ,$$

$$\sin t = \pm \frac{b}{\sqrt{a^2 + b^2}} , \quad \cos t = \pm \frac{a}{\sqrt{a^2 + b^2}} .$$

Denken wir uns  $\tau$  als den ersten Werth, so dass  $\operatorname{tg} \tau = \dfrac{b}{a}$ , d.h. so, dass  v = 0 . Dann ist  v  gleich  0  ebenso für  $\tau + \pi$  oder  $\tau + 2\pi \ldots \tau + m\pi$ , denn die Tangenten dieser Werthe sind alle gleich. Es wird also  v = 0  bei  $t = \tau + m\pi$ . Bei  $\tau$ , $(\tau + 2\pi)$ , $(\tau + 4\pi)$  wird  $\sin t$  positiv werden:

$$\sin t = + \frac{b}{\sqrt{a^2+b^2}} \quad \text{bei} \quad \tau, (\tau+2\pi), \ldots (\tau+2n\pi) \ .$$

Hingegen bei $(\tau+\pi), (\tau+3\pi), \ldots (\tau+(2n+1)\pi)$ wird $\sin t$ negativ:

$$\sin t = - \frac{b}{\sqrt{a^2+b^2}} \quad \text{bei} \quad (\tau+\pi), (\tau+3\pi), \ldots (\tau+(2n+1)\pi) \ .$$

Setzen wir einen der Werthe $[\tau+2\pi n\pi]$ in $s = a \cos t + b \sin t$ ein, so erhalten wir:

$$s = a \cdot \frac{a}{\sqrt{a^2+b^2}} + b \cdot \frac{b}{\sqrt{a^2+b^2}} = \frac{a^2}{\sqrt{a^2+b^2}} + \frac{b^2}{\sqrt{a^2+b^2}}$$
$$= +\sqrt{a^2+b^2} \ .$$

$s = +\sqrt{a^2+b^2}$ findet also bei der Stelle $\tau + 2n\pi$ statt. Es ist also $s$ positiv und $f$ negativ, folglich findet an dieser Stelle ein Maximum statt. Analog ist $s = -\sqrt{a^2+b^2}$ bei dem Zeitpunkt $\tau + (2n+1)\pi$ . Es ist also die Bewegung negativ und die Kraft positiv, mithin findet ein Minimum statt.

Setzen wir statt $t$ die Werthe $\tau + \frac{\pi}{2}$ , $\tau + \frac{3}{2}\pi$ etc., so ist
$s = a \cos(\tau+\frac{\pi}{2}) + b \sin(\tau+\frac{1}{2}\pi) = -a \sin \tau + b \cos \tau = 0$ .

Es geht also hieraus hervor, dass für diesen Werth von $t$ die Lage $0$ stattfindet. Dieses würde sich wieder reproduziren, wenn wir nach $2\pi$ hinzuaddiren würden. Wir können die Bewegung in folgender Figur darstellen

$$-\sqrt{a^2b^2} \qquad \text{Anfangspunkt} \qquad +\sqrt{a^2+b^2}$$

$$\tau + \pi \qquad\qquad \tau + \frac{1}{2}\pi \qquad\qquad \tau$$
$$\tau + \frac{3}{2}\pi$$

[*Bedingungen für Maxima und Minima mittels höherer Ableitungen*]

Es sei eine Curve  $y = f(x)$  gegeben. Wir wollen nun annehmen,
es sei für eine Stellung xy    $p = 0$  und  $q = 0$ . Wir sollen
nun untersuchen, ob an dieser Stelle ein Maximum oder Minimum
stattfindet. Da  q  gleich  0  ist, so wissen wir nicht, ob es
überhaupt einmal einen Werth [verschieden von  0]  gehabt hat,
und wie es sich an dieser Stelle verändert. Ich nehme nun an,
es sei  q  nicht immer gleich  0  gewesen, und zwar soll es
auf beiden Seiten positiv sein. Dann ist aber  q  ein Minimum.
Mithin wächst  p  mit wachsendem  x  und wird also von negativen zu positiven Werthen übergehen. Hieraus folgt, dass  y
ein Minimum ist, wenn  q  ein Minimum ist.

Ist hingegen  q  auf beiden Seiten negativ, so ist  q  ein Maximum, folglich nimmt  p  mit wachsendem  x  ab und geht von
positiven zu negativen Werthen über. Folglich findet für  y
ein Maximum statt, wenn  q  ein Maximum ist. Wäre  q  vorher
positiv und nachher negativ, so wird  p  bis zu  q = 0  immer
zunehmen, es wird hingegen von  q = 0  an immer abnehmen. Folglich findet für  p = 0  für  y  kein Maximum oder Minimum
statt. Wäre  q  vorher negativ und nachher positiv, so hätte  y
wieder kein Maximum oder Minimum. Wenn also  q  kein Maximum
oder Minimum hat, so hat  y  kein Maximum oder Minimum.

Es kommt nun darauf an, wenn man die Reihe der Derivirten betrachtet, welche Derivirte von  0  verschieden ist. Es sei also

$$\frac{dy}{dx} = 0 \ , \quad \frac{d^2y}{dx^2} = 0 \ , \quad \ldots \quad \frac{d^{n-1}y}{dx^{n-1}} = 0 \ , \quad \frac{d^ny}{dx^n} \gtrless 0 \ .$$

Es sei nun  n  gerade. Es sei ferner zunächst  $\dfrac{d^ny}{dx^n} > 0$ .

Dieses ist nun der Differentialquotient von  $\dfrac{d^{n-1}y}{dx^{n-1}}$  und der

zweite Differentialquotient von  $\dfrac{d^{n-2}y}{dx^{n-2}}$ . Da die vorangehende

Derivirte  = 0  ist und die Derivirte  $\dfrac{d^ny}{dx^n}$  positiv ist, so geht daraus hervor, dass der Werth von $\dfrac{d^{n-1}y}{dx^{n-1}}$ von negativen zu positiven Werthen übergeht. Hieraus folgt, dass die vorangehende $\dfrac{d^{n-2}y}{dx^{n-2}}$ ein Minimum ist. $\dfrac{d^{n-2}y}{dx^{n-2}}$ wird folglich zu beiden Seiten positiv sein. Dann ist aber $\dfrac{d^{n-4}y}{dx^{n-4}}$ ein Minimum. Wir sehen also hieraus, dass, wenn $\dfrac{d^{n}y}{dx^{n}} > 0$ und $n$ gerade ist und wir um je zwei Derivirte zurückfahren, diese immer Minima sind, dass also dann $y$ selbst ein Minimum ist.

Wäre hingegen $\dfrac{d^{n}y}{dx^{n}} < 0$ und $n$ gerade, so wäre $\dfrac{d^{n-2}y}{dx^{n-2}}$ ein Maximum. Wir sehen nun, dass, wenn wir um zwei Glieder zurückgehen, ein Maximum stattfindet, und folglich ist auch $y$ ein Maximum.

Würde $n$ ungerade sein, so würde für $y$ weder Maximum noch Minimum sein.

*Beispiele*

1)      $y = 1 + x^{3}$ .

Für $x = -1$ ist $y = 0$ und für $x = 0$ ist $y = 1$ . Also schneidet unsere Curve die $x$-Achse in der Entfernung $-1$ und die $y$-Achse in der Entfernung $1$ . Wir suchen die Derivirten:

$$y = 1 + x^{3} \ , \quad \frac{dy}{dx} = 3x^{2} \ , \quad \frac{d^{2}y}{dx^{2}} = 6x \ ,$$

$$\frac{d^{3}y}{dx^{3}} = 6 \ , \quad \frac{d^{4}y}{dx^{4}} = 0 \ .$$

Setzen wir $x$ gleich $0$ ein in die Derivirten, so wird die erste und die zweite Derivirte gleich $0$ , hingegen die dritte Derivirte nicht, also diejenige nicht, wo $n$ ungerade ist. Folglich findet weder ein Maximum oder Minimum von $y$ statt,

was übrigens aus der Figur zu ersehen wäre. Es ist also bei
dieser Stelle die Curve vor  $y = 1$  unter der Tangente, nach
$y = 1$  über der Tangente.


2)        $y = 1 + x^4$ .


Da  $x$  in einer geraden Potenz vorkommt, so ist  $y$  eine paare
Funktion, es wird also durch eine Achse die Curve in  2 symmetrische Theile getheilt.  $y$  kann nie gleich  0  sein bei
dieser Curve. Offenbar wird für  $x = 0$  die Ordinate  $y$  ein
Minimum. Die Derivirten sind:

$$\frac{dy}{dx} = 4x^3 \ , \quad \frac{d^2y}{dx^2} = 12x^2 \ , \quad \frac{d^3y}{dx^3} = 24\,x \ , \quad \frac{d^4y}{dx^4} = 24 \ .$$

Für  $x = 0$  werden die drei ersten Derivirten gleich  0 . Hingegen die  vierte nicht. Es wird nun hier jedenfalls ein Minimum stattfinden müssen, da  $n = 4$  gerade ist und da
$\frac{d^4y}{dx^4} > 0$  ist.


3)        $y = x^3 - 3x^2 + 3x + 1$ .

$$\frac{dy}{dx} = 3x^2 - 6x + 3 \ , \quad \frac{d^2y}{dx^2} = 6x - 6 \ ,$$

$$\frac{d^3y}{dx^3} = 6 \ , \quad \frac{d^4y}{dx^4} = 0 \ .$$

Um die Stelle zu erhalten, wo ein Maximum oder Minimum stattfindet, haben wir  $p = 0$  zu setzen, also:

$$3x^2 - 6x + 3 = 0 \ , \quad 3(x-1)^2 = 0 \ , \quad x = 1 \ .$$

Um  $y$  zu erhalten, setzen wir diesen Werth von  $x$  ein und erhalten  $y = 2$ . Es fragt sich nun, ob ein Maximum oder Minimum
stattfindet. Für  $x = 1$  ist die zweite Derivirte gleich  0 und
die dritte positiv, nämlich  6 . Da bei der dritten Derivirten

n  ungerade ist und  $\dfrac{d^3y}{dx^3} > 0$  ist, so findet kein Maximum oder
Minimum statt.


## § 10.  UEBER DIE CONVEXITAET

Denken wir uns irgendeine Curve und darauf einen Punkt  m  und
legen wir daran die Tangente durch den Punkt  m . Wenn die Curve auf der gleichen Seite der Tangente bleibt, so sagen wir,
die Curve ist in  m  *concav* oder *convex*. Wir haben Convexität
nach unten, wenn die Tangente unterhalb der Curve liegt, und
Convexität nach oben, wenn die Tangente oberhalb der Curve
liegt. Die Curve ist bei  m  convex nach unten und bei  n  convex nach oben. Es findet zwischen  m  und  n  ein Uebergang
statt. Diese Stelle des Uebergangs heisst *Wendepunkt*.

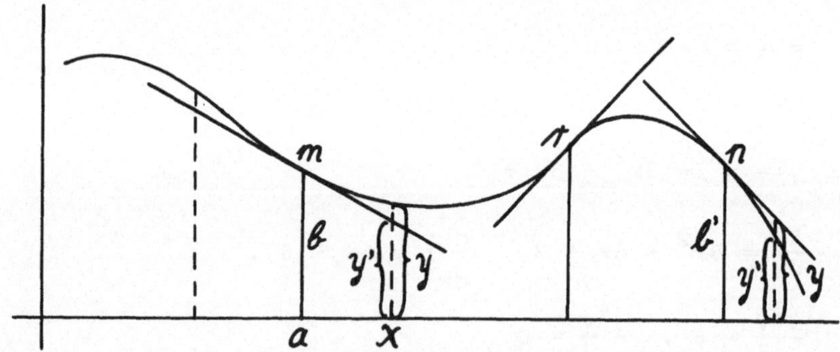

Es fragt sich nun, was haben wir für ein Mittel, um die Convexität zu untersuchen. Es sei nun die Gleichung der Curve
$y = f(x)$ und es sei  $y' - y = p(x'-x)$  die Gleichung der Tangente bei  m . Setzen wir für die Coordinaten des Prüfungs-
punktes  a  und  b  ein, so ist die Gleichung der Tangente in
diesem Punkt

$$y' = b + p_a(x'-a) .$$

Wir sollen  $f(x') - y' = f(x') - b - p_a(x'-a)$  untersuchen. Es findet Convexität nach unten statt, wenn $f(x') - y'$ ein Minimum ist bei $x' = a$ . Es ist

$$\frac{d(f(x')-y')}{dx'} = f'(x') - p_a \quad \text{und}$$

$$\frac{d^2(f(x')-y')}{dx^2} = q \ ,$$

also $\dfrac{d(f(x')-y')}{dx'} = 0$ und $\dfrac{d^2(f(x')-y')}{dx'^2} = q$ bei $x' = a$ .

Ist $q > 0$ , so findet ein Minimum statt, das heisst die Curve ist convex nach unten. Ist hingegen $q < 0$ , so ist die Curve convex nach oben. Damit ein Wendepunkt stattfindet, muss $q = 0$ sein und das Zeichen von $q$ auf $q = 0$ wechseln.

Es ist also:

die Curve convex nach unten für:
$$q > 0 \quad \text{oder} \quad \frac{d^n y}{dx^n} > 0 \ , \ n \ \text{gerade,}$$

die Curve convex nach oben für:
$$q < 0 \quad \text{oder} \quad \frac{d^n y}{dx^n} < 0 \ , \ n \ \text{gerade.}$$

Wenn $q = 0$ und $n$ ungerade ist, so findet ein Wendepunkt statt.

*Beispiel*

$$y = x^4 - 2x^2 + 1$$

$$\frac{dy}{dx} = 4x^3 - 4x \ , \quad \frac{d^2 y}{dx^2} = 12x^2 - 4 \ , \quad \frac{d^3 y}{dx^3} = 24 \, x \ .$$

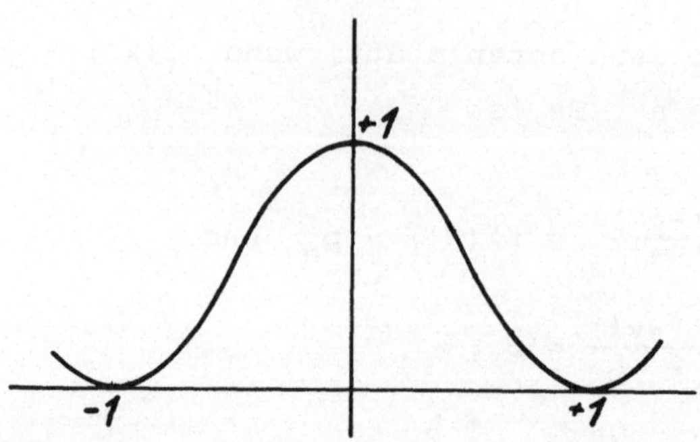


Wir suchen nun die Maximum- und Minimumstellen. Damit eine solche Stelle sich vorfinde, muss  $p = 0$  sein, also:

$$4x^3 - 4x = 0 .$$

Die Wurzeln dieser Gleichung sind  $x' = 0$ ,  $x'' = 1$ ,  $x''' = -1$ .
Für  $x' = 0$  ist  $y = 1$ , folglich für  $x = 0$  hat  $y$  ein Maximum. Für  $x'' = 1$  ist  $y = 0$  und für  $x = -1$  ist  $y = 0$ .
Folglich ist für  $x = \pm 1$  ein Minimum. Bei  einem Wendepunkt
ist  $q = 0$  oder  $12x^2 - 4 = 0$  oder  $3x^2 = 1$ ,  $x = \pm \dfrac{1}{\sqrt{3}}$  .

Da bei diesem Beispiel  $n$  ungerade ist, findet ein Wendepunkt
für  $\pm \dfrac{1}{\sqrt{3}}$  statt.

# III. Abschnitt
# Sätze von Taylor, MacLaurin

§ 11.   [REIHEN]

Wir betrachten eine unendliche Reihe von reellen Zahlen, deren Glieder wir mit

$$a_0 \quad a_1 \quad a_2 \quad a_3 \cdots a_n$$

bezeichnen. In diesen Gliedern soll eine gewisse Ordnung existiren, das heisst sie sollen alle entsprechend [einer gewissen Regel] zusammengesetzt sein. Wir addiren nun die einzelnen Theile nach folgender Weise:

$$S_1 = a_0$$

$$S_2 = a_0 + a_1 = S_1 + a_1$$

$$S_3 = a_0 + a_1 + a_2 = S_2 + a_2$$

$$\dots\dots\dots\dots\dots\dots\dots\dots\dots\dots$$

$$S_n = a_0 + a_1 + a_2 \cdots + a_{n-1} = S_{n-1} + a_{n-1} \;.$$

Es fragt sich nun, was wird mit $S_n$ , wenn $n$ immer grösser wird. Tritt dann einmal ein Grenzwerth ein? Denken wir uns, der Grenzwerth von $S_n$ werde durch unendliches Hinzuaddiren von Gliedern beliebig nahe der endlichen Grösse $A$ . Ist dies der Fall, so sagt man, die Reihe sei *convergent*. Es ist also bei diesem Falle $\lim S_n = A$ . Es ist also die Reihe convergent, wenn die Differenz zwischen der Grösse $A$ und der Summe der Reihe kleiner gemacht werden kann als jede noch so kleine Grösse $\delta$ .

Um die Convergenz anzuzeigen, schreibt man

$$A = a_o + a_1 + a_2 + a_3 + a_4 + \ldots + a_n + \ldots .$$

Wird hingegen die Summe unendlich, so sagt man, die Reihe divergirt. Die Summe kann auch unbestimmt sein. [Auch dann sagt man, die Reihe sei divergent.] So ist ist z.B. folgende Reihe divergent:

$$1 - 1 + 1 - 1 + 1 - 1 + 1 - 1 + 1 - 1 \ldots \pm \ldots ,$$

denn $S_n$ schwankt zwischen $1$ und $0$ .

Der Bruch 3,1415926... [für $\pi$] ist ein unendlich convergirender Dezimalbruch. Denn hängen wir auch noch so viele Stellen an, so kann demnach der Werth des Bruches nie den Werth $4$ überschreiten, folglich convergirt er.[*)]

Wir wollen nun folgende geometrische Progression untersuchen:

$$1, \ x, \ x^2, \ \ldots, \ x^n .$$

Es fragt sich nun, ob das eine convergirende oder divergirende Reihe ist. Addire ich die sämtlichen Theile, so ist

$$S_n = 1 + x + x^2 + \ldots + x^n = \frac{1-x^n}{1-x} .$$

Wenn nun $x$ ein unechter Bruch ist, so wird $x^n$ über alle Grenzen wachsen. Wäre hingegen $x < 1$ , so nähert sich $x^n$ dem Grenzwerth $0$ . Im ersten Falle nähert sich $x^n$ keinem Grenzwerthe, folglich auch $S_n$ nicht. In diesen Falle divergirt die Reihe also. Da für $x < 1$ der Grenzwerth von $x^n$

---

[*)] Es erscheint bemerkenswert, wie präzise Dedekind den Konvergenzbegriff für Reihen fasst.

gleich  0  ist, so ist

$$\lim S_n = \frac{1}{1-x} \; .$$

Wir erhalten also

$$\frac{1}{1-x} = 1 + x + x^2 + \ldots + x^n + \ldots \; .$$

Würde ich hier  $x = \frac{1}{2}$  setzen, so wäre der Werth auf der linken Seite gleich  2 . Hingegen bekämen wir auf der rechten Seite nie  2 , sondern könnten der  2  nur beliebig nahe rücken.

Convergirt eine Reihe, so werden die Glieder nach und nach immer kleiner. Hingegen können wir nicht sagen, dass ,wenn bei einer Reihe die Glieder immer kleiner werden, dann die Reihe convergent sei. So nehmen z.B. bei folgender Reihe die Glieder ab, allein die Reihe ist doch nicht convergent:

$$1 + \frac{1}{2} + \frac{1}{3} + \frac{1}{4} + \frac{1}{5} + \frac{1}{6} + \frac{1}{7} + \frac{1}{8} + \frac{1}{9} + \ldots \; .$$

Denn schreiben wir  $\frac{1}{4} + \frac{1}{4}$  statt  $\frac{1}{3} + \frac{1}{4}$ , so verkleinern wir die Reihe,  da  ja  $\frac{1}{4} < \frac{1}{3}$  ist. Setzen wir ebenfalls $\frac{1}{8} + \frac{1}{8} + \frac{1}{8} + \frac{1}{8}$  statt  $\frac{1}{5} + \frac{1}{6} + \frac{1}{7} + \frac{1}{8}$ , so verkleinern wir die Reihe wiederum. Wenn wir so fortsetzen, erhalten wir

$$1 + \frac{1}{2} + \left(\frac{1}{4} + \frac{1}{4}\right) + \left(\frac{1}{8} + \frac{1}{8} + \frac{1}{8} + \frac{1}{8}\right) + \left(\frac{1}{16} + \frac{1}{16} + \ldots \frac{1}{16}\right) + \ldots$$

$$1 + \frac{1}{2} + \frac{1}{2} + \frac{1}{2} + \frac{1}{2} + \ldots \; .$$

Diese zweite Reihe ist aber jedenfalls nicht convergent, da wir dieses bis ins Unendliche fortführen könnten  und die Summe über alle Grenzen wachsen würde. Die Reihe $1 + \frac{1}{2} + \frac{1}{3} + \frac{1}{4} + \ldots$  ist aber noch grösser als die letzte Reihe, folglich ist sie noch weniger convergent.

§ 12   [POTENZREIHENENTWICKLUNG]

Im Taylorschen Satz handelt es sich darum, eine gegebene Funktion [in eine Reihe] umzuwandeln. Es sei eine Funktion  $f(z)$
gegeben. Wir wollen diese Funktion  $f(z)$   gleich folgender
Reihe setzen:

$$f(z) = c_o + c_1(z-a) + c_2(z-a)^2 + \ldots c_n(z-a)^n + \ldots .$$

Es sei hier  a  eine konstante Grösse, z  die unabhängige Variable und  $c_n$  sei unabhängig von  z .

Differenziren wir unsere Funktion, so erhalten wir:

$$f'(z) = c_1 + c_2\, 2(z-a) + c_3\, 3(z-a)^2 + \ldots c_n\, n(z-a)^{n-1} + \ldots$$

$$f''(z) = c_2\, 2\cdot 1 + c_3\, 3\cdot 2(z-a) + \ldots c_n\, n(n-1)(z-a)^{n-2} + \ldots$$

$$f'''(z) = c_3\, 3\cdot 2\cdot 1 + c_4\, 4\cdot 3\cdot 2(z-a) + \ldots c_n\, n(n-1)(n-2)(z-a)^{n-3} + \ldots$$

$$\ldots\ldots\ldots\ldots\ldots\ldots\ldots\ldots\ldots\ldots\ldots\ldots\ldots\ldots\ldots\ldots\ldots\ldots\ldots$$

$$f^{(n)}(z) = \qquad\qquad c_n\, n(n-1)(n-2)(n-3)\ldots 2\cdot 1 + \ldots .$$

Setzen wir in der ursprünglichen Reihe für  z  den Werth  a ,
so bekommen wir:

$$c_o = f(a)$$

Setzen wir in der Reihe für  $f'(z)$   z = a , so ist

$$c_1 = \frac{1}{1}\, f'(a) .$$

Wird in der dritten Reihe dies wieder gemacht, so gibt das

$$c_2 = f''(a) \cdot \frac{1}{1\cdot 2} ,$$

und endlich in der letzten Reihe

$$c_n = \frac{1}{n!}\, f^{(n)}(a)$$

Setzen wir die Werthe von $c_o$, $c_1$, $c_2$, $c_3$ ... in die ursprüngliche Gleichung ein, so ergibt sich

$$f(z) = f(a) + f'(a)\,\frac{z-a}{1} + f''(a)\,\frac{(z-a)^2}{2!} +$$

$$+ f'''(a)\,\frac{(z-a)^3}{3!} + \ldots f^{(n)}(a)\,\frac{(z-a)^n}{n!} + \ldots \, .$$

Dies ist nun die sogenannte *Taylorsche Reihe*. Setzen wir
$a = 0$ , so bekommen wir den *MacLaurinschen Satz*:

$$f(z) = f(0) + f'(0)z + f''(0)\,\frac{z^2}{2!} +$$

$$+ \ldots f^{(n)}(0)\,\frac{z^n}{n!} + \ldots \, .$$

Gewöhnlich kommt die Taylorsche Reihe in anderer Form vor, nämlich statt $z-a$ setzt man $h$ und statt $a$ setzt man $x$ ,
also $z = x + h$ :

$$f(x+h) = f(x) + f'(x)\,\frac{h}{1} + f''(x)\,\frac{h^2}{2!} +$$

$$+ f'''(x)\,\frac{h^3}{3!} + \ldots f^{(n)}(x)\,\frac{h^n}{n!} + \ldots \, .$$

[Wie wir sehen werden, ist] die Taylorsche Reihe nicht allgemein richtig, sondern nur für ein gewisses Intervall. Wir wollen dies nun an Beispielen untersuchen.

Setzen wir $f(z) = z^m$ und $a = 1$ , so ist: $f(1) = 1$ ,
$f'(1) = m$ , $f''(1) = m(m-1)$ , $\ldots f^{(n)}(1) = m(m-1) \ldots (m-n+1)$ .

So erhalten wir

$$f(z) = z^m = 1 + \frac{m}{1}(z-1) + \frac{m(m-1)}{2!}\,(z-1)^2 + \ldots \, .$$

Setzen wir  $z = 1 + h$ , so ist:

$$(1+h)^m = 1 + \frac{m}{1}h + \frac{m(m-1)}{2!} h^2 + \ldots +$$

$$+ \frac{m(m-1)\ldots(m-n+1)}{n!} h^n + \ldots .$$

Diese Reihe für  $1 + h$  gilt aber nur für kleine Werthe von  h .
Wir werden sehen[*] , dass  h  nur zwischen -1 und +1 liegen
darf, wenn wir nicht einen groben Fehler begehen wollen. Wenn
bei der Reihe  m  eine positiv ganze Zahl ist, so ist klar,
dass die Reihe keine unendliche ist, sondern dass sie sich
einmal schliessen muss.


*Anwendung des Taylorschen Satzes auf Exponentialfunktionen*

Es sei  $f(z) = B^z$ . Dann ist  $f'(z) = B^z \log B$ ,  $f''(z) =$
$B^z(\log B)^2$ ,  ... . Setzen wir  $z = 0$  ein, so ist  $f(0) = 1$ ,
$f'(0) = \log B$ ,  $f''(0) = (\log B)^2$ ,  ...  $f^{(n)}(z) = B^z(\log B)^n$ .
Die Taylorsche Reihe ist nun für  $a = 0$ :

$$B^z = 1 + \frac{z\log B}{1} + \frac{(z\log B)^2}{2!} + \ldots + \frac{(z\log B)^n}{n!} + \ldots .$$

Dies ist nun eine konvergente Reihe, die also den Werth von
$B^z$  liefert. Setzen wir  $B = e$ , so erhalten wir:

$$e^z = 1 + \frac{z}{1} + \frac{z^2}{2!} + \frac{z^3}{3!} + \frac{z^n}{n!} + \ldots .$$

Für  $z = 1$  ergibt sich:

$$e = 1 + \frac{1}{1} + \frac{1}{2!} + \frac{1}{3!} + \ldots + \frac{1}{n!} + \ldots .$$

Wir können also mittelst dieser Reihe die Zahl  e   suchen.

---

[*]  Der Beweis fehlt.

*Anwendung auf logarithmische Funktionen*

Es sei  $f(z) = \log z$ , dann ist

$$f'(z) = z^{-1} , \quad f''(z) = -1 \cdot z^{-2} , \quad \dots$$

$$f^{(n)}(z) = (-1)^{n-1} (n-1)! \; z^{-n} .$$

Setzen wir  $a = 1$ , so gibt die Taylorsche Reihe mit den obigen Werthen eingesetzt:

$$\log z = \frac{z-1}{1} - \frac{(z-1)^2}{2} + \frac{(z-1)^3}{3} - \dots .$$

Setzen wir  $z = 1 + h$ , so ist:

$$\log(1+h) = \frac{h}{1} - \frac{h^2}{2} + \dots + (-1)^{n-1} \frac{h^n}{n} + \dots .$$

Diese Reihe konvergirt wie der harmonische Lehrsatz. Der Wert $h = 1$  gibt

$$\log 2 = \frac{1}{1} - \frac{1}{2} + \frac{1}{3} - \frac{1}{4} + \frac{1}{5} - \frac{1}{6} + \dots .$$

Setzen wir statt  $z = 1 + h$  nun  $z = 1 - h$ , so bekommen wir:

$$\log(1-h) = -\frac{h}{1} - \frac{h^2}{3} - \dots - \frac{h^n}{n} - \dots .$$

Subtrahiren wir  $\log(1-h)$  von  $\log(1+h)$ , so bekommen wir:

$$\log(1+h) - \log(1-h) = \frac{2h}{1} + \frac{2h^3}{3} + \frac{2h^5}{5} + \frac{2h^7}{7} + \dots$$

$$\frac{1}{2} \log\left(\frac{1+h}{1-h}\right) = \frac{h}{1} + \frac{h^3}{3} + \frac{h^5}{5} + \frac{h^7}{7} + \dots .$$

Mit Hilfe dieser Reihe können wir den natürlichen Logarithmus einer jeden Zahl berechnen.

*Anwendung auf trigonometrische Funktionen*

{Berechnung der Taylor-Reihen von  sin z  und  cos z .}

*Entwicklung von der Reihe von  arctg z*

Wir benutzen die MacLaurinsche Reihe:

$$f(z) = f(0) + f'(0)\, \frac{z}{1} + f''(0)\, \frac{z^2}{2!} + \ldots$$

$$f^{(n)}(0)\, \frac{z^n}{n!} + \ldots .$$

Differenziren wir unsere Funktion  $u = \text{arctg } z$ , so erhalten wir

$$\frac{du}{dz} = \frac{1}{1+z^2} \, .$$

Da wir durch fernere Differentiation nicht leicht zum Ziele kommen, so wollen wir mit  $1 + z^2$  multipliziren:

$$\frac{du}{dz}\,(1+z^2) = 1 \, .$$

Wir haben nun das Produkt  $\frac{du}{dz}\,(1+z^2)$  zu differenziren. Wie wir gesehen haben, ist das  $n^{te}$  Differential von  $v \cdot w$ :

$$\frac{d^n(v \cdot w)}{dz^n} = \frac{d^n v}{dz^n} \cdot w + \frac{n}{1} \cdot \frac{d^{n-1}v}{dz^{n-1}} \cdot \frac{dw}{dz} +$$

$$+ \frac{n(n-1)}{1 \cdot 2}\, \frac{dv^{n-2}}{dz^{n-2}}\, \frac{d^2w}{dz^2} + \ldots .$$

Diese Formel angewendet auf das Produkt  $\frac{dv}{dz}\,(1+z)$  gibt

$$\frac{d^{n+1}u}{dz^{n+1}}\,(1+z^2) + \frac{n}{1}\,\frac{d^n u}{dz^n} \cdot 2z + \frac{n(n-1)}{1 \cdot 2}\,\frac{d^{n-1}u}{dz^{n-1}} \cdot 2 = 0 \, .$$

Setzen wir  $f'(z)$  statt  $\frac{du}{dz}$  ein, so ist:

$$(1+z^2) \cdot f^{(n+1)}(z) + 2nz \cdot f^{(n)}(z) + n(n-1) \cdot f^{(n-1)}(z) = 0 \ .$$

Setzen wir $z = 0$ , so ist:

$$f^{(n+1)}(0) + n(n-1) \ f^{(n-1)}(0) = 0 \ .$$

Wir haben $f(0) = 0$ und $f'(0) = 1$ . Dann folgt aus unserer Gleichung $f^{(2)}(0) = 0$ , $f^{(4)}(0) = 0$ , ... . Es fallen also die Derivirten gerader Ordnung aus. Für die Derivirten ungerader Ordnung haben wir

$$f^{(3)}(0) + 2f'(0) = 0 \ ; \quad f^{(3)}(0) = -2 \ .$$

$$f^{(5)}(0) + 4 \cdot 3 \cdot f^{(3)}(0) = 0 \ ; \quad f^{(5)} = 4 \ !$$

und allgemein

$$f^{(2n+1)}(0) = (-1)^n \ (2n)!$$

Setzen wir diese Werthe in die ursprüngliche Reihe ein, so bekommen wir:

$$\text{arctg } z = \frac{z}{1} - \frac{z^3}{3} + \frac{z^5}{5} - \frac{z^7}{7} + \frac{z^9}{9} - \ \ldots \ .$$

Setzen wir $u = \text{arctg } z$ , so ist $z = \text{tg } u$ , folglich könnten wir auch schreiben:

$$u = \frac{\text{tgu}}{1} - \frac{(\text{tgu})^3}{3} + \frac{(\text{tgu})^5}{5} - \frac{(\text{tgu})^7}{7} + \frac{(\text{tgu})^9}{9} \ \ldots \ .$$

Für $u = \frac{\pi}{4}$ ist:

$$\frac{\pi}{4} = \frac{1}{1} - \frac{1}{3} + \frac{1}{5} - \frac{1}{7} + \frac{1}{9} - \frac{1}{11} + \ \ldots \ .$$

Diese Reihe konvergirt, so dass wir also $\pi$ daraus berechnen könnten. Das wäre jedoch ziemlich langwierig, [weil die Konvergenz sehr langsam ist.] Um überhaupt zu erkennen, ob diese

Reihe konvergirt, so haben wir nur zu sehen, ob die Reihe abwechselnde Zeichen hat, ob jedes Glied dem absoluten Werthe nach grösser ist als das nachfolgende und ob das $n^{te}$ Glied unendlich klein wird. Ist das der Fall, so konvergirt die Reihe.

$\frac{\pi}{4}$ ist jedenfalls kleiner als eins, denn statt $-\frac{1}{3}+\frac{1}{5}$ können wir schreiben $-(\frac{1}{3}-\frac{1}{5})$ . Dies ist jedenfalls negativ. Ebenso ist $-\frac{1}{7}+\frac{1}{9}$ gleich $-(\frac{1}{7}-\frac{1}{9})$ ebenfalls negativ, usf. Wir bekommen also alles positive Grössen, die von $1$ zu subtrahiren sind; also muss $\frac{\pi}{4}<1$ sein. Um $\pi$ eigentlich zu berechnen, dividiren wir beide Seiten durch $2$ , also:

$$\frac{\pi}{8} = \frac{1}{2} - \frac{1}{2\cdot3} + \frac{1}{2\cdot5} - \frac{1}{2\cdot7} + \frac{1}{2\cdot9} - \frac{1}{2\cdot11} + \cdots$$

oder

$$\frac{\pi}{8} = \frac{1}{3} + \frac{1}{5\cdot7} + \frac{1}{9\cdot11} + \frac{1}{15\cdot13} + \cdots .$$

Diese Reihe wird auch nur für eine grosse Anzahl von Gliedern genau.

Wir suchen nun die Reihe von arctg z auf eine andere Methode zu erhalten, und zwar durch die *Methode der unbestimmten Coeffizienten*. Es sei

$$\text{arctg } z = c_o + c_1 z + c_2 z^2 + c_3 z^3 + c_4 z^4 + \cdots ,$$

wobei wir also die Coeffizienten zu bestimmen haben. Differenziren wir, so ist:

$$\frac{d\,\text{arctg}\,z}{dz} = \frac{1}{1+z^2} = c_1 + 2c_2 z + 3c_3 z^2 + 4c_4 z^3 + \cdots .$$

Nun ist:

$$\frac{1}{1-x} = 1 + x + x^2 + x^3 + \cdots .$$

Für $\quad x = -z^2 \quad$ ergibt sich:

$$\frac{1}{1+z^2} = 1 - z^2 + z^4 - z^6 + \dots .$$

Es sollen also die beiden Reihen

$$c_1 + 2c_2 z + 3c_3 z^3 + 4c_4 z^3 + 5c_5 z^4 \dots$$

und

$$1 - z^2 + z^4 - z^6 + z^8 + \dots$$

gleich sein.

Für $\ z = 0\ $ ist $\ c_1 = 1$ . Subtraction von $\ c_1 = 1\ $ und Division durch $\ z\ $ gibt

$$2c_2 + 3c_3 z + 4c_4 z_2 + \dots = - z + z^3 - z^6 + z^8 + \dots$$

Für $\ z = 0\ $ ist $\ 2c_2 = 0$ . Wir können dieses Verfahren fortsetzen und bekommen also $\ c_1 = 1$ , $c_2 = 0$ , $c_3 = -\frac{1}{3}$ , $c_4 = 0$ , $c_5 = \frac{1}{5}$ , $c_6 = 0$ , $c_7 = -\frac{1}{7}$ , $\dots$ . Setzen wir diese Werthe in die ursprüngliche Gleichung ein, so bekommen wir:

$$\operatorname{arctg} z = \frac{z}{1} - \frac{z^3}{3} + \frac{z^5}{5} - \frac{z^7}{7} + \frac{z^9}{9} - \dots .$$

*Prüfung des Taylorschen Satzes*

Da die Schlüsse, die wir beim Taylorschen Satze angenommen haben, nicht bewiesen sind, so müssen wir die Richtigkeit derselben erst noch untersuchen, denn es könnten ja leicht die Schlüsse, die wir angenommen haben, nicht ganz genau sein. Wir haben geschrieben:

$$f(z) = f(a) + f'(a)\ \frac{z-a}{1} + \dots + f^{(n)}(a)\ \frac{(z-a)^n}{n!} + \dots .$$

Um nun zu zeigen, dass diese Reihe bis auf jede beliebige Grenze von Genauigkeit richtig ist, so müssen wir zeigen können, dass die Summe der $n$ ersten Glieder sich dem Werthe $f(z)$ unendlich nähert.

Ziehen wir die Reihe von $f(z)$ ab, so ergibt sich:

$$f(z) - f(a) - f'(a) \frac{z-a}{1} - f''(a) \frac{(z-a)^2}{2!} \ldots$$

$$- f^{(n)}(a) \frac{(z-a)^n}{n!} \quad .$$

Die Summe soll also kleiner gemacht werden können als jede noch so kleine Zahl. Nehmen wir nun an, es seien $a$ und $z$ zwei bestimmte Grössen, welche konstant seien, ferner variire zwischen diesen beiden eine dritte, $x$ . Ersetzen wir $a$ durch $x$ in dieser Reihe, so bekommen wir eine neue Funktion

$$f(z) - f(x) - f'(x) \frac{z-x}{1} \ldots f^{(n-1)}(x) \frac{(z-x)^{n-1}}{(n-1)!}$$

welche wir mit $\varphi(x)$ bzeichnen. Setzen wir $x = z$ , so wird $\varphi(x) = 0$ . Differenziren wir unsere Gleichung, so bekommen wir:

$$\frac{d\varphi(x)}{dx} = 0 - f'(x) - f''(x) \frac{z-x}{1} - f'''(x) \frac{(z-x)^2}{2!} -$$

$$\ldots - f^{(n)}(x) \frac{(z-x)^{n-1}}{(n-1)!} - \ldots + f'(x) +$$

$$+ f''(x) \frac{z-x}{1} + f'''(x) \frac{(z-x)^2}{2!} +$$

$$+ f^{(n-1)}(x) \frac{(z-x)^{n-2}}{(n-2)!} \quad .$$

Wie wir sehen, heben sich alle Glieder bis auf das Glied $-f^{(n)}(x)dx \frac{(z-x)^{n-1}}{(n-1)!}$ auf; es ist also:

$$\frac{d\varphi(x)}{dx} = - f^{(n)}(x) \frac{(z-x)^{n-1}}{(n-1)!} \quad .$$

Ich verwandle nun die Derivirte $\dfrac{d\varphi(x)}{dx}$ in ein Produkt, indem ich von $(z-x)^{n-1}$ den Faktor $(z-x)^{r-1}$ absondere:

$$\frac{d\varphi(x)}{dx} = - f^{(n)}(x)\, \frac{(z-x)^{n-r}}{(n-1)!}\, (z-x)^{r-1} \; .$$

Wir wollen $f^{(n)}(x)\, \dfrac{(z-x)^{n-r}}{(n-1)!}$ mit $\psi(x)$ bezeichnen, dann ist:

$$\frac{d\varphi(x)}{dx} = - \psi(x)(z-x)^{r-1} \; .$$

Wir stellen nun die Bedingung, dass die Funktion $\psi(x)$ für $x$ zwischen $a$ und $z$ nie unendlich gross werde, sondern immer eine endliche Grösse bleibe, dass ferner $\psi(x)$ sich stetig ändere. Der grösste Werth, den $\psi(x)$ erhalten kann, sei $M$ und der kleinste $N$ , es sei also: $M \geq \psi(x) \geq N$ . Wir wollen nun die Differenzen

$$\varphi(x) - M\frac{(z-x)^{r}}{r} \quad \text{und} \quad \varphi(x) - N\frac{(z-x)^{r}}{r} \quad \text{betrachten.}$$

Wir sehen, dass beide Funktionen für $x = z$ gleich $0$ sind. Die Derivirten von diesen Funktionen sind:

(1)    $-\psi(x)(z-x)^{r-1} + M(z-x)^{r-1}$ ,    denn

$$\frac{d\varphi(x)}{dx} = -\psi(x) \cdot (z-x)^{r-1} \quad \text{und}$$

(2)    $-\psi(x)(z-x)^{r-1} + N(z-x)^{r-1}$ ,    oder

(1)    $(z-x)^{r-1}(M-\psi(x))$    und

(2)    $(z-x)^{r-1}(N-\psi(x))$    .

In (1) bleibt der Faktor $M - \psi(x)$ immer positiv. In (2) ist der Faktor $N - \psi(x)$ immer negativ. Ebenso hat der Faktor $(z-x)^{r-1}$ , der in beiden Produkten gleich ist, immer das gleiche Zeichen, entweder immer positiv oder immer negativ. Wir haben nicht gesagt, welches von $a$ und $z$ das grössere sei. Ist $z$ der kleinere Werth und $a$ also der grössere, so ist $z - x$

immer negativ, da  x  zwischen  z  und  a  liegt. Folglich wird $(z-x)^{r-1}$  immer negativ [wenn  r  gerade, und immer positiv, wenn  r  ungerade ist]. Wäre hingegen  z  der grössere Werth und  a  der kleinere, so wäre  z - x  positiv, mithin auch $(z-x)^{r-1}$  positiv. Da die Derivirten von beiden Funktionen entgegengesetzte Zeichen haben und da beide Funktionen gleich  0 sind für  x = 0 , so geht daraus hervor, dass:

$$(1) \quad \varphi(x) - M\frac{(z-x)^r}{r} \quad \text{und} \quad \varphi(x) - N\frac{(z-x)^r}{r}$$

immer entgegengesetzte Zeichen erleiden. Setzen wir  x = a , so gilt dies auch für

$$(2) \quad \varphi(a) - M\frac{(z-a)^r}{r} \quad \text{und} \quad \varphi(a) - N\frac{(z-a)^r}{r} \quad .$$

Multipliziren wir (2) mit  $\dfrac{r}{(z-a)^r}$ , so haben  $\dfrac{\varphi(a)\cdot r}{(z-a)^r} - M$  und

$\dfrac{\varphi(a)\cdot r}{(z-a)^r} - N$  auch entgegengesetzte Zeichen.

Da  M > N , gilt aber

$$\frac{\varphi(a)\cdot r}{(z-a)^r} - M \quad < \quad \frac{\varphi(a)\cdot r}{(z-a)^r} - N \quad .$$

Also muss die linke Seite negativ und die rechte Seite positiv sein. So ist  $M > \dfrac{r\cdot\varphi(a)}{(z-a)^r} > N$ . Hieraus folgt jedenfalls, dass ein Werth zwischen  a  und  z  existirt für eine Abscisse, deren zugehörige Ordinate gleich  $\dfrac{r\cdot\varphi(a)}{(z-a)^r}$  ist. Diese Abscisse sei mit  $\mu$  bezeichnet:

$$\psi(\mu) = \frac{r\cdot\varphi(a)}{(z-a)^r} \quad \text{oder} \quad \varphi(a) = \psi(\mu)\,\frac{(z-a)^r}{r} \quad .$$

Hieraus folgt, dass:

$$f(z) - f(a) - f'(a)\,\frac{z-a}{1} - f''(a)\,\frac{(z-a)^2}{1\cdot 2} - \dots -$$

$$- f^{n-1}(a)\,\frac{(z-a)^{n-1}}{(n-1)!} = f^n(\mu)\,\frac{(z-\mu)^{n-r}}{(n-1)!}\,\frac{(z-a)^r}{r}$$

oder

$$f(z) = f(a) + f'(a)\,\frac{z-a}{1} + f''(a)\,\frac{(z-a)^2}{2} + \ldots +$$

$$+ f^n(a)\,\frac{(z-a)^{n-1}}{(n-1)!} + f^n(a)\,\frac{(z-\ )^{n-r}}{(n-1)!}\,\frac{(z-a)^r}{r}\ .$$

Der Wert $\mu$ liegt zwischen a und z , und r kann gleich 1, 2, ..., n sein.

Wenn wir in unserem Ausdruck r = n setzen, so bekommen wir für den Rest folgende Formel:

$$\varphi(a) = f^n(\mu)\,\frac{(z-a)^n}{n!}\ .$$

Diese Formel findet man oft in den Lehrbüchern.

Würden wir hingegen r = 1 setzen, so bekämen wir:

$$\varphi(a) = f^n(\mu)\,\frac{(z-\mu)^{n-1}}{(n-1)!}\,(z-a)\ .$$

*Anwendung auf die Reihe von* $e^z$ .

Es ist also nach unserem allgemeinen Beweise:

$$e^z = 1 + \frac{z}{1} + \frac{z^2}{1\,2} + \ldots + \frac{z^{n-1}}{(n-1)!} + e^\mu\,\frac{z^n}{n!}\ ,$$

wo also $e^\mu\,\dfrac{z^n}{n!}$ das Restglied ist.

Es ist nun zu zeigen, dass mit unendlich wachsendem n die Differenz zwischen den beiden Seiten unserer Gleichung so klein gemacht werden kann als man will. Es ist nun e höchstens gleich $e^z$ , mithin ist e eine endliche Grösse, da es ja auch $e^z$ ist.

Mag nun sein wie es will, so existirt doch immer eine ganze

Zahl $k$ , welche grösser ist als $z$ . Es ist also $\frac{z}{k} < 1$ oder ein echter Bruch. Statt $\frac{z^n}{n!}$ können wir auch schreiben:

$$\text{I)} \qquad \frac{z^n}{n!} = \frac{z^k}{k!} \; \frac{z^{n-k}}{(k+1)(k+r)\ldots n} \; ,$$

wo $k$ zwischen $1$ und $n$ liegen soll.

Es ist nun aber offenbar $\frac{z}{n} < \frac{z}{k}$ .

Also

$$\frac{z^{n-k}}{(k+1)\ldots n} \; < \; \left(\frac{z}{k}\right)^{n-k} \; .$$

Setzen wir nun statt $\frac{z^{n-k}}{(k+1)\ldots n}$ den Werth $\left(\frac{z}{k}\right)^{n-k}$ , der kleiner ist, in die Gleichung I) ein, so bekommen wir:

$$\text{II)} \qquad \frac{z^k}{k!} \cdot \frac{z^{n-k}}{(k+1)\ldots n} < \frac{z^k}{k!} \cdot \left(\frac{z}{k}\right)^{n-k} \; .$$

Mit wachsendem $n$ nimmt $\left(\frac{z}{k}\right)^{n-k}$ immer ab und wird für $n = \infty$ zu $0$ , so dass also $\frac{z^k}{k!} \cdot \left(\frac{z}{k}\right)^{n-k}$ zu Null wird, oder noch der Grösse $0$ unendlich nahe rückt. Folglich wird auch für $n = \infty$ $e^{\mu} \cdot \frac{z^n}{n!}$ zu Null, was zu beweisen war.

## § 13.  THEORIE DER IMAGINAEREN ODER COMPLEXEN ZAHLEN[*)]

In dieser Theorie wird ein neues Zeichen  "i"  eingeführt, für welches  $i^2 = -1$  oder  $i = \sqrt{-1}$  gelesen werden soll. Wir drücken nun durch  a+bi  alle Zahlen, imaginäre und reelle, aus. Wenn  b = 0  ist, so ist  a+bi = a , und  a  ist reell. Ist hingegen  $b \gtrless 0$ , so ist  a+bi  imaginär.  bi  ist ein Produkt von einem reellen und dem imaginären Faktor  i . Alle Zahlen von der Form  a+bi  heissen *complexe* Zahlen. Wir wollen sagen, es seien zwei Zahlen  a+bi  und  a'+b'i  gleich, wenn  a = a' und  b = b'  ist. Ist hingegen dieses nicht der Fall, so sollen sie ungleich heissen.

*Addition*

Addiren von complexen Zahlen heisst, aus zwei Zahlen eine dritte bilden, deren Bestandtheile aus der Summe der reellen Bestandtheile der beiden Summanden und aus der Summe der reellen Faktoren der beiden imaginären Bestandtheile multiplizirt mit dem imaginären Faktor zusammengesetzt sind. Es wären also:

$$(a+bi) + (a'+b'i) = (a+a') + (b+b')i .$$

*Subtraktion*

{Analoge Beschreibung wie bei der Addition.}

*Multiplikation*

$$(a+bi) \cdot (a'+b'i) = (aa'-bb') + (ab'+ba')i .$$

---

[*)] Für diesen ganzen Paragraphen wird auf die Ausführungen in der Einleitung hingewiesen.

Würden wir  b = b' = 0  auf beiden Seiten setzen, so bekämen
wir:

$$(a+0) \cdot (a'+0) = a \cdot a' - 0 + (0+0)i = aa' \,.$$

Es ist also unser Resultat richtig [für reelle Zahlen].


*Division*

Um zur Division überzugehen, benützen wir, dass
$(a'+b'i)(a'-b'i) = a'^2 + b'^2$ . Zwei Grössen, die die Beziehun-
gen zueinander haben, dass das Zeichen des imaginären Bestand-
theils entgegengesetzt ist, heissen *conjugirte complexe Zahlen*.
Es sind also  a+bi  und  a-bi  conjugirte complexe Zahlen. Es
ist das Produkt von zwei conjugirten Zahlen reell, wie wir ersehen können. Es ist also, wenn wir den Quotienten
(a+bi) : (a'+b'i)  im Zähler und Nenner mit  a'-b'i  multipliziren

$$\frac{a+bi}{a'+b'i} = \frac{(aa'+bb')+(ba'-ab')i}{a'^2+b'^2}$$

$$= \frac{aa'+bb'}{a'^2+b'^2} + \left(\frac{ba'-ab'}{a'^2+b'^2}\right)i \,.$$


*Graphische Darstellung der complexen Zahlen*

Man kann sich ein geometrisches Bild von diesen Zahlen geben,
wenn man in der Ebene ein rechtwinkliges Achsensystem annimmt.
Es sei  a+bi  eine complexe Zahl und es sei  m  der Punkt mit
Coordinaten  x = a  und  y = b . Wir verbinden nun  0  mit  m
und deuten die complexe Zahl  x+iy  geometrisch als die gerade
Linie  0m . Zwei gerade Linien heissen gleich, wenn sie sowohl
ihrer Richtung nach als auch der Länge nach gleich sind.

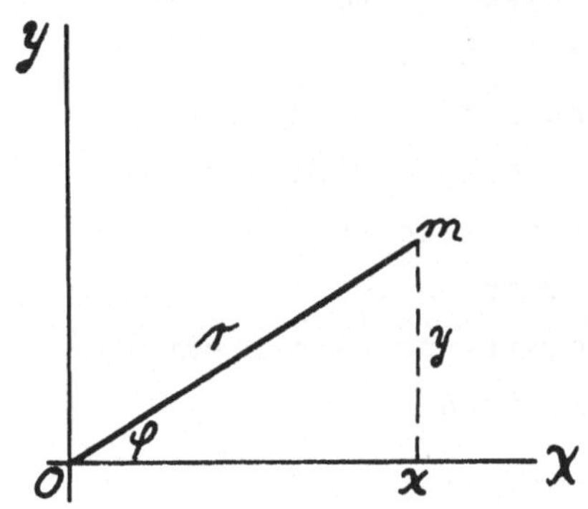 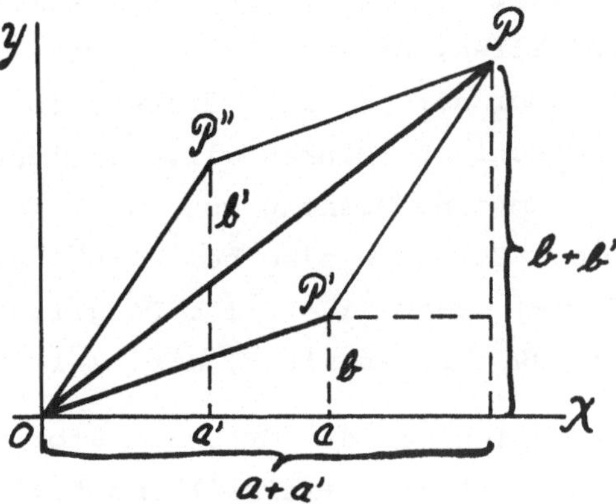

Wir wollen nur die geometrische Bedeutung der Summe complexer
Zahlen untersuchen.

Wenn  a,b  die Componenten einer Kraft  P'  sind und  a',b'
die Componenten einer Kraft  P" , so sind, wie aus der Mecha-
nik bekannt, die Summen der Componenten  a+a'  und  b+b'  die
Componenten der Resultirenden  P  unserer Kräfte  P'  und  P" .
Also können wir die Summe von complexen Zahlen geometrisch als
Resultirende von Kräften deuten.


*Multiplikation*

Wir bezeichnen die Länge der Strecke  om  mit  r . Also ist
$x+iy = r(\cos\varphi + ri\sin\varphi) = r(\cos\varphi + i\sin\varphi)$ . Es heisst nun  r  das
*Modul* von  x+iy . Der Winkel  $\varphi$  heisst das *Argument*. Es sind
hier  x  und  y  die rechtwinkligen Coordinaten,  r  und  $\varphi$
die *Polarcoordinaten*. Betrachten wir die Figur, so ist
$r = \sqrt{x^2+y^2}$  und wegen  $x = r\cos\varphi$  folgt  $\cos\varphi = \dfrac{x}{\sqrt{x^2+y^2}}$  und
ebenso  $\sin\varphi = \dfrac{y}{\sqrt{x^2+y^2}}$ .

Es fragt sich nun, was für eine Aenderung erleidet die complexe Zahl  x+iy , wenn wir den Punkt  m  um  $180^{\circ}$  drehen. Offen-

bar wird  $z = x+iy$  zu  $-z$ . Wir müssen also  $z$  mit  $-1$  multipliziren, um eine Drehung von  $180^{\circ}$  zu erhalten. Wollten wir aber nur um  $90^{\circ}$  drehen, so fragt es sich, was dann mit  $z$  geschieht. Denken wir, wir müssten  $z$  mit  $\alpha$  multipliziren, um eine Drehung von  $90^{\circ}$  zu erhalten, also um  $180^{\circ}$  mit  $\alpha \cdot \alpha$ . Es würde also bei  $180^{\circ}$  sich ergeben  $a^2 \cdot z = -z$  oder  $\alpha^2 = -1$  oder  $\alpha = \sqrt{-1}$ . Folglich müssen wir, um eine Drehung von  $90^{\circ}$  zu erhalten, mit  $\sqrt{-1}$  multipliziren.

Wir wollen nun die Grössen  $a+bi = r(\cos\varphi+i\sin\varphi)$  und  $a'+b' = r'(\cos\varphi'+i\sin\varphi')$  multipliziren. Es ergibt sich

$$(a+bi)(a'+b'i) = rr'\cos\varphi\cos\varphi' - \sin\varphi\sin\varphi' + i(\cos\varphi\sin\varphi'+\sin\varphi\cos\varphi') =$$

$$= rr'(\cos(\varphi+\varphi')+i\sin(\varphi+\varphi')) \ .$$

Es ist also das Produkt von zwei complexen Grössen das Produkt der Moduln mal "dem  cos  der Summe der Winkel  plus  dem  sin  der Summe der Winkel, multiplizirt mit  i ". So ist der Modul des Produktes nichts anderes als das Produkt der beiden Moduln und das Argument die Summe der zwei Argumente. Um unser Produkt geometrisch darzustellen, müssen wir also den Winkel  $\varphi+\varphi'$  auftragen und den Modul gleich  $r \cdot r'$  machen, d.h. den Leitstrahl gleich  $r \cdot r'$ . Setzen wir  $r = r' = 1$ , so reduziren sich unsere Faktoren auf  $\cos \varphi + i\sin \varphi$  und  $\cos \varphi' + i\sin \varphi'$ . Denken wir uns, es seien  $n$  Winkel gegeben, die alle einander gleich seien, so hätten wir

$$(\cos\varphi + i\sin\varphi)^n = \cos(n\varphi) + i\sin(n\varphi) \ .$$

Das ist die sogenannte Moivresche Formel. Dieser Satz gilt auch für negative Werthe von  $n$ .

*Beweis*

Es ist  $(\cos\varphi+i\sin\varphi)^{-n} = \dfrac{1}{(\cos\varphi+i\sin\varphi)^n}$ . Mit  $(\cos\varphi-i\sin\varphi)^n$

multiplizirt, gibt $(\frac{\cos\varphi - i\sin\varphi}{1})$ . Nun ist $-\sin\varphi = \sin(-\varphi)$
und $\cos\varphi = \cos(-\varphi)$ . Folglich ist: $\frac{(\cos\varphi - i\sin\varphi)^n}{1} =$
$(\cos(-\varphi) + i\sin(-\varphi))^n$ oder $= \cos(-n\varphi) + i\sin(-n\varphi)$ w.z.b.w.


*Beispiel 1*


Es soll die Gleichung $z^n = 1$ aufgelöst werden. Es sei
$z = r(\cos\varphi + i\sin\varphi)$ , also $z^n = r^n(\cos(n\varphi) + i\sin(n\varphi) = 1$ . Es
kann nur $r^n = 1$ oder $r = 1$ sein, und $\cos(n\varphi) + i\sin(n\varphi) = 1$ ,
das heisst es muss $\cos(n\varphi) = 1$ und $\sin(n\varphi) = 0$ , welche beiden Bedingungen auseinander hervorgehen, da wenn der $\cos = 1$
ist, der $\sin = 0$ ist. Nun ist aber $\cos(n\varphi)$ nur bei $2h\pi$
gleich $1$ , wo $h$ eine beliebige ganze Zahl ist, es muss also
$r = 1$ und $n\varphi = 2h\pi$ sein, oder $\varphi = \frac{2h\pi}{n}$ . Es ist also:

$$z = \cos\frac{2h\pi}{n} + i\sin\frac{2h\pi}{n} \quad .$$

Wir können nun also diese Werthe von $z$ erhalten, wenn wir für
$h$ alle Werthe bis $n$ einsetzen. Für $h = 1$ ist $\varphi = \frac{2\pi}{n}$ , für
$h = 2$ ist $\varphi = \frac{4\pi}{n}$ und $h = (n-1)$ gibt $\varphi = \frac{(n-1)\,2\pi}{n}$ . Setzen
wir $h = n$ , so bekommen wir den Winkel $0°$ oder eigentlich
$360°$ . Für $h = n+1$ erhalten wir den gleichen Punkt wie für
$h = 1$ . Es wiederholt sich also das Gleiche im Multiplum von
$n$ . So bekommen wir $n$ Punkte, und zwar liegen alle auf der
Peripherie des Kreises von Radius $1$ .


*Beispiel 2*


Es sollen die Wurzeln der Gleichung $z^3 = 1$ gesucht werden.
Eine Wurzel von $z^3 = 1$ ist jedenfalls $1$ . Statt $z^3 - 1$
kann ich auch schreiben: $(z-1)(z^2-z+1)$ . Das Produkt besteht
aus einem linearen Faktor und einem quadratischen Faktor. Wir
müssen also den quadratischen Faktor auflösen:

$$(z^2+z+1) = \left(z + \frac{1}{2}\right)^2 + \frac{3}{4} = \left(z + \frac{1}{2} + \frac{i\sqrt{3}}{2}\right)\left(z + \frac{1}{2} - \frac{i\sqrt{3}}{2}\right) \ .$$

Es sind also die Wurzeln:

$$z' = 1 \ , \quad z'' = \frac{1+i\sqrt{3}}{2} \quad \text{und} \quad z''' = \frac{-1-i\sqrt{3}}{2} \ .$$

Bei dem vorigen Beispiel wäre also  n = 3  zu setzen, um unsere Gleichung zu erhalten. Wir setzen  h = 0,1,2  in die Formel $z = \cos \frac{2h\pi}{3} + i \sin \frac{2h\pi}{3}$ . Dies gibt

$$h = 0 : \quad \cos 0\,\frac{2\pi}{3} + i \sin 0\,\frac{2\pi}{3} = 1 = z'$$

$$h = 1 : \quad \cos \frac{2\pi}{3} + i \sin \frac{2\pi}{3} = -\frac{1}{2} + i\,\frac{\sqrt{3}}{2} = z''$$

$$h = 2 : \quad \cos \frac{4\pi}{3} + i \sin \frac{4\pi}{3} = -\frac{1}{2} - i\,\frac{\sqrt{3}}{2} = z''' \ .$$

[§ 14.  VERAENDERLICHE COMPLEXE GROESSEN]

Wenn wir eine Grösse  x+iy = z  haben, wo  x  und  y  veränderliche Grössen sind, so wird also der dargestellte Punkt veränderlich sein. Es sei  nun  C = A+Bi  Grenzwert von  z = x+iy , so muss der Modul des Unterschiedes von  x+iy  und  A+Bi  unendlich klein werden, wenn wir  x+iy  und  A+Bi  einander sehr nahe rücken lassen. Der Modul des Unterschiedes  z-C  ist $\sqrt{(A-x)^2 + (B-y)^2}$ .

Das geometrische Bild von dem Modul ist nichts anderes als der positive Wert der Distanz der beiden Punkte  x+iy  und  A+Bi. Lassen wir also  z  und  C  unendlich nahe rücken, so muss offenbar der Modul auch unendlich klein werden. Es wird sich also der Wert von  x  dem  A  und der Wert von  y  dem  B  nähern, so dass  lim x = A , lim y = B  gelten, wenn  lim z = C .

Wir betrachten nun eine Reihe von complexen Grössen

$$C = c_o + c_1 + c_2 + c_3 + c_4 + c_5 + \ldots ,$$

wo $C$ die Summe bedeutet. Dann ist, wenn $c_o, c_1, c_2$ etc. lauter complexe Zahlen bedeuten:

$$c_o = a_o + b_o i \ , \ c_1 = a_1 + b_1 i \ , \ c_2 = a_2 + b_2 i \ , \ \ldots .$$

Wir bezeichnen mit $S_n$ die Summe $c_o + c_1 + \ldots + c_n$ , also

$$S_n = (a_o + b_o i) + (a_i + b_1 i) + \ldots + (a_n + b_n i) \ .$$

Jedenfalls wird $S_n$ von $n$ abhängen. Nehmen wir an, $S_n$ habe den Grenzwerth $A + Bi$ . So ist also: $\lim S_n = A + Bi$ . Die Summe der reellen Bestandtheile von $S_n$ ist

$$(a_o + a_1 + a_2 + a_3 + a_4 + a_5 + \ldots) \ .$$

Der imaginäre Bestandtheil ist

$$(b_o + b_1 + b_2 + b_3 + b_4 + b_5 + \ldots) \cdot i \ .$$

Folglich ist

$$\lim (a_o + a_1 + a_2 + a_3 + \ldots) = A \quad \text{und}$$

$$\lim (b_o + b_1 + b_2 + b_3 + \ldots) = B \ .$$

Wir betrachten die Reihe

$$1 + z + z^2 + z^3 + \ldots + z^n + \ldots ,$$

wo $z$ eine complexe Grösse ist. Um die Konvergenz von der Reihe zu suchen, addiren wir die ersten $n$ Glieder, also

$$1 + z + z^2 + z^3 + z^4 + \ldots + z^n ,$$

dies ist gleich $\dfrac{1-z^n}{1-z}$ . Es ist aber $z^n = r^n(\cos n\varphi + i\sin n\varphi)$.
Ist $r > 1$ , so hat $r^n$ keinen Grenzwerth, und ist $r < 1$ ,
so nähert sich $r^n$ mit wachsendem $n$ dem Werthe $0$ . Mithin
$\lim z^n = 0$ . Folglich ist:

$$\frac{1}{1-z} = 1 + z + z^2 + z^3 + \dots ,$$

falls der Modul von $z$ kleiner als $1$ ist. Diese Gleichung
enthält nun zwei Sätze, denn: Setzen wir $z = r(\cos\varphi + i\sin\varphi)$ ,
so ist:

$$\frac{1}{1-r(\cos\varphi+i\sin\varphi)} = 1 + r(\cos\varphi+i\sin\varphi) + r^2(\cos\varphi+i\sin\varphi)^2 + \dots$$

Wir multipliziren bei der linken Seite Nenner und Zähler mit
der Summe $(1-r\cos\varphi) + i(r\sin\varphi)$ , deren Differenz wir im Nenner haben. Es ergibt sich

$$\frac{1-r\cos\varphi\pm i r\sin\varphi}{(1-r\cos\varphi)^2+r^2\sin\varphi^2} = \frac{1-r\cos\varphi+i r\sin\varphi}{1-2r\cos\varphi+r^2\cos\varphi^2+r^2\sin\varphi^2} =$$

$$= \frac{1-r\cos\varphi+i r\sin\varphi}{1-2r\cos\varphi+r^2} = 1 + r\cos\varphi + i r\sin\varphi + r^2\cos^2\varphi +$$

$$+ i r^2\sin^2\varphi + \dots .$$

Der reelle Theil ist nun gleich der Summe der reellen Glieder
und der imaginäre Theil ist gleich der Summe der imaginären
Glieder. Im ersten Fall erhalten wir

$$\frac{1-r\cos\varphi}{1-2r\cos\varphi+r^2} = 1 + r\cos\varphi + r^2\cos 2\varphi + r^3\cos 3\varphi + \dots$$

und im zweiten

$$\frac{r\sin\varphi}{1-2r\cos\varphi+r^2} = r\sin\varphi + r^2\sin 2\varphi + r^3\sin 3\varphi + \dots .$$

Wenn man die folgende Reihe hat

$$c_0 + c_1 + c_2 + c_3 + \ldots \ ,$$

so seien die Moduln der Grössen $c_0, c_1, c_2, \ldots,$ die Zahlen $r_0, r_1, r_2, \ldots$ . Wir behaupten nun, dass, wenn die Reihe der Moduln konvergirt, auch die Reihe der komplexen Grössen selbst konvergirt. Es sei $c_0 = a_0 + b_0 i$ , $c_1 = a_1 + b_1 i,$ $\ldots,$ $c_n = a_n + b_n i$ . Dann ist $r_0 = \sqrt{a_0^2 + b_0^2}$ , $r_1 = \sqrt{a_1^2 + b_1^2}$ , $r_n = \sqrt{a_n^2 + b_n^2}$ . Dann ist $a_0 \leqq r_0$ und $b_0 \leqq r_0$ , denn $a_0$ und $b_0$ sind Katheten in einem rechtwinkligen Dreieck, dessen Hypotenuse gleich $r_0$ ist. Setzen wir nun an die Stelle des Moduln $r_0, r_1, \ldots, r_n,$ $\ldots$ die Grössen $a_0, a_1, \ldots a_n, \ldots,$ die kleiner sind, so konvergirt diese Reihe offenbar mehr als die Reihe der Moduln, und ebenso konvergirt die Reihe $b_0 + b_1 + b_2 + b_3 \ldots$ , was wir zu beweisen hatten.

Wir betrachten jetzt die Reihen:

1) $\qquad 1 + \dfrac{z}{1} + \dfrac{z^2}{2!} + \dfrac{z^3}{3!} + \ldots + \dfrac{z^n}{n!} + \ldots$

2) $\qquad 1 - \dfrac{z^2}{2!} + \dfrac{z^4}{4!} - + \ldots (-1)^n \dfrac{z^{2n}}{(2n)!} \ldots$

3) $\qquad \dfrac{z}{1} - \dfrac{z^3}{3!} + \dfrac{z^5}{5!} - + \ldots (-1)^n \dfrac{z^{2n+1}}{(2n+1)!} \ldots$ .

Wie wir gesehen haben, ist die Reihe (1) nichts anders als die Reihe von $e^z$ , ferner die Reihe (2) die von $\cos z$ und die Reihe (3) die von $\sin z$ , wenn $z$ reell ist. Ich will aber nun nicht bedingen, dass $z$ reell sei, sondern es kann auch complex werden. Um nun die Konvergenz von diesen drei Reihen nachzuweisen, muss ich nur die Konvergenz der Moduln darthun. Die Reihe der Moduln der ersten Reihe ist

$$1 + \frac{r}{1} + \frac{r^2}{2!} + \frac{r^3}{3!} + \frac{r^4}{4!} + \ldots \ .$$

Dies ist nun die Reihe von $e^r$ , und diese ist konvergent.

Folglich ist die Reihe von $e^z$ um so mehr konvergent nach dem vorigen Satz. Auf gleiche Weise würden wir die Konvergenz der beiden andern Reihen nachweisen.

Ich verstehe nun unter $e^z$ nicht mehr eine wahre Potenz von e , sondern den Werth, der durch unsere Reihe ausgedrückt wird, also:

$$e^z = 1 + \frac{z}{1} + \frac{z^2}{2!} + \frac{z^3}{3!} + \ldots \; .$$

[Analog für cos z und sin z :]

$$\cos z = 1 - \frac{z^2}{2!} + \frac{z^4}{4!} - \frac{z^6}{6!} + \ldots$$

$$\sin z = \frac{z}{1} - \frac{z^3}{3!} + \frac{z^5}{5!} - \frac{z^7}{z!} + \ldots$$

Es fragt sich nun, ob diese Definitionen sich als zweckmässig bewähren und was für Bedingungen sie nach sich ziehen.

Denken wir uns einmal $\alpha$ für z gesetzt und ein andermal $\beta$ , so müssen wir sehen, ob dann die neue Form der Reihe [für $e^z$], die wir erhalten, wenn wir diese beiden Reihen multipliziren, identisch ist mit der ursprünglichen, das heisst, dass dann an der Stelle von z die Summe $\alpha + \beta$ ist.

Setzen wir also für z $\alpha$ und $\beta$ , so ist:

$$e^\alpha = 1 + \frac{\alpha}{1} + \frac{\alpha^2}{2!} + \frac{\alpha^3}{3!} + \ldots + \frac{\alpha^n}{n!} + \ldots$$

$$e^\beta = 1 + \frac{\beta}{1} + \frac{\beta^2}{2!} + \frac{\beta^3}{3!} + \ldots + \frac{\beta^n}{n!} + \ldots \; .$$

Multipliziren wir beide Reihen, so ist:

$$e^\alpha \cdot e^\beta = 1 + \frac{\alpha+\beta}{1} + \left( \frac{\alpha^2}{2} + \frac{\alpha \cdot \beta}{1} + \frac{\beta^2}{2} \right) +$$

$$+ \frac{\alpha^3}{3!} + \frac{\alpha^2\beta}{2} + \frac{\alpha\beta^2}{2} + \frac{\beta^3}{3!} + \ldots \; .$$

Setzen wir im dritten Glied den Faktor $1/2$ heraus, so ist

$$(\frac{\alpha^2}{2} + \frac{\alpha \cdot \beta}{1} + \frac{\beta^2}{2} = \frac{1}{2!} \, (\alpha^2 + 2\alpha\beta + \beta^2) = \frac{1}{2!} \, (\alpha+\beta)^2 \, .$$

Beim vierten Glied ergibt sich auf die gleiche Weise

$$\frac{1}{3!} \, (\alpha^3 + 3\alpha^2\beta + 3\beta^2\alpha + \beta^3) = \frac{1}{3!} \, (\alpha+\beta)^3 \, . \text{ Also:}$$

$$e^{\alpha} \cdot e^{\beta} = 1 + \frac{\alpha+\beta}{1} + \frac{(\alpha+\beta)^2}{2!} + \frac{(\alpha+\beta)^3}{3!} + \ldots \, .$$

Wir bekommen den Satz, dass $e^{\alpha} \cdot e^{\beta} = e^{\alpha+\beta}$ sei, es hat also unsere Reihe ganz die Eigenschaften einer Potenz.

Wir wollen nun zeigen, dass wir die Reihen für cos z und sin z {auf Exponentialfunktionen} zurückführen können.

Setzen wir einmal in unsere Reihe für $e^{z}$ statt z "zi" , so ist

$$e^{zi} = 1 + \frac{zi}{1} + \frac{(zi)^2}{2!} + \frac{(zi)^3}{3!} + \ldots \, .$$

Wir haben nun aber die Potenzen von i zu entwickeln, also:

$$i^0 = 1 \, , \, i^1 = i \, , \, i^2 = -1 \, , \, i^3 = -i \, , \, i^4 = +1 \, .$$

Von hier geht es wieder von vorne an.

Also:

$$e^{zi} = 1 + \frac{z}{1}i - \frac{z^2}{2!} - \frac{z^3}{3!}i + \frac{z^4}{4!} + \frac{z^5}{5!}i + \ldots \, .$$

Es sind alle Glieder, deren Exponent von z durch 4 getheilt den Rest 0 und 1 lassen, positiv, und alle Glieder, deren Exponent von z durch 4 getheilt den Rest 2 und 3 haben, negativ. Stellen wir nun alle Glieder, deren Exponent von z gerade ist, zusammen, und alle Glieder von ungeraden Potenzen von  z , so ist:

$$e^{zi} = (1 - \frac{z}{2!} + \frac{z^4}{4!} - \frac{z^6}{6!} + \ldots ) +$$

$$+ (+ \frac{z}{1} - \frac{z^3}{3!} + \frac{z^5}{5!} - \ldots )i \quad .$$

Die untere Hälfte ist nichts anders als  sin z , und das Ganze

$$(1) \qquad e^{zi} = \cos z + i \sin z \quad .$$

Setzen wir  z = -z , so ist  $e^{zi} = e^{-zi}$ . Dadurch ändert aber
cos z  das Zeichen nicht, denn  cos(-z) = cos z , ferner ändert
aber  sin z  das Zeichen, da  sin(-z) = -sin z  ist, folglich

$$(2) \qquad e^{-zi} = \cos z - i \sin z \quad .$$

Durch Addition von  (1)  und  (2)  erhalten wir:

$$2\cos z = e^{zi} + e^{-zi} \quad , \quad \cos z = \frac{1}{2}(e^{zi} + e^{-zi}) \quad .$$

Subtrahiren wir (2) von (1), so ist:

$$2\sin z = e^{zi} - e^{-zi} \quad , \quad \sin z = \frac{1}{2i}(e^{zi} - e^{-zi}) \quad .$$

Durch Multiplikation von Gleichungen (2) und (1) ergibt sich

$$e^{zi} \cdot e^{-zi} = \cos^2 z - (-1)\sin^2 z$$

$$e^{zi} \cdot e^{-zi} = \cos^2 z + \sin^2 z = e^{0} = 1 \quad , \text{ also}$$

$$1 = \cos^2 z + \sin^2 z \quad .$$

Es bestätigt sich also die Richtigkeit unserer Reihe.

Da  $e^{zi} = \cos z + i \sin z$  ist und  $a+bi = r(\cos\varphi + i\sin\varphi)$ , so
ist auch, wenn wir  $\varphi$  statt  z  setzen:

$$a+bi = re^{\varphi i} .$$

Durch Multiplikation von  $a+bi = re^{\varphi i}$  und  $a'+b'i = r'e^{\varphi'i}$  folgt

$$(a+bi)(a'+b'i) = rr'e^{(\varphi+\varphi')i} .$$

Es müssen also wieder, um das Produkt darzustellen, die Moduln multiplizirt werden und die Argumente addirt werden.


*Logarithmische Werthe*

Man versteht unter einem natürlichen Logarithmus von  $z$  eine Grösse  $w$ , die der Exponent von der Zahl  $e$  ist, und zwar so, dass also

$$e^w = z \text{ sei, oder } e^{\log z} = z .$$

Es zeigt sich aber, dass es nicht nur einen Logarithmus von  $z$  gibt, sondern unendlich viele. Es sei  $z = r(\cos\varphi+i\sin\varphi)$  und  $w = u+vi$ . Da  $e^w = z$  ist, so ist

$$e^{u+vi} = r(\cos\varphi+i\sin\varphi)$$

$$e^u \cdot e^{vi} = r(\cos\varphi+i\sin\varphi)$$

$$e^u \cdot e^{vi} = e^u(\cos v+i\sin v)$$

$$e^u(\cos v+i\sin v) = r(\cos\varphi+i\sin\varphi) .$$

Hieraus folgt, dass  $e^u = r$  oder  $\log r = u$ , wo nämlich $\log r$  den einzigen [reellen] Logarithmus von  $r$  bedeuten soll. $v$  und  $\varphi$  sind die Neigungen der Moduln. Damit nun aber  $\cos \varphi$ und  $\cos v$ , ferner $\sin \varphi$  und  $\sin v$  übereinstimmen, muss $v = \varphi$  oder höchsten kann  $v$  um ein Multiplum von  $2\pi$  ver-

schieden von  $\varphi$  sein, denn bloss bei  $\varphi + 2\pi$  oder  $\varphi + 4\pi$
etc. können die Sinusse und Cosinusse gleich sein. Es ist also
v = $\varphi$ + 2h$\pi$ , wo  h  eine beliebige ganze Zahl ist;  v  kann
unendlich viele Werthe haben. So ist

$$\log z = \log r + i(\varphi+2h\pi) ,$$

wo  r  der Modul und  $\varphi$  das Argument von  z  ist.

Wir wollen nun untersuchen, wie sich  log z  ändert, wenn  z
um  2$\pi$  gedreht wird:

Es ist nun an der Stelle  $\varphi = 0$ : log z = log r  [wenn  h = 0]
und an der Stelle  $\varphi = 2\pi$ : log z = log r + 2$\pi$i , an der Stelle
4$\pi$  log z = log r + 4$\pi$i . So bekommen wir für  log z  unendlich
viele Werthe. Durchläuft dagegen  z  eine geschlossene Curve,
die nicht um den Nullpunkt geht, so ändert sich der Logarithmus von  z  nicht.[*)]

Nehmen wir an, wir hätten:

$$\log(a+bi) = \log r + i(\varphi+2h\pi) \quad \text{und}$$

$$\log(a-bi) = \log r + i(-\varphi+2h'\pi) .$$

Dann ist

$$\log \left(\frac{a+bi}{a-bi}\right) = i(2\varphi+2(h-h')\pi) .$$

Mit  2i  dividirt und  h - h'  mit  K  bezeichnet, gibt:

_______________

[*)] Dedekind hatte in seiner Göttinger Zeit bei Riemann die
Grundlagen der Funktionentheorie und der Riemannschen Flächen kennengelernt.

$$\frac{1}{2i} \log\left(\frac{a+bi}{a-bi}\right) = \varphi + K\pi = \text{arctg } \frac{b}{a} \ ,$$

denn $\varphi + K\pi$ ist der Bogen, dessen $\text{tg} = \frac{b}{a}$ ist. $\frac{b}{a}$ mit bezeichnet, gibt:

$$\frac{1}{2i} \log\left(\frac{1+\alpha i}{1-\alpha i}\right) = \text{arctg } \alpha \ .$$

Wir wollen nun dies mit den Reihen $\frac{1}{2} \log\left(\frac{1+h}{1-h}\right)$ vergleichen; es war nämlich:

$$\frac{1}{2} \log\left(\frac{1+h}{1-h}\right) = \frac{h}{1} + \frac{h^3}{3} + \frac{h^5}{5} + \ldots \ .$$

$h = \alpha i$ gesetzt und durch $i$ dividirt, gibt:

$$\frac{1}{2i} \log\left(\frac{1+\alpha i}{1-\alpha i}\right) = \frac{\alpha}{1} + \frac{\alpha^3 i^2}{3} + \frac{\alpha^5 i^4}{5} + \ldots \ .$$

Die Potenzen von $i$ fallen nun weg, und zwar werden dadurch die Zeichen der Glieder abwechselnd positiv und negativ, folglich ist:

$$\text{arctg } \alpha = \frac{\alpha}{1} - \frac{\alpha^3}{3} + \frac{\alpha^5}{5} - \frac{\alpha^7}{7} + \ldots \ ,$$

wie früher gesehen.

Wir wollen nun das Differential von $e^z$ suchen. Es soll $w = e^z$ bezeichnen. Um also zu differenziren, lassen wir $z$ um $h$ ändern. Es sei alsdann $w' = e^{z+h}$ und $w' - w =$
$= e^{z+h} - e^z = e^z(e^h-1)$ .

Bezeichnen wir $w' - w$ mit $K$ , so ist:

$$\frac{K}{h} = e^z \cdot \frac{e^h-1}{h} \ .$$

Es ist nun:

$$e^h = 1 + \frac{h}{1} + \frac{h^2}{2!} + \frac{h^3}{3!} + \ldots \ .$$

$$\frac{e^h - 1}{h} = \frac{1}{1} + \frac{h}{2!} + \frac{h^2}{3!} + \dots \quad .$$

Lassen wir  $h$  sehr klein werden, so wird  $\lim \dfrac{e^h - 1}{h} = 1$ .

Folglich ist  $d(e^z) = e^z \, dz$ .

## § 15.  VERSCHIEDENE ANWENDUNGEN DES TAYLORSCHEN SATZES

Wir wollen Sätze über Wachsen und Abnehmen von Funktionen aus dem Taylorschen Satz ableiten.

Wir haben

$$f(x+h) = f(x) + f'(x)\,\frac{h}{1} + f''(x)\,\frac{h^2}{2!} + \dots$$

$$\dots\, f^n(x)\,\frac{h^n}{n!} + f^n(\mu)\,\frac{h^n}{n!} \quad ,$$

wobei  $\mu$  zwischen  $x$  und  $x+h$  liegt,  $n = 1$  gesetzt gibt

$$f(x+h) = f(x) + f'(\mu)h \quad , \quad f'(\mu) = \frac{f(x+h) - f(x)}{h} \quad .$$

Also hat die Tangente an dieser Stelle  $\mu$  die gleiche Richtung wie die Sekante durch  $f(x)$  und  $f(x+h)$ .[*]

---

[*] Der "Mittelwertsatz" tritt hier als spezieller Fall der Taylorschen Entwicklung, und nicht, wie in den späteren Lehrbüchern, als Vorbereitung für die Herleitung der Taylorschen Entwicklung, auf.

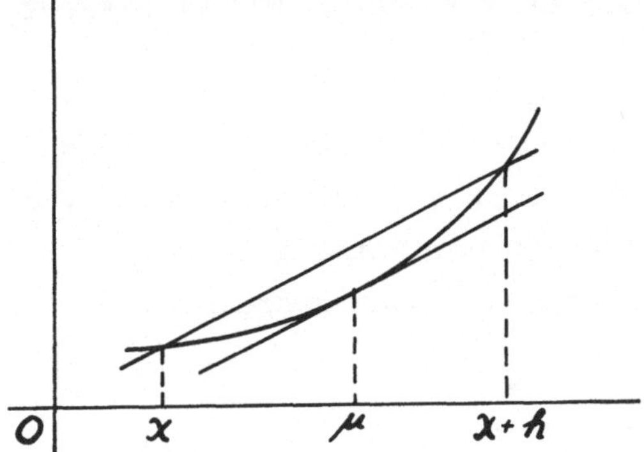

Wir wollen nun annehmen, dass die Derivirte auf beiden Seiten
der Stelle  x  wenigstens in der nächsten Nähe positiv sei.
Dann ist aber gewiss auch  $f'(\mu)$  positiv, da ja  $\mu$  zwischen
x  und  x+h  liegt. So nimmt  f(x)  zu, wenn  x  zunimmt. Ist
hingegen die Derivirte auf beiden Seiten negativ, so ist
$f'(\mu)$  auch negativ, und  f(x)  nimmt ab, wenn  x  zunimmt.

Wenn mehrere Derivirten gleich  0  sind, zum Beispiel

$$f'(x) = 0 \ , \ f''(x) = 0 \ , \ f'''(x) = 0 \ldots f^n(x) \gtrless 0 \ ,$$

so kann ich schreiben:

$$f(x+h) = f(x) + f^n(\mu) \frac{h^n}{n!} \ .$$

$$K = f(x+h) - f(x) = f^n(\mu) \frac{h^n}{n!} \ .$$

Ist nun  n  ungerade, so wechselt  K  das Zeichen in  x  und
f  hat weder Maximum noch Minimum. Ist hingegen  n  gerade und
$f^{(n)}(x)$  positiv, so ist  K  positiv, und es findet also ein
Minimum statt. Für  n  gerade und  $f^{(n)}(x)$  negativ ist  K
negativ, und es findet ein Maximum statt.

## § 16.  AUFSUCHUNG DER GRENZWERTHE MITTELST DIFFERENTIAL-RECHNUNG

Nehmen wir an, wir haben einen Bruch $\dfrac{f(x)}{\varphi(x)}$ . Wenn nun beide Funktionen an der Stelle  $x = a$  zu Null werden, dann erscheint unser Quotient in der Form  $\dfrac{0}{0}$ . Da nun  $f(a) = 0$  und  $\varphi(a) = 0$  ist, so können wir auch schreiben:

$$\frac{f(x)}{\varphi(x)} = \frac{f(x) - f(a)}{\varphi(x) - \varphi(a)} \; .$$

Setzen wir nun für  $x$   $a+h$ , wo  $h$  eine kleine Grösse bezeichnet, so ist:

$$\frac{f(x)}{\varphi(x)} = \frac{f(a+h) - f(a)}{\varphi(a+h) - \varphi(a)} = \frac{\dfrac{f(a+h) - f(a)}{h}}{\dfrac{\varphi(a+h) - \varphi(a)}{h}} \; .$$

Der Grenzwerth vom Zähler an der Stelle  $x = a$  ist also  $f'(a)$  und der Grenzwerth vom Nenner ist für  $x = a$   $\varphi'(a)$ , folglich ist:

$$\lim_{x=a} \frac{f(x)}{\varphi(x)} = \frac{f'(a)}{\varphi'(a)} \; .$$

Um also den Grenzwerth eines Bruches, der in der Form  $\dfrac{0}{0}$  auftritt, zu bestimmen, hat man Zähler und Nenner zu differenziren und dann für  $x$  den Werth  $a$  einzusetzen. (Man soll nicht etwa den Quotienten differenziren, sondern Zähler und Nenner für sich.)

*Beispiele*

1)  Es sei zu untersuchen  $\dfrac{\sin x}{x}$ . Für  $x = 0$  ist  $\dfrac{\sin 0}{0} = \dfrac{0}{0}$ .
    Ich muss also den Zähler und Nenner differenziren:
    $\sin'(x) = \cos x$ .. Setzen wir  0  für  $x$ , so ist
    $\lim \dfrac{\sin x}{x} = \dfrac{\cos 0}{1} = 1$ .

2) $\dfrac{B^x-1}{x}$ ; Zähler und Nenner differenzirt gibt $\dfrac{B^x \log B}{1}$ .

Für $x = 0$ bekommen wir $\log B$ , folglich ist $\lim \dfrac{B^x-1}{1} =$

$= \log B$ .

3) $\dfrac{B^x-1}{\sin x}$ ; Nenner und Zähler differenzirt gibt

$$\lim \frac{B^x-1}{\sin x} = \log B .$$

Wäre nicht nur $f(x) = 0$ und $\varphi(x) = 0$ an einer Stelle $x = a$ , sondern auch: $f'(a) = 0$ , $\varphi'(a) = 0$ , $\varphi''(a) = 0$ , $f''(a) = 0$ ... $f^n(a) = 0$ , $\varphi^n(a) = 0$ , so ist:

$$f(a+h) = f^n(\mu) \frac{h^n}{n!} , \quad \varphi(a+h) = \varphi^n(\mu') \frac{h^n}{n!} ,$$

$$\frac{f(a+h)}{\varphi(a+h)} = \frac{f^n(\mu)}{\varphi^n(\mu')} .$$

Setzen wir nun $h = 0$ , so müssen nothwendig $\mu$ und $\mu'$ gleich $a$ sein; denn $\mu$ und $\mu'$ liegen zwischen $a$ und $a+h$ . Also gilt

$$\lim \frac{f(a+h)}{\varphi(a+h)} = \frac{f^n(a)}{\varphi^n(a)} .$$

*Beispiel*

$$\lim \frac{B^x-1-x\log B}{\cos x-1} = \quad ?$$

Um dieses zu finden, differenziren wir und finden zuerst

$$\frac{B^x \log B - \log B}{-\sin x} .$$

Das zweite Differential ist

$$\frac{B^x (\log B)^2}{-\cos x} .$$

Setzen wir  $x = 0$ , so ist:

$$\frac{B^x (\log B)^2}{-\cos x} = \frac{(\log B)^2}{-1}$$

$$\lim \frac{B^x - 1 - x \log B}{\cos x - 1} = \frac{(\log B)^2}{1} \quad .$$

*Symbol* $\frac{\infty}{\infty}$

Wenn ein Bruch in der Form von  $\frac{\infty}{\infty}$  auftritt, so fragt es sich, wie den Grenzwerth zu berechnen. Haben wir zum Beispiel $\frac{y}{z}$ , wo  $y$  und  $z$  Funktionen bedeuten und  $y$  und  $z$  unendlich gross sind, so können wir die reziproken Werthe von  $y$  und  $z$  einsetzen, also

$$\frac{y}{z} = \frac{\frac{1}{z}}{\frac{1}{y}} = \frac{0}{0} \quad .$$

Wir können jetzt die ursprüngliche Regel anwenden, da wir wieder das Symbol  $\frac{0}{0}$  haben. Differenziren wir nun, so ist (nach unserer Regel):

$$\lim \frac{d\left(\frac{1}{z}\right)}{d\left(\frac{1}{y}\right)} = \frac{-\frac{dz}{z^2}}{-\frac{dy}{y^2}} = \frac{y^2}{z^2} \cdot \frac{dz}{dy} \quad .$$

$$\lim \left(\frac{y}{z}\right) = \lim \left(\frac{y}{z}\right)^2 \cdot \lim \frac{dz}{dy} \quad ,$$

$$\lim \frac{dz}{dy} \quad \lim \frac{y}{z} = 1 \quad ,$$

$$\lim \frac{dy}{dz} = \lim \frac{y}{z} \quad .$$

Wir kommen also auf das gleiche Resultat wie oben.

*Beispiel*

Es sei der Grenzwert von $\dfrac{\log tgx}{\log x}$ für $x$ gleich zu bestimmen.
Für $x = 0$ wird dieser Ausdruck gleich $\dfrac{\infty}{\infty}$ . Um den Grenzwerth
zu suchen, differenziren wir nach unserer gefundenen Formel,
also

$$\frac{\dfrac{dtgx}{tgx}}{\dfrac{dx}{x}} = \frac{\dfrac{dx}{\cos^2 tgx}}{\dfrac{dx}{x}} = \frac{\dfrac{dx}{\cos\cdot\sin x}}{\dfrac{dx}{x}} = \frac{x}{\cos x\cdot\sin x} =$$

$$= \frac{1}{\cos x}\cdot\frac{x}{\sin x}\ .$$

Wir haben nun früher gesehen, dass mit abnehmendem $x$ der
Quotient $\dfrac{x}{\sin x}$ sich dem Grenzwerth $1$ nähert, ebenso ist
$\dfrac{1}{\cos x}$ für $x = 0$ gleich $\dfrac{1}{1} = 1$ , also ist:

$$\lim\left(\frac{\log tgx}{\log x}\right) = 1\ .$$

*Symbol* $0\cdot\infty$

Es sei gegeben $y\cdot z$ , wo $y = 0$ und $z = \infty$ werde für $x = a$ .
Statt $y\cdot z$ kann ich auch schreiben:

$$yz = \frac{y}{\dfrac{1}{z}} = \frac{z}{\dfrac{1}{y}}\ .$$

Im ersten Falle tritt $y\cdot z$ in die Form $\dfrac{0}{0}$ , für $x = a$ und
im zweiten Falle tritt $y\cdot z$ in die Form $\dfrac{\infty}{\infty}$ . Dieses sind
beides Fälle, welche wir schon kennen. Wir können also auch den
Grenzwerth von $y\cdot z = 0\cdot\infty$ bestimmen.

*Beispiel*

Es sei der Grenzwerth von $x\log x$ für $x$ gleich $0$ zu

bestimmen. Ich kann auch $x \cdot \log x = \dfrac{\log x}{\frac{1}{x}}$ schreiben. Für

$x = 0$ ist $x \cdot \log x = 0 \cdot \infty$ und $\dfrac{\log x}{\frac{1}{x}} = \dfrac{\infty}{\infty}$ ; ich kann eben-

falls $x \cdot \log x = \dfrac{x}{\left(\frac{1}{\log x}\right)}$ schreiben. Für $x = 0$ ist dies $\dfrac{0}{0}$ .

Es fragt sich nun, welches von diesen beiden Symbolen zur Bestimmung des Grenzwerthes das bessere sei. Jedenfalls das
erstere, denn im zweiten bekämen wir durch Differenziren immer
Faktoren $\log x$ . Wir differenziren also $\dfrac{\log x}{\frac{1}{x}}$ :

$$\frac{\frac{dx}{x}}{-\frac{dx}{x^2}} = - \frac{dx}{x} \cdot \frac{x^2}{dx} = -x \ , \ \text{also} \quad \lim(x\log x) = \lim(-x) = 0 \ .$$

*Symbol* $1^{\infty}$

Wenn wir $y^z$ haben, und für $x = a$  $y = 1$ und $z = \infty$ wird,
so ist $\log(y^z) = z \cdot \log y$ von der Form $1 \cdot \infty$ , welche Form
wir schon kennen.

*Beispiel*

Wir zeigen nochmals, dass $(1+x)^{\frac{1}{x}}$ sich dem Werthe $e$ nähert.

$$\log(1+x)^{\frac{1}{x}} = \frac{1}{x} \ \log(1+x) \ = \ \frac{\log(1+x)}{x}$$

$$\frac{\frac{d(1+x)}{1+x}}{dx} = \frac{1}{1+x} = 1 \quad \text{für} \quad x = 0$$

Der Logarithmus dieser Potenz ist also gleich $1$ , folglich ist
der Werth derselben gleich $e$ . Also:

$$\lim(1+x)^{\frac{1}{x}} = e \ .$$

## § 17.  EIGENSCHAFTEN VON HOEHEREN DIFFERENTIALEN [KRÜMMUNG]

Man sagt, zwei krumme Linien schneiden sich, wenn sie einen gemeinschaftlichen Punkt haben. Haben sie hingegen ausser dem
Punkt noch ein gemeinschaftliches Linienstück[*), so sagt man,
die Curven berühren sich.

Nehmen wir an, wir hätten zwei Curven, deren Gleichungen
$y = f(x)$   und   $y' = \varphi(x')$   seien.

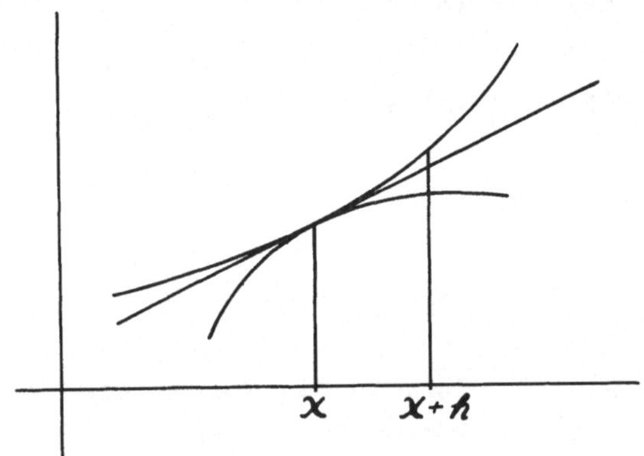


Es fragt sich nun, was für Eigenschaften müssen die Gleichungen
unserer beiden Curven haben, damit sich die Curven an der Stelle  x  berühren. Setzen wir in beide Gleichungen  $y = f(x)$  und
$y' = \varphi(x')$  den Werth  x  ein und schneiden sich die Curven,
dann muss offenbar  $f(x) = \varphi(x)$  sein. Findet weiter eine Berührung der beiden Curven statt, so müssen die Tangenten der
beiden Curven identisch sein. Die Neigung der Tangente an die
Curve  $f(x)$  ist  $f'(x)$  und an die Curve  $\varphi(x)$  ist sie
$\varphi'(x)$ . Damit die Neigung die gleiche ist, muss offenbar
$f'(x) = \varphi'(x)$  sein. Es muss also bei einer Berührung gelten:

---

*) Hier meint Dedekind offenbar eine gemeinsame Tangente.

$$f(x) = \varphi(x) \quad \text{oder} \quad y = y' \quad \text{und}$$

$$f'(x) = \varphi'(x) \quad \text{oder} \quad p = p' \ .$$

Wären die Derivirten  p  und  p'  ungleich, so wäre das ein
Zeichen, dass die Neigung ungleich wäre, das heisst dass die
Curven sich nur an der Stelle  x  schneiden.

Lassen wir nun  x  in  x + h  übergehen, so ist:

$$f(x+h) = f(x) + f'(x)\,\frac{h}{1} + f''(x)\,\frac{h^2}{2!} + \dots$$

$$\varphi(x+h) = \varphi(x) + \varphi'(x)\,\frac{h}{1} + \varphi''(x)\,\frac{h^2}{2!} + \dots$$

$$f(x+h) - \varphi(x+h) = (f(x)-\varphi(x)) + (f'(x)-\varphi'(x))\,\frac{h}{1} +$$

$$+ (f''(x)-\varphi''(x))\,\frac{h^2}{2!} + \dots$$

Das erste Glied ist gleich  0 , wenn die Curven sich schneiden.
Haben wir nur einen Schnitt der beiden Curven, so ist  $f'(x) -
\varphi'(x)$  nicht gleich  0  und es ist dann  $f(x+h) - \varphi(x+h)$  eine
unendlich kleine Grösse erster Ordnung. Findet hingegen eine
Berührung statt, so ist auch  $f'(x) - \varphi'(x)$  gleich  0  und
der Unterschied  $f(x+h) - \varphi(x+h)$  ist eine unendlich kleine
Grösse zweiter Ordnung.

Man sagt, wenn der Unterschied der Ordinaten in der Nachbar-
schaft des Brührungspunktes unendlich klein von erster Ordnung
ist, so ist die Berührung von  nullter Ordnung, und wenn der
Unterschied unendlich klein von zweiter Ordnung ist, so ist die
Berührung von erster Ordnung, u.s.f.

Wenn wir eine Curve haben und einen Punkt auf derselben, so
wollen wir einen Kreis an die Curve so legen, dass der Kreis
und die Curve sich einander im gegebenen Punkt berühren, und
zwar so, dass die Berührung von zweiter Ordnung ist. Ein sol-

cher Kreis heisst *Krümmungskreis* und der Radius heisst *Krümmungsradius*.

Der Kreis ist durch die Abscisse $\alpha$ , die Ordinate $\beta$ seines Centrums und den Radius $\rho$ vollständig bestimmt. Wenn x' und y' die Coordinaten eines Peripheriepunktes sind, so ist $(x'-\alpha)^2 + (y'-\beta)^2 = \rho^2$ die Gleichung des Kreises. Differenziren wir, so ist: $(x'-\alpha) + (y'-\beta)\, p' = 0$ . Das zweite Differential gibt:

$$1 + p'^2 + (y'-\beta)\, q' = 0 \ .$$

Damit nun eine Berührung zweiter Ordnung eintritt, muss gelten:

$$x = x' \ , \ y = y' \ , \ p = p' \ \ \text{und} \ \ q = q' \ .$$

Wenn wir diese Werthe einsetzen, so bekommen wir

1)   $\quad (x-\alpha)^2 + (y-\beta)^2 = \rho^2$

2)   $\quad (x-\alpha) + (y-\beta)\, p = 0$

3)   $\quad 1 + p^2 + (y-\beta)\, q = 0$

Aus diesen Gleichungen soll nun $\alpha$ , $\beta$ und $\gamma$ bestimmt werden. Lösen wir Gleichung 3) nach $\beta$ auf, so ist

$$\beta = y + \frac{1+p^2}{q} \ .$$

Lösen wir Gleichung 2) nach $\alpha$ auf, so ist, wenn wir sogleich den Werth von $\beta$ einsetzen:

$$(x-\alpha) - \frac{1+p^2}{q}\, p = 0 \ , \quad \alpha = x - \frac{1+p^2}{q}\, p \ .$$

Lösen wir endlich Gleichung 1) auf und setzen wir die Werthe von $\alpha$ und $\beta$ ein, so ist:

$$(x-x+\frac{1+p^2}{q}p)^2 + (y-y-\frac{1+p^2}{q})^2 = \rho^2$$

$$(\frac{1+p^2}{q})^2 \cdot (1+p^2) = \rho^2$$

$$\rho = \pm\ \frac{(1+p^2)^{3/2}}{q}\ .$$

Das Zeichen hängt vom Zeichen von  q  ab.

Wenn wir eine gegebene Curve haben, und es soll an diese Curve
ein Kreis so gelegt werden, dass die Berührung von zweiter
Ordnung ist und wir die Lage des Berührungspunktes verändern,
so werden die sämtlichen Mittelpunkte der Krümmungskreise eine
Curve beschreiben, welche *Evolute* genannt wird. Zum Gegensatz
von der Evolute nennen wir die gegebene Curve *Evolvente*.


*Anwendung auf die Ellipse*


Unsere gegebene Curve ist also jetzt eine Ellipse mit Gleichung

$$\frac{x^2}{a^2} + \frac{y^2}{b^2} = 1$$

Wir müssen zuerst  p  und  q  suchen. Wir differenziren deshalb die Gleichung der Ellipse:

$$\frac{2x}{a^2} + \frac{2y}{b^2} \cdot p = 0$$

oder

$$(1) \qquad \frac{x}{a^2} + \frac{y}{b^2} \cdot p = 0$$

Noch einmal differenziren ergibt:

$$\frac{dx}{a^2} + \frac{dy}{b^2}p + dp\frac{y}{b^2} = 0$$

$$\frac{1}{a^2} + \frac{1}{b^2}\,\frac{dy}{dx}\,p + q\,\frac{y}{b^2} = 0$$

(2) $$\qquad \frac{1}{a^2} + \frac{p^2}{b^2} + \frac{y}{b^2}\,q = 0$$

Aus (1) geht hervor, dass:

$$p = -\,\frac{b^2}{a^2} \cdot \frac{x}{y}\;.$$

Setzen wir diesen Werth in Gleichung (2) ein und lösen sie nach
q  auf, so ist:

$$\frac{1}{a^2} + \frac{1}{b^2}\,\frac{b^4}{a^4}\,\frac{x^2}{y^2} + \frac{y}{b^2}\,q = 0$$

$$\frac{a^2y^2+b^2x^2}{a^4y^2} + \frac{y}{b^2}\,q = 0\;.$$

Da  $a^2y^2 + b^2x^2 = a^2b^2$   gilt für unsere Ellipse, so ist

$$\frac{b^2}{a^2y^2} + \frac{y}{b^2}\,q = 0$$

$$q = -\,\frac{b^4}{a^2y^3}\;.$$

Wie wir sehen, hängt das Zeichen von  q  von dem von  y  ab,
ist  y  positiv, so ist  q  negativ, und ist  y  negativ, so
ist  q  positiv, das heisst wenn  y  negativ ist, so richtet
die Curve ihre Concavität nach oben und ihre Convexität nach unten, und wenn  y  positiv ist, so richtet die Curve ihre Concavität nach unten und ihre Convexität nach oben.

Wir bezeichnen zur Abkürzung  $\dfrac{1+p^2}{q}$  mit  t . So ist  $\beta = y + t$
und  $\alpha = x - tp$ .

Ferner gilt  $\rho^2 = q \cdot t^3$ , denn

$$\rho^2 = \frac{(1+p^2)^3}{q^2} = q \; (\frac{1+p^2}{q})^3 \; .$$

Wir wollen den Werth von  t  berechnen. Es ist:

$$p = \frac{b^2}{a^2} \frac{x}{y}$$

$$1 + p^2 = 1 + \frac{b^4}{a^4} \frac{x^2}{y^2} = \frac{a^4 y^2 + b^4 x^2}{a^4 y^2}$$

$$t = \frac{1+p^2}{q} = \frac{(a^4 y^2 + b^4 x^2)}{q a^4 y^2} = - \frac{(a^4 y^2 + b^4 x^2) a^2 y^3}{(a^4 y^2) \cdot b^4} =$$

$$= - \frac{(a^4 y^2 + b^4 x^2) y}{a^2 b^4} \quad ,$$

denn $\qquad q = - \dfrac{b^4}{a^2 y^3} \; .$

{Dann berechnet Dedekind:

$$\beta = - \frac{y^3 (a^2 - b^2)}{b^4} \; ; \quad \alpha = \frac{x^3 (a^2 - b^2)}{a^4} \quad \text{und} \quad \rho = \frac{(a^4 y^2 + b^4 x^2)^{3/2}}{a^4 b^4} \quad \}$$

Ist nun  x  in der Gleichung für  $\alpha$  positiv, so ist auch  $\alpha$  positiv, mithin liegt der Krümmungsmittelpunkt für positive  x  auf der rechten Seite und für negative  x  ebenso auf der negativen Seite. Bei  $\beta$  ist es umgekehrt, ist  y  negativ, so ist  $\beta$  positiv, und ist  y  positiv, so ist  $\beta$  negativ.

Für  a = b  ist  $\alpha = \beta = 0$ . Folglich fällt der Krümmungsmittelpunkt mit dem Mittelpunkt des Kreises zusammen.

Wir suchen noch die Gleichung der Evolute. Es ist:

$$\alpha = \frac{(a^2 - b^2) x^3}{a^4} \quad , \quad \frac{x}{a} = (\frac{a\alpha}{a^2 - b^2})^{1/3} \quad .$$

Ebenso

$$\beta = \frac{(a^2-b^2)y^3}{b^4} \quad , \quad \frac{y}{b} = (\frac{b\cdot\beta}{a^2-b^2})^{1/3} \quad .$$

Diese Werthe in die Gleichung der Ellipse eingesetzt, gibt:

$$(\frac{a\alpha}{a^2-b^2})^{2/3} + (\frac{b\beta}{a^2-b^2})^{2/3} = 1 \quad .$$

Wir haben also für die Gleichung der Evolute:

$$(a\alpha)^{2/3} + (b\beta)^{2/3} = (a^2-b^2)^{2/3} \quad .$$

*Anwendung auf die Cykloide*

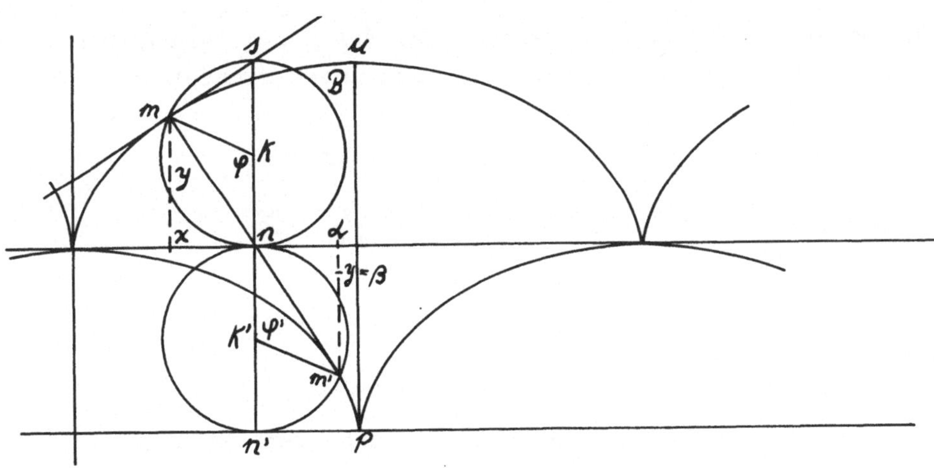


Wir haben früher die Relationen

$$x = r(\varphi-\sin\varphi) \quad , \quad y = r(1-\cos\varphi)$$

für die Cykloide gefunden, ferner haben wir gesehen, dass bei der Cykloide die Normale durch den tiefsten Punkt des Kreises geht, also durch n .

Wir wollen nun differenziren:

$$dx = r(1-\cos\varphi)\,d\varphi \;, \quad dy = r\,\sin\varphi\,d\varphi$$

$$p = \frac{dy}{dx} = \frac{r\sin\varphi\,d\varphi}{r(1-\cos\varphi)\,d\varphi} = \frac{r\sin\varphi}{r(1-\cos\varphi)}$$

$$p = \frac{\sqrt{2ry-y^2}}{y}$$

$$1 + p^2 = \frac{2ry-y^2}{y^2} + 1 = \frac{2r}{y} \;.$$

Differenziren wir wieder:

$$2p \cdot dp = - \frac{2r}{y^2}\,dy$$

$$2p \cdot q = - \frac{2r}{y^2} \cdot p$$

$$q = - \frac{r}{y^2} \;.$$

Da  $q$  negativ ist, so zeigt sich, dass die Curve ihre Convexität nach oben und ihre Concavität nach unten richtet.

Nun ist  $t = \dfrac{1+p^2}{q} = - \dfrac{2r}{y} \cdot \dfrac{y^2}{r} = -2y$ , folglich:

$$\beta = y - 2y = - y \;, \quad \alpha = x + 2\,\sqrt{2ry-y^2} \;.$$

Die Subnormale  $nx$  ist gleich  $\sqrt{2ry-y^2}$ , folglich  $\alpha = x + 2nx$ , also gilt  $m'n = nm$ .

Tragen wir nun  $nK$  nach unten auf und verbinden  $K'$  mit  $m'$ , so ist  $\varphi = \varphi'$ , denn die gegenüberliegenden Seiten und eine einschliessende Seite ist gleich, folglich ist auch  $mK$  gleich  $m'K'$ , denn durch die Gleichhheit der Winkel  $\varphi$  und  $\varphi'$  und der Seiten  $nm'$  und  $mn$  und  $nK$  und  $nK'$  sind die Dreiecke congruent. So sind auch die Bogen  $m'n$  und  $nm$  gleich. Wir können also durch die Seiten  $nm'$  $nK'$  $m'K'$  wieder einen Kreis beschreiben, denken wir ihn wie den Kreis  $B$ . Es ist also der Krümmungsmittelpunkt, der den gleichen Radius hat wie der ur-

sprüngliche und dessen Mittelpunkte senkrecht untereinander
liegen, in der Entfernung  2 r . Tragen wir den höchsten Punkt
von der Cykloide auf die untere Linie  n'p , so ist
n'p = n'm' , denn  mn = nm' , folglich

$$n'm' = r(\pi-\varphi') \ , \ ms = r(\pi-\varphi) \ , \ m'n' = ms \ .$$

Wenn nun  m  an die Stelle  u  gelangt ist, so muss auch  m'
an die Stelle  p  gelangt sein, da ja eben  m'n' = ms  ist.
Folglich ist  m'n' = n'p . Wir bekommen also als Evolute wieder eine Cykloide, die aber um den Radius tiefer liegt als die
ursprüngliche, und deren tiefster Punkt liegt, wo der höchste
Punkt der gegebenen Cykloide ist.


*Lehrsatz*


Der Krümmungshalbmesser einer Curve ist zu gleicher Zeit Berührungslinie an die Evolute.

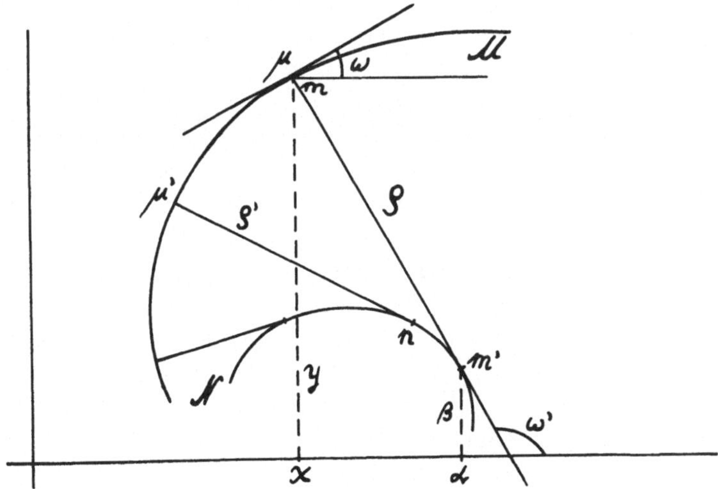

*Beweis*


Wir wollen also eine Curve  M  und ihre dazu gehörige Evolute
N  annehmen. So behaupten wir, dass  ρ  die Tangente an die
Evolute sei, und zwar im Krümmungsmittelpunkt.

Es sei  mm'  die Normale der Curve  M . Nun liegt aber der Krümmungsmittelpunkt in  m' , folglich ist  mm'  der Krümmungsradius. Die Coordinaten von  m  seien  x  und  y , und die Coordinaten von  m'  seien  $\alpha$  und  $\beta$ . Ferner sei der Winkel, den die Tangente der Evolvente  M  mit der  x-Achse bildet, $\omega$ , und der Winkel, den die Tangente der Evolute  N  mit der x-Achse bildet, sei  $\omega'$ . Wie wir früher gesehen haben, ist:

$$\frac{dy}{dx} = p = tg\ \omega , \qquad \frac{d\beta}{d\alpha} = p' = tg\ \omega' \ .$$

Um auszudrücken, dass eine Gerade senkrecht zu einer andern sei, muss der Winkelcoeffizient der reziproke Werth desjenigen des ursprünglichen sein, mit entgegengesetztem Zeichen. Es muss also:

$$tg\ \omega' = -\ \frac{1}{tg\omega} \quad oder \quad \frac{d\beta}{d\alpha} = -\ \frac{1}{p} \ .$$

Wir haben nun gefunden:

$$(1) \qquad p = \frac{dy}{dx} \qquad\qquad (4) \qquad \alpha = x - tp$$

$$(2) \qquad q = \frac{dp}{dx} \qquad\qquad (5) \qquad \beta = y + t$$

$$(3) \qquad t = \frac{1+p^2}{q} \qquad\qquad (6) \qquad \rho = \pm\ \sqrt{1+p^2}$$

Aus (2) und (3) folgt  $dx = \dfrac{dp}{q} = \dfrac{tdp}{1+p^2}$ . Analog ist:

$$dy = p \cdot \frac{tdp}{1+p^2} = \frac{tpdp}{1+p^2} \ .$$

Aus (4) und (5) folgt, dass:

$$d\alpha = dx - tdp - pdt = \frac{tdp}{1+p^2} - tdp - pdt =$$

$$- \frac{tp^2dp}{1+p^2} - pdt = -\ pd\beta$$

$$d\beta = dy + dt = \frac{tpdp}{1+p^2} + dt \ .$$

$$\frac{d\beta}{d\alpha} = \frac{\dfrac{tpdp}{1+p^2} + dt}{(\dfrac{1}{1+p^2} - t)dp - pdt} = \frac{+\dfrac{tpdp}{1+p^2} + dt}{-\dfrac{tp^2dp}{1+p^2} - pdt} = -\frac{d\beta}{pd\beta} = -\frac{1}{p} \quad .$$

Es ist also:  $\dfrac{d\beta}{d\alpha} = -\dfrac{1}{p}$ , was zu beweisen war.


*Lehrsatz*


Wenn wir zwei Stellen  $\mu$  und  $\mu'$  wählen (Figur auf Seite 181),
so ist der Unterschied der beiden Krümmungshalbmesser gleich
[der Länge] desjenigen Stücks der Evolute, das erhalten wird,
wenn wir den einen Krümmungsradius bis zum andern drehen. Es
ist also

$$\rho - \rho' = m'n \quad .$$

Dieser Satz ist jedoch nur dann richtig, wenn zwischen diesen
Stellen  $\mu$  und  $\mu'$  entweder ein fortwährendes Wachsen oder
Abnehmen stattfindet, wenn also kein Maximum oder Minimum [vom
Krümmungsradius] stattfindet.


*Beweis*


Wir differenziren  $\rho = \pm\, t\sqrt{1+p^2}$ :

$$\pm d\rho = t\,\frac{2pdp}{2\sqrt{1+p^2}} + dt \cdot \sqrt{1+p^2} = \sqrt{1+p^2}\,(\frac{tpdp}{1+p^2} + dt)$$

$$\pm d\rho = \sqrt{1+p^2}\ d\beta \quad .$$


Ich will nun diejenige Richtung die positive nennen, in welcher das  $\rho$  immer grösser wird, also  $d\rho$  positiv ist. Lassen
wir nun  $\alpha$  um  $d\alpha$  ändern, so ändert sich  $\beta$  um  $d\beta$  (abgesehen von unendlich kleinen Grössen höherer Ordnung). Die Bo-
genänderung der Evolute sei  $d\sigma$  . Dann ist:

$$d\sigma^2 = d\alpha^2 + d\beta^2$$

abgesehen von unendlich kleinen Grössen höherer Ordnung. Den
Werth von $d\alpha$ eingesetzt $(d\alpha = -pd\beta)$ , gibt:

$$d\sigma^2 = (-pd\beta)^2 + d\beta^2 = p^2 d\beta^2 + d\beta^2$$

$$d\sigma^2 = (1+p^2)\ d\beta^2$$

$$d\sigma = \sqrt{1+p^2}\ d\beta$$

Wir sehen, dass zwischen $d\rho$ und $d\sigma$ Gleichheit stattfindet,
abgesehen von dem Zeichen. Nun ist angenommen, dass mit wachsendem $\rho$ $d\rho$ positiv sei, folglich ist das positive Zeichen
zu nehmen, also $d\rho = d\sigma$ . Würde hingegen $\rho$ abnehmen, so
wäre: $-d\rho = d\sigma$ zu wählen. Wir setzen ein fortwährendes Wachsen
oder Abnehmen von $\rho$ und $\sigma$ voraus. Im ersten Fall haben wir:

$$d\rho - d\sigma = 0\ ,\quad d(\rho-\sigma) = 0\ ,$$

folglich ist $\rho - \sigma$ eine konstante Grösse; also ist für eine
andere Stelle der Wert $\rho' - \sigma'$ gleich, es ist also:

$$\rho - \sigma = \rho' - \sigma'$$

$$\rho - \rho' = \sigma - \sigma'\ ,$$

folglich $\rho - \rho' = m'n$ , denn $m'n = \sigma - \sigma'$ .

*Bestimmung der Krümmung eines Bogens*

Wenn wir eine Curve haben, so können wir uns fragen, wie ist
die Krümmung derselben zu bestimmen. Zu diesem Zwecke legen
wir an die Enden eines Bogens der Curve Tangenten. Der Winkel,
den diese beiden Tangenten einschliessen, ist ein Theil unseres

Krümmungsmasses. Wenn der Bogen etwas mehr gekrümmt ist, so
wird der Winkel grösser, das heisst unter der Voraussetzung,
dass der Bogen gleich lang bleibt. Denn es kann der Fall sein,
dass die Krümmung zweier Bogen sehr verschieden ist und doch
die Winkel der Tangenten gleich sind, wenn die Länge der Bogen
verschieden ist. Es gilt dies auch noch, wenn die beiden Tangenten nicht mehr in einer Ebene liegen.

Die Stärke der Krümmung hängt also vom Winkel $\omega$ der beiden
Tangenten und von der Länge $\sigma$ des Bogens ab. Als gemeinschaftliches Mass nehmen wir $\frac{\omega}{\sigma}$ . Um nun die Krümmung zu bestimmen, lassen wir $\sigma$ immer kleiner werden. Wir suchen also
den Grenzwerth von $\frac{\omega}{\sigma}$ oder $\lim \frac{\omega}{\sigma}$ für $\sigma = 0$ . Diesen Grenzwerth nennen wir die *Krümmung*.

Ehe wir nun zur allgemeinen Bestimmung der Krümmung einer
Curve übergehen, wollen wir zuerst die Krümmung des Kreises
aufsuchen. Wir ziehen zwei Tangenten an den Kreis und die Radien der Tangierungspunkte. Dann ist der Winkel, den die Radien
einschliessen, der Winkel, den die Tangenten bilden. Der Bogen
ist gleich dem Winkel mal dem Radius, also $r \cdot \omega$ . Folglich
ist $\frac{\omega}{\sigma} = \frac{\omega}{r \cdot \omega} = \frac{1}{r}$ . Also ist die Krümmung gleich $\frac{1}{r}$ und der
Kreis ist eine Curve, auf welcher sich die Krümmung nicht än-
dert.

Ist der Radius nun grösser, so wird $\frac{1}{r}$ kleiner. Folglich ist
die Krümmung eines Kreises mit grösserem Radius kleiner als bei
einem Kreis mit kleinerem Radius, was übrigens auch aus einer
Figur hervorgeht.

Wir wollen nun die Krümmung einer Curve im allgemeinen aufsuchen. Ich nehme also eine Curve, bezogen auf ein rechtwinkliges
Achsensystem.

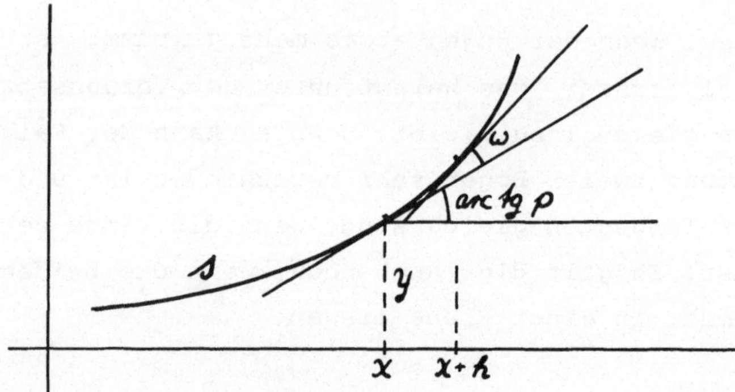


Um die Krümmung zu bekommen, nehme ich wieder 2 Punkte an und
lege die Berührungslinien; der Winkel, den diese beiden Berührungslinien bilden, ist nichts anders als der Winkel  ω . Es
ist der Winkel zwischen der Anfangsstelle der Tangente bei  x
und an der Endstelle derselben bei  (x+h) . Der Winkel der Tangente mit der  x-Richtung ist gleich  arctg p . Es ist also  ω
die Aenderung von  arctg p . Es sei nun  σ  die Aenderung, welche der Bogen  s  erleidet.

Somit ist

$$\frac{\omega}{\sigma} = \frac{\text{Aenderung von } \text{arctg p}}{\text{Aenderung von } s}$$

$$\lim \frac{\omega}{\sigma} = \frac{d \text{ arctg p}}{ds}$$

$$= \frac{dp}{(1+p^2)ds} = \frac{qdx}{(1+p^2)\sqrt{1+p^2}dx}$$

$$= \frac{q}{(1+p^2)\sqrt{1+p^2}} = \frac{1}{\rho} \ ,$$

denn

$$\frac{(1+p^2)^{3/2}}{q} = \rho \ .$$

Also ist bei einer beliebigen Curve das Mass der Krümmung  1
dividirt durch den Krümmungsradius, wie beim Kreis. Wir wollen
den Krümmungsradius noch auf eine weitere Art beschreiben. Man

kann sagen, dass eine Tangente Verbindungslinie zweier sehr
nahe liegender Punkte auf der Curve ist, oder sogar, dass eine
Tangente Grenzlage zweier solcher Punkte ist. Analog wollen
wir den Krümmungskreis als Grenzlage von 3 Punkten definiren.
Durch 3 Punkte auf der Curve können wir einen Kreis nach der
bekannten Methode bestimmen. Wir zeigen, dass die Grenzlage
dieses Kreises der Krümmungskreis ist. Wir können auch 2 Normalen in sehr nahe liegenden Punkten annehmen. Diese beiden
Normalen schneiden sich im Mittelpunkt unseres Kreises.

Die Gleichung der Normalen durch den Punkt x,y ist

$$y'' - y = - \frac{1}{p}(x''-x) \ ,$$

und durch den sehr nahe liegenden Punkt x+h , y+K :

$$y'' - (y+K) = - \frac{1}{p+\ell}(x''-x-h) \ .$$

Die Aenderung von x sei also h , die von y sei K und die
von p sei $\ell$ .

Wir haben also zwei Gleichungen für den zu suchenden Schnittpunkt x'',y'' :

$$y'' - y = -\frac{1}{p}(x''-x)$$

$$y'' - (y+K) = -\frac{1}{p+\ell}(x''-x-h) \ .$$

Subtrahiren wir die zweite Gleichung von der ersten, so erhalten wir:

$$K = \frac{1}{p+\ell}(x''-x-h) - \frac{1}{p}(x''-x) \ ,$$

also {Rechnung gekürzt}:

$$x'' = x - \frac{(p+\ell)p}{\ell} K - \frac{ph}{\ell} \ .$$

Lasse ich  h  null  werden, so heisst das, ich lasse den einen
Punkt dem andern sehr nahe rücken. Es ist aber

$$\lim \frac{K}{h} = \frac{dy}{dx} = p$$

$$\lim \frac{\ell}{h} = \frac{dp}{dx} = q$$

$$\lim \frac{K}{\ell} = \frac{dy}{dp} = \frac{dy}{dx} \cdot \frac{dx}{dp} = \frac{p}{q} \; .$$

Folglich:

$$\lim x'' = x - p^2 \cdot \frac{p}{q} - \frac{p}{q} = x - \frac{(1+p^2)p}{q} \quad .$$

Wir haben nun früher gefunden, dass  $\alpha = x - tp$  war, wo
$t = \frac{1+p^2}{q}$ , also ist  $\lim x'' = \alpha$  . Es ist also die Abscisse
$x''$  des Mittelpunktes gleich der Abscisse des Krümmungsmittelpunktes. Um die Ordinate  $y''$  zu bekommen, müssen wir  $x''$  in
die Gleichung  $y'' - y = - \frac{1}{p}(x''-x)$  einsetzen.

Bei der Aufsuchung des Krümmungsmittelpunktes haben wir gefunden:

$$\alpha = x - \frac{(1+p^2)p}{q}$$

$$\beta = y + \frac{1+p^2}{q}$$

$$\pm\rho = \frac{(1+p^2)^{3/2}}{q} \quad .$$

Wir wollen nun statt  $p$  und  $q$  die Differentialzeichen einführen:  $p = \frac{dy}{dx}$  und

$$q = \frac{d\left(\frac{dy}{dx}\right)}{dx} = \frac{1}{dx} \cdot \frac{dxd^2y-dyd^2x}{dx^2} = \frac{dxd^2y-dy\cdot d^2x}{dx^3}$$

Ebenso wollen wir  t  in Differentialzeichen ausdrücken:

$$t = \frac{1+p^2}{q} = \frac{(1+\frac{dy^2}{dx^2}) \cdot dx^3}{dxd^2y-dy\cdot d^2x} = \frac{(dx^2+dy^2)dx}{dxd^2-ydyd^2x}$$

Also gilt:

$$\beta = y + \frac{1+p^2}{q} = y + \frac{(dx^2+dy^2)dx}{dxd^2y-dyd^2x}$$

$$\alpha = x - \frac{(1+p^2)p}{q} = x - \frac{(dx^2+dy^2)dy}{dxd^2y-dyd^2x}$$

$$\pm\rho = \frac{(1+\frac{dy^2}{dx^2})^{3/2}dx^3}{dxd^2y-dyd^2x} = \frac{(dx^2+dy^2)^{3/2}}{dxd^2y-dyd^2x} \quad .$$

IV. Abschnitt

# Integralrechnung

§ 18.  GRUNDBEGRIFFE. PROBLEME DER QUADRATUR

Es sei eine Curve $y = f(x)$  gegeben und zwei Abscissen  a  und
b ,  b  grösser als  a . Ziehen wir dazu die Ordinaten bis zur
Curve, so erhalten wir ein vollständig beschränktes Flächenstück, dessen Inhalt wir berechnen wollen.

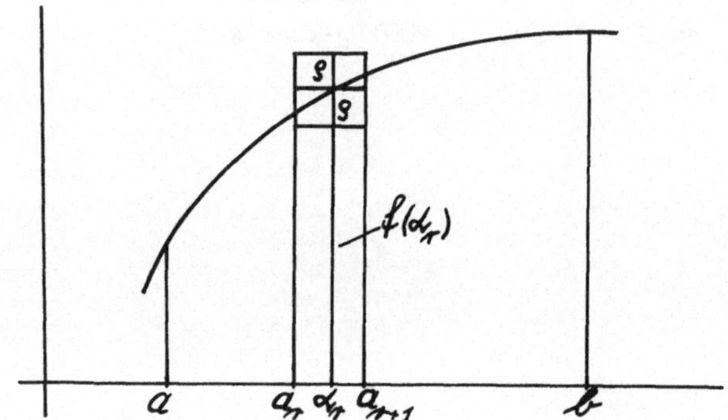


Um nun diesen Flächeninhalt zu finden, denkt man sich die Basis  ab  in unendlich viele[*] Theile eingetheilt, und zu allen
Theilungspunkten die zugehörigen Ordinaten gezogen. Dann ist
der Inhalt des ganzen Flächenstücks gleich der Summe der Inhalte der einzelnen Theilchen, die durch die Ordinaten begrenzt
werden.

Wir theilen die Strecke  ab  an den Stellen

$$a = a_0, a_1, a_2, a_3, a_4, a_5, a_6, a_7, \ldots, a_{n-1}, b \quad .$$

---

[*] Unendlich viele bedeutet beliebig viele.

Es sei   $a_0 < a_1 < a_2 < a_3 \ldots$ .

Ich nehme nun zwei Theilungspunkte $a_r$ , $a_{r+1}$  an und konstru-
ire dazu die zugehörigen Ordinaten. Dann nehme ich  zwischen
$a_r$  und  $a_{r+1}$  eine Stelle  $\alpha_r$  an, die beliebig sein kann,
und ziehe wieder die Ordinate. Die Ordinate wird an dieser
Stelle  $\alpha_r$  den Werth  $f(\alpha_r)$  haben. Wir können nun durch das
Ende der Ordinate  $f(\alpha_r)$  eine Parallele zur  x-Achse ziehen,
so bekommen wir ein  vollständig begrenztes Flächenstück, das,
wenn  $a_r - a_{r+1}$  sehr klein ist, beinahe gleich dem Flächenstück ist, das von der Curve begrenzt ist. Der Inhalt dieses
Flächenstückes ist:  $f(\alpha_r)(a_{r+1}-a_r)$ . So erhalte ich lauter
solche Flächentheilchen, welche bis auf einen kleinen Fehler
den Inhalt des eigentlichen von der Curve begrenzten Flächen-
theiles angeben. Machen wir nun die Theile sehr klein, so wird
er so klein sein, dass wir ihn vernachlässigen können.

Wir bezeichnen mit  S  die Summe des Inhalts der einzelnen partiellen Stückchen:

$$S = \Sigma \; f(\alpha_r)(a_{r+1}-a_r)$$

Es sei  A  der Inhalt der ganzen Fläche. Wir zeigen, dass, wenn
wir die Theile sehr klein machen, so muss der Grenzwerth von
S  gleich  A  sein.

Wir müssen zuerst noch den Begriff der Variation darlegen. Wenn
wir nämlich eine Curve haben und wir die Ordinate der kleinsten
Stelle und die Ordinate der grössten Stelle ziehen und von dem
Ende der kleinsten eine Senkrechte zu der grössten,  so heisst
der Unterschied zwischen denselben die Variation der Ordinate.
Es ist also bei der folgenden Curve die Variation gleich  bc .

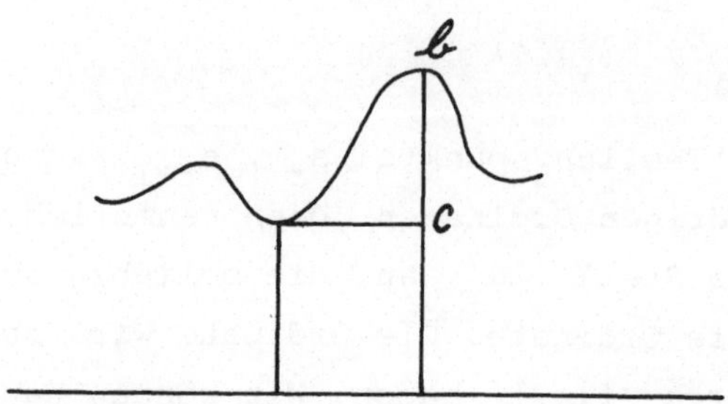

Wir wollen nun annehmen, es sei uns gelungen, die Abscisse  ab
in so viele kleine Theile getheilt zu haben, dass die Variation der Curve auf jedem Theil kleiner sei als jede beliebig
kleine Grösse $\rho$ . Addiren wir nun zu  $f(\alpha_r)$  noch  $\rho$  und
ziehen wir dazu die Parallele, so erhalten wir ein Rechteck,
das grösser ist als der von der Curve begrenzte Flächentheil.
Denn  $f(\alpha_r) + \rho$  ist grösser als die grösste Ordinate von unserem Flächentheilchen, da ja  $\rho$  grösser ist als die Schwankung und  $f(\alpha_r)$  höchstens gleich der grössten Ordinate ist.
Wir erhalten als Inhalt diese Theilchens:

$$(f(\alpha_r)+\rho)\,(a_{r+1}-a_r)\ .$$

Würden wir ebenso  $\rho$  abziehen, wie wir es addirt haben, so erhalten wir als Inhalt:

$$(f(\alpha_r)-\rho)\,(a_{r+1}-a_r)\ .$$

Denken wir uns das wieder auf alle Theilchen angewendet, so bekommen wir:

$$\Sigma\,(f(\alpha_r)+\rho)\,(a_{r+1}-a_r)\ >\ A$$

$$\Sigma\,(f(\alpha_r)-\rho)\,(a_{r+1}-a_r)\ <\ A\ ,$$

oder die Multiplikation ausgeführt:

$$\Sigma\ f(\alpha_r)(a_{r+1}-a_r) + \rho(a_{r+1}-a_r) > A$$

$$\Sigma\ f(\alpha_r)(a_{r+1}-a_r) - \rho(a_{r+1}-a_r) < A$$

Nun ist die Summation von $a_{r+1} - a_r$ nichts anders als $b - a$, folglich haben wir:

$$\Sigma\ f(\alpha_r)(a_{r+1}-a_r) + \rho(b-a) > A$$

$$\Sigma\ f(\alpha_r)(a_{r+1}-a_r) - \rho(b-a) < A$$

Wir haben früher $S = \Sigma\ f(\alpha_r)(a_{r+1}-a_r)$ gesetzt, also ist

$$S + \rho(b-a) > A \quad \text{und} \quad S - \rho(b-a) < A .$$

Wir können auch schreiben:

$$\rho(a-b) < S - A < \rho(b-a) .$$

Die Grösse $\rho(b-a)$ hat den Grenzwert $0$ , denn $\rho$ kann unendlich klein gemacht werden, also

$$\lim S = \lim \sum_a^b f(\alpha_r)(a_{r+1}-a_r) = A \quad \text{*)}$$

Wir nennen diesen Grenzwerth das *bestimmte Integral* und bezeichnen ihn mit

$$A = \int_a^b f(\alpha)\,d\alpha$$

Wir brauchen natürlich nicht immer den Buchstaben $\alpha$ zu nehmen, sondern können auch andere Buchstaben einsetzen, so dass

$$\int_a^b f(\alpha)\,d\alpha = \int_a^b f(\beta)\,d\beta \quad .$$

---

*) Dieselbe Rechnung findet sich bei Dirichlet [1854], siehe Einleitung.

*Beispiel*

Wir sollen das Integral von $y = c$ suchen, wo $c$ konstant ist. Es ist also $f(\alpha) = c$ , und $S = \Sigma\, c(a_{r+1} - a_r)$ . Nun ist $\Sigma(a_{r+1} - a_r) = b - a$ , also $S = c(b-a)$ . $b - a$ ist die Grundlinie und $c$ ist die Höhe, also ist $c(b-a)$ der Inhalt.

*Beispiel*

Es sei der Inhalt eines Dreiecks zu suchen, wo $a = 0$ ist. Wenn $c$ die trigonometrische Tangente des Winkels ist, dann ist die gegenüberliegende Seite $cb$ .

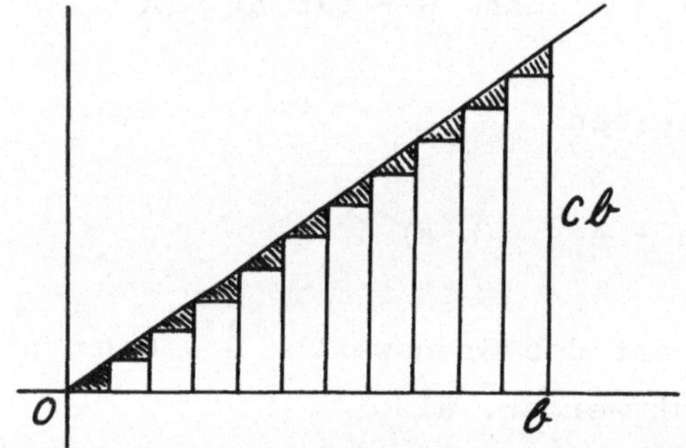


Die Gleichung der Curve ist offenbar $y = cx$ . Ich theile nun die Abscisse in $n$ gleiche Theile ein, welche ich mit $\delta$ bezeichnen will, also ist $\delta = \dfrac{b}{n}$ . Es sei nun: $a_o = 0$ , $a_1 = \delta$ , $a_2 = 2\delta$ , ... $a_{n-1} = (n-1)\delta$ und $b = n\delta$ . Die einzelnen Ordinaten sind $c\delta$ , $c2\delta$ , ... , $c(n-1)\delta$ , $cb$ . Folglich wird

$$S = \delta(\delta c + 2\delta c + 3\delta c + \ldots + (n-1)\delta c)$$

$$= c\delta^2(1 + 2 + 3 + \ldots + n-1) .$$

Die Summe der in der Klammer stehenden Progression ist $\dfrac{n(n-1)}{2}$ ,

$$S = c\delta^2\, \frac{n(n-1)}{2}$$

$$S = c \, \frac{n\delta\,(n\delta-\delta)}{2} = c \, \frac{b\,(b-\delta)}{2} \;,\quad \text{da} \quad b = n\delta \;.$$

Wenn nun aber  n  unendlich ist, so ist  $\delta$  beinahe  0 , also
b - $\delta$ = b  und folglich ist:

$$\lim S = c \cdot \frac{b \cdot b}{2} = 1/2 \; cb^2$$

$$\int_o^b c \, d\alpha = \frac{1}{2} \, cb^2 \;.$$

Im Integral  $\int_a^b f(\alpha)\,d\alpha$  soll nicht immer  a < b  sein, es soll
auch  b < a  zugelassen sein. Wir nehmen wieder aufeinander-
folgende Abscissen  $a_o = a$ , $a_1$ , ... , $a_{n-1}$ , b  [von  a  bis
b] . So haben  $a_1-a_o$ , $a_2-a_1$ , ... $a_{r+1}-a_r$ , ... , $b-a_{n-1}$  gleiche Zeichen, entweder sind alle positiv oder alle negativ, je
nachdem  $a \lessgtr b$ . Es sei nun wieder  $\alpha_r$  eine Zwischenstelle
von  $a_r$  und  $a_{r+1}$  und  $f(\alpha_r)$  die zugehörige Ordinate. Wir
bezeichnen wieder den Grenzwert der Summe  $\Sigma \, f(\alpha_r)\,(a_{r+1}-a_r)$
mit  $\int_a^b f(\alpha)\,d\alpha$ . Ist  b < a , so sind alle  $a_{r+1}-a_r$  negativ
und wir sehen, dass

$$\int_a^b f(\alpha)\,d\alpha = - \int_b^a f(\alpha)\,d\alpha$$

Wir haben nun den Satz

$$\int_a^b f(\alpha)\,d\alpha = \int_a^c f(\alpha)\,d\alpha + \int_c^b f(\alpha)\,d\alpha$$

Es bedarf dies keines weiteren Beweises, da es aus der Defini-
tion eines Integrals hervorgeht. Denn $\int_a^c f(\alpha)\,d\alpha$  ist nichts anderes als das Flächenstück von  a  bis  c , $\int_b^b f(\alpha)\,d\alpha$  das Flächenstück von  c  bis  b  und $\int_a^c f(\alpha)\,d\alpha$  ist die ganze Fläche,
welche aus diesen beiden Stücken zusammengesetzt ist.

Nehmen wir nun  b  als Variable, also  b = x , so ist die Bezeichnung des Integrals:

$$\int_a^x f(\alpha)\,d\alpha \quad .$$

Betrachten wir dies als eine Funktion $F(x)$ und stellen wir uns die Aufgabe, die erste Derivirte von $F(x)$ zu suchen, so betrachten wir nur die Abhängigkeit von der oberen Grenze. Wir wollen nun diesem noch einen Satz vorausschicken, nämlich dass

$$\int_a^b f(\alpha)\,d\alpha = f(\mu)(b-a)$$

Wir behaupten also, dass es mindestens eine Stelle $\mu$ zwischen $a$ und $b$ gibt, welche mit $b-a$ multiplizirt, den Inhalt der ganzen Fläche gibt.

Es sei $M$ die grösste vorkommende und $N$ die kleinste vorkommende Ordinate. Es ist:

$$\int_a^b f(\alpha)\,d\alpha = \lim \Sigma\, f(\alpha_r)(a_{r+1}-a_r)$$

$$\frac{\int_a^b f(\alpha)\,d\alpha}{b-a} = \lim \Sigma\, f(\alpha_r)\,\frac{a_{r+1}-a_r}{b-a} \quad .$$

$b-a$ soll ein positives Zeichen haben. Setzen wir nun auf der rechten Seite statt $f(\alpha_r)$ die grösste angenommene Ordinate $M$, so ist also $f(\alpha_r) \leq M$, folglich:

$$\frac{\int_a^b f(\alpha)\,d\alpha}{b-a} \leq \Sigma\, M\,\frac{a_{r+1}-a_r}{b-a} \quad .$$

Nun ist $\Sigma(a_{r+1}-a_r) = b - a$, folglich ist:

$$\Sigma\, M\,\frac{a_{r+1}-a_r}{b-a} = M$$

$$\frac{\int_a^b f(\alpha)\,d\alpha}{b-a} \leq M \quad .$$

Setzen wir statt dem grossen Werth der Ordinate den kleinsten Werth, so ist:

$$\frac{\int_a^b f(\alpha)\,d\alpha}{b-a} \geqq \Sigma\, N\, \frac{a_{r+1}-a_r}{b-a} \quad .$$

Es ist wieder $\Sigma(a_{r+1}-a_r) = b - a$ , folglich

$$\Sigma\, N\, \frac{a_{r+1}-a_r}{b-a} = N$$

$$\frac{\int_a^b f(\alpha)\,d\alpha}{b-a} \geqq N \quad .$$

Es liegt also $\dfrac{\int_a^b f(\alpha)\,d\alpha}{b-a}$ zwischen $M$ und $N$ , also zwischen der grössten und der kleinsten Ordinate. Es gibt also jedenfalls eine Stelle, welche diesen Werth hat, und diese Stelle bezeichnen wir mit $f(\mu)$ , also ist:

$$\frac{\int_a^b f(\alpha)\,d\alpha}{b-a} = f(\mu)$$

$$\int_a^b f(\alpha)\,d\alpha = f(\mu)(b-a) \quad ,$$

was zu beweisen war[*].

Den Werth $f(\mu)$ heisst man auch den *Mittelwerth*, denn er ist nichts anderes als das arithmetische Mittel aller Ordinaten.

Es sei nun die Derivirte von $F(x) = \int_a^x f(\alpha)\,d\alpha$ zu suchen. Wir

------------------------------------------------

[*] Hier benützt Dedekind wieder den Zwischenwertsatz.

lassen  x  um  h  ändern, also:

$$F(x+h) = \int_a^{x+h} f(\alpha)\,d\alpha$$

$$F(x+h) = \int_a^{x} f(\alpha)\,d\alpha + \int_x^{h+x} f(\alpha)\,d\alpha$$

$$F(x+h) = F(x) + \int_x^{x+h} f(\alpha)\,d\alpha \quad \text{oder}$$

$$F(x+h) - F(x) = \int_x^{x+h} f(\alpha)\,d\alpha$$

Wenden wir den letzten Satz an, so ist die rechte Seite

$$\int_x^{x+h} f(\alpha)\,d\alpha = f(\mu)(x+h-x) = f(\mu)h \quad .$$

Es kann nun  $x \gtrless \mu \lessgtr x + h$  sein. Durch  h  dividirt  und  $f(\mu)$
substituirt, gibt

$$\frac{F(x+h)-F(x)}{h} = f(\mu)$$

$$F'(x) = \lim \frac{F(x+h)-F(x)}{h} = \lim f(\mu) = f(x) \quad ,$$

denn für  h  unendlich klein wird  x  und  x+h  sehr wenig verschieden, also muss  $\mu = x$  sein. Wir haben also:

$$F'(x) = f(x)$$

$$d(F(x)) = f(x)\,dx$$

$$d\left(\int_a^{x} f(\alpha)\,d\alpha\right) = f(x)\,dx \quad .$$

Wir wollen nun annehmen, es gebe noch eine andere Funktion
$\varphi(x)$ , die ganz die gleichen Eigenschaften habe wie  $F(x)$ ,
dass also  $d\varphi(x) = f(x)\,dx$  sei, folglich  $d(F(x) - \varphi(x)) = 0$ .
Wir bekommen das Resultat, dass der Unterschied von  $F(x)$  und
$\varphi(x)$  konstant ist, da ja das Differential gleich  0  ist.

Wir wollen diese Konstante mit  C  bezeichnen, also:

$$F(x) - \varphi(x) = C \ , \quad F(x) = \varphi(x) + C \ .$$

Da  $F(a) = 0$ , haben wir

$$0 = \varphi(a) + C$$

$$-\varphi(a) = C \ .$$

Folglich ist

$$F(x) = \int_a^x f(\alpha)\,d\alpha = \varphi(x) - \varphi(a)$$

oder auch

$$\int_a^b f(\alpha)\,d\alpha = \varphi(b) - \varphi(a) \quad ,$$

wenn  $\varphi(x)$  die Eigenschaft hat, dass  $d(\varphi(x)) = f(x)\,dx$ .

In der obigen Formel für  $F(x)$  kann ich auch den Buchstaben $\psi$  oder andere statt  $\varphi$  setzen, wenn  $d(\psi(x)) = f(x)\,dx$ , also:

$$\int_a^x f(\alpha)\,d\alpha = \psi(x) - \psi(a) \ .$$

Wenn  $f(x)$  irgend eine beliebige Funktion bedeutet, so schreibt man auch:

$$\int f(x)\,dx = \varphi(x) + C \ , \text{ wo } C \text{ konstant ist [und}$$
$$d(\varphi(x)) = f(x) \ ]$$

Wir nennen  $\int f(x)\,dx$  das *unbestimmte Integral* von  f . Es bedeutet also  $\int f(x)\,dx$  nichts anders als  $\int_a^x f(\alpha)\,d\alpha$ .

Wir haben also eine Methode zur Berechnung des bestimmten Integrals. Nun bleibt noch die Aufgabe übrig, eine Methode für die Aufsuchung des unbestimmten Integrals zu finden.

*Beispiel*

Es sei das Integral von $\int_a^b c\,d\alpha$ zu suchen. Es ist also $f(x) = c$ . Diejenige Grösse, die differenzirt $c\,dx$ gibt, ist $cx$ , also:

$$d(cx) = c\,dx \quad ,$$

es ist also $\varphi(x) = cx + C$ , oder auch $cx$ allein.

Wir haben nun unsere beiden Grenzen $a$ und $b$ in unsere Funktion $cx + C$ einzusetzen, also:

$$\int_a^b c\,d\alpha = cb + C - ca - C = c(b-a) \quad .$$

Wir bekommen das gleiche Resultat wie früher.

Es ist das Integral von $\int_o^b c\alpha\,d\alpha$ zu bestimmen. Hier ist: $f(x) = cx$ . Diejenige Funktion, die differenzirt $cx\,dx$ gibt, ist: $1/2\ cx^2$ , also:

$$d(\tfrac{1}{2}\,cx^2) = cx\,dx$$

$$\int cx\,dx = \tfrac{1}{2}\,cx^2 \quad .$$

Für $x = b$ erhalten wir: $\tfrac{1}{2}\,b^2 c$ oder $\tfrac{1}{2}\,cb^2$ und für $x = 0$ erhalten wir $0$ . Also ist:

$$\int_o^b c\alpha\,d\alpha = \tfrac{1}{2}\,cb^2 \quad ,$$

wie wir früher gefunden haben.

## § 19.   [FUNDAMENTALFORMELN] [*]

In diesem Paragraph wird die Aufgabe gestellt, zu einer gegebenen Funktion das Integral zu suchen. Wenn wir eine Funktion
$\varphi(x)$  haben, deren Differential  $f(x)dx$  ist, so schreiben wir:
$\int f(x)dx = \varphi(x)$ .


*Fundamentalformeln*

In der Differentialrechnung haben wir gesehen, dass

$$\frac{d(x^{m+1})}{(m+1)} = x^m dx \quad [\text{falls } m \neq -1] .$$

Es ist also

$$\int x^m dx = \frac{x^{m+1}}{m+1} \quad [\text{falls } m \neq -1] .$$


*Beispiele*

$$\int \frac{dx}{x^2} = \frac{x^{-2+1}}{-2+1} = -\frac{1}{x}$$

$$\int \frac{dx}{\sqrt{x}} = \frac{x^{-1/2+1}}{-1/2+1} = 2\sqrt{x} .$$

Wir haben  $dB^x = B^x \log B\, dx$ ,  folglich

$$\int B^x dx = \frac{B^x}{\log B} .$$

---

[*]  In diesem Paragraphen wird in grosser Ausführlichkeit die
Bestimmung unbestimmter Integrale für verschiedene Klassen
von Funktionen behandelt. Es ist natürlich, dass im Rahmen
der Ingenieur-Ausbildung auf die Berechnung von Integralen
grosser Wert gelegt wurde. Da der Abschnitt methodisch jedoch wenig Neues und Interessantes enthält, wurde er erheb-
lich gekürzt.

Setzen wir  B = e , so ergibt sich

$$\int e^x \, dx = e^x \; .$$

[Aus bekannten Formeln für Ableitungen folgt z.B.:]

$$\int \frac{dx}{x} = \log x$$

$$\int \cos \, dx = \sin x$$

$$\int \sin x \, dx = - \cos x$$

$$\int \frac{dx}{(\cos x)^2} = \operatorname{tg} x$$

$$\int \frac{dx}{(\sin x)^2} = \operatorname{cotg} x$$

$$\int \frac{dx}{\sqrt{1-x^2}} = \arcsin x = \frac{\pi}{2} - \arccos x$$

$$\int \frac{dx}{1+x^2} = \operatorname{arctg} x = \frac{\pi}{2} - \operatorname{arccotg} x \quad .$$

*Allgemeine Sätze*

Mit Hilfe der folgenden Sätze können wir Integrale zusammenge-
setzter Formen auf solche von einfacher Form zurückführen.

Wir behaupten zuerst

$$\int (f(x) \pm g(x)) \, dx = \int f(x) \, dx \pm \int g(x) \, dx$$

*Beweis*

Bezeichnen wir  $\int f(x) \, dx$  mit  y  und  $\int g(x) \, dx$  mit  z , so
ist:  dy = f(x) dx  und  dz = g(x) dx . Wenn wir eine Funktion,
deren Differential  (f(x) ± f(x)) dx  ist, mit w bezeichnen,

so ist:

$$dw = \{f(x) \pm g(x)\}dx = dy \pm dz \ .$$

Da $\quad d(y\pm z) = dy \pm dz \quad$ ist, können wir $\quad w = y \pm z \quad$ nehmen. Folglich ist

$$\int (f(x) \pm g(x))dx = w = y \pm z = \int f(x)dx \pm \int g(x)dx$$

Dieser Satz gilt auch für bestimmte Integrale, was aus der Definition eines bestimmten Integrals als Grenzwerth einer Summe hervorgeht.


*Beispiele*

$$\int \cos^2 x\,dx + \int \sin^2 x\,dx = \int (\cos^2 x + \sin^2 x)dx =$$

$$\int dx = x$$

$$\int (x^2 \pm x^4)dx = \int x^2 dx \pm \int x^4 dx = \frac{x^3}{3} \pm \frac{x^5}{5} \ .$$

Wir behaupten:

$$\int cf(x)dx = c \int f(x)dx \ .$$

Bezeichnen wir nun $\quad \int f(x)dx \quad$ mit $\quad z$ , so ist $\quad dz = f(x)dx$ und $\quad d(cz) = cdz = cf(x)dx$ .

Folglich ist $\quad cz \quad$ die Funktion, welche differenzirt $\quad cf(x)dx$ gibt. Also $\quad c \cdot \int f(x)dz = cz = \int cf(x)dx$ .

Das gilt auch für bestimmte Integrale:

$$\int_a^b cf(x)dx = c \int_a^b f(x)dx \ .$$

*Beispiel*

$$\int (ax^m + a_1 x^{m-1} + a_2 x^{m-2} + \ldots + a_m)\,dx$$

$$= a \int x^m dx + a_1 \int x^{m-1} dx + a_2 \int x^{m-2} dx + \ldots + a_m \int dx$$

$$= a\,\frac{x^{m+1}}{m+1} + a_1\,\frac{x^m}{m} + a_2\,\frac{x^{m-1}}{m-1} + \ldots + a_m x \;.$$

*Theilweise Integration*

Wie wir in der Differentialrechnung gefunden haben, gilt

$$d(uv) = udv + vdu \;.$$

Folglich ist

$$\int (udv+vdu) = u \cdot v$$

$$\int udv + \int vdu = uv$$

$$\int udv = uv - \int vdu \;.$$

Wenn wir  u  mit  $\varphi(x)$  und  v  mit  $\psi(x)$  bezeichnen, so haben wir

$$\int \varphi(x)\psi'(x)\,dx = \varphi(x)\psi(x) - \int \psi(x)\varphi'(x)\,dx \;.$$

*Beispiel*

$$\int x\sin x\,dx = ?$$

Nehmen wir nun an, es sei  x = u , so ist  sin x dx  gleich
dv  oder  v = -cos x , folglich ist:

$$\int x \sin x \, dx = -x \cos x + \int \cos x \, dx$$

$$= -x \cos x + \sin x \quad .$$

Hätten wir nun angenommen, $u$ sei gleich $\sin x$, also $dv = x \cdot dx$ oder $v = \frac{1}{2} x^2$, so wären wir auf ein anderes Resultat gekommen, nämlich:

$$\int x \sin x \, dx = \frac{1}{2} x^2 \sin x - \int \frac{1}{2} x^2 \cos x \, dx \quad .$$

Wir haben also einen noch komplizirteren Ausdruck erhalten als den ursprünglichen. Aus den verschiedenen Resultaten lässt sich schliessen, dass es nicht gleichgültig ist, wie wir die Faktoren kombiniren.


*Beispiel*

$$\int x^n \log x \, dx = ?$$

Da wir das Integral eines Logarithmus noch nicht bestimmen können, so können wir nur zum Ziele kommen, wenn wir $\log x$ als einen Faktor betrachten, und zwar als $u$. Es ist also:

$$u = \log x \quad ,$$

$$dv = x^n dx$$

$$v = \int x^n dx = \frac{x^{n+1}}{n+1} \quad ,$$

also

$$\int x^n \log x \, dx = \frac{x^{n+1}}{n+1} \log x - \int \frac{x^{n+1}}{n+1} \frac{dx}{x}$$

$$= \frac{x^{n+1}}{n+1} \log x - \frac{1}{n+1} \int x^n dx$$

$$= \frac{x^{n+1}}{n+1} \log x - \frac{x^{n+1}}{(n+1)^2} \quad .$$

Wäre  n = -1 , so hätten wir:

$$\int \frac{\log x \, dx}{x} = \log x \cdot \log x - \int \log x \, \frac{dx}{x}$$

auf beiden Seiten  $\int \log x \, \frac{dx}{x}$  addirt, gibt:

$$2\int \frac{\log x \, dx}{x} = (\log x)^2$$

$$\int \frac{\log x \, dx}{x} = \frac{(\log x)^2}{2} \quad .$$

*[Integration durch Substitution]*

Wir behaupten ferner:

$$\int f(x) \, dx = \int f(\varphi(z)) \varphi'(z) \, dz \quad .$$

Wir setzen also hier  $x = \varphi(z)$   und  $dx = \varphi'(z) \, dz$   .

*Beweis*

Ist  $F(x) = \int f(x) \, dx$  gesetzt, so gilt  $dF(x) = f(x) \, dx$   und
$F'(x) = f(x)$ . Es ist aber  $dF(x) = dF(\varphi(z)) = F'(\varphi(z) \varphi'(z) \, dz = f(\varphi(z)) \varphi'(z) \, dz$ , folglich  $F(x) = \int f(\varphi(z)) \varphi'(z) \, dz$   oder

$$\int f(x) \, dx = \int f(\varphi(z)) \varphi'(z) \, dz \quad .$$

*Beispiele*

$$\int \frac{dx}{a + bx^2} = \int \frac{dx}{a(1 + \frac{b}{a} x^2)} = \frac{1}{a} \int \frac{dx}{1 + \frac{b}{a} x^2} \quad .$$

Setze ich $z = x\sqrt{\dfrac{b}{a}}$ , so ist: $x = \dfrac{z}{\sqrt{\dfrac{b}{a}}} = z\sqrt{\dfrac{a}{b}}$ , mithin:

$$\int \frac{dx}{a+bx^2} = \frac{1}{a} \int \frac{\frac{a}{b}dz}{1+z^2} = \frac{1}{\sqrt{a\cdot b}} \int \frac{dz}{1+z^2} = \frac{1}{\sqrt{a\cdot b}}\ \text{arctg}\ z$$

$$= \frac{1}{\sqrt{a\cdot b}}\ \text{arctg}\left(\sqrt{\frac{b}{a}}\,x\right) \ .$$

$$\int \frac{d\varphi}{a\cos^2\varphi + b\sin^2\varphi} = ?$$

Zähler und Nenner durch $\cos^2\varphi$ dividirt, gibt

$$\int \frac{d\varphi}{a\cos^2\varphi + b\sin^2\varphi} = \int \frac{\left(\dfrac{d\varphi}{\cos^2\varphi}\right)}{a+b\,\text{tg}^2\varphi} \ .$$

Setzen wir für $\text{tg}\ \varphi = x$ , so ist $d\,\text{tg}\ \varphi = \dfrac{d\varphi}{\cos^2\varphi} = dx$ ,

folglich:

$$\int \frac{d\varphi}{a\cos^2\varphi + b\sin^2\varphi} = \int \frac{dx}{a+bx^2} = \frac{1}{\sqrt{a\cdot b}}\ \text{arctg}\left(\sqrt{\frac{b}{a}}\,x\right)$$

$$= \int \frac{1}{\sqrt{a\cdot b}}\ \text{arctg}\left(\sqrt{\frac{b}{a}}\,\text{tg}\varphi\right) \ .$$

$$\int x^{m-1}\cos(a+bx^m)\,dx = ?$$

Setze ich $(a+bx^m) = z$ , so ist $mbx^{m-1}dx = dz$ oder $x^{m-1}dx = \dfrac{dz}{mb}$ , also:

$$\int x^{m-1}\cos(a+bx^m)\,dx = \int x^{m-1}\cos z\ dx = \int \cos z\ \frac{dz}{bm}$$

$$= \frac{1}{bm}\int\cos z\ dz = \frac{1}{bm}\sin z = \frac{\sin(a+bx^m)}{bm} \ .$$

$$\int \frac{xdx}{\sqrt{a^2-b^2x^2}} = \ ?$$

Wir setzen $a^2 - b^2x^2 = z$ , dann gilt $dz = -2b^2xdx$ ,
$xdx = -\dfrac{dz}{2b^2}$ .

Durch Substitution dieser Werthe ergibt sich:

$$\int \frac{xdx}{\sqrt{a^2-b^2x^2}} = \int \frac{-\dfrac{dz}{2b^2}}{\sqrt{z}} = -\frac{1}{2b^2} \int \frac{dz}{\sqrt{z}} = -\frac{1}{b^2} \int \frac{dz}{2\sqrt{z}}$$

$$= -\frac{1}{b^2} \sqrt{z} = -\frac{\sqrt{a^2+b^2x^2}}{b^2} \ .$$

*Integration rationaler Funktionen*

Jeder Ausdruck von der Form $\dfrac{F(x)}{f(x)}$ , wo $F(x)$ und $f(x)$ ganze
rationale Funktionen sind, heisst eine rationale Funktion. Es
lässt sich nun zeigen, dass sich eine solche Funktion immer
integriren lässt. Die zuerst vorkommenden Operationen sind,
wie wir sehen werden, algebraisch. Wenn der Zähler von unserem
Quotienten von höherem Grade ist als der vom Nenner, so sagt
man, die Funktion ist eine unechte. Ist hingegen der Nenner von
höherem Grade, so sagt man, der Bruch ist ein echt algebraischer.

Ist eine rationale Funktion $\dfrac{F(x)}{f(x)}$ unecht gebrochen, so bekommen wir, wenn wir die Division ausführen, eine bestimmte ganze
Funktion $Q(x)$ mehr einem Rest $\varphi(x)$ , also:

$$\frac{F(x)}{f(x)} = Q(x) + \frac{\varphi(x)}{f(x)} \quad \text{und} \quad \frac{\varphi(x)}{f(x)}$$

ist echt gebrochen.

*Beispiel*

Es sei $\dfrac{x^3+2x-1}{x^2-7x+12}$ . Durch Ausführung der Division erhalten wir:

$$\frac{x^3+2x-1}{x^2-7x+12} = x + 7 + \frac{39x-85}{x^2-7x+12} \quad .$$

Nach Früherem ist:

$$\int \frac{F(x)}{f(x)}\, dx = \quad Q(x)\, dx + \int \frac{\varphi(x)}{f(x)}\, dx \ ,$$

folglich ist in unserem Beispiel

$$\int \left(x+7 + \frac{39x-85}{x^2-7x+12}\right) dx = \int x\, dx + \int dx + \int \left(\frac{39x-85}{x^2-7x+12}\right) dx$$

$$= \frac{1}{2}\, x^2 + 7x + \int \frac{39x-85}{x^2-7x+12}\, dx \quad .$$

Wir haben jetzt also noch das Integral von einem echten Bruch
zu suchen. Wir wollen nun zeigen, dass eine echt gebrochene
Funktion $\varphi(x)/f(x)$ in einfache Theile getheilt werden kann.
Wir setzen als bewiesen voraus, dass die ganze Funktion im Nenner $f(x)$ mindestens eine Wurzel $\alpha$ besitzt. Dividiren wir
$f(x)$ durch $x-\alpha$ , so ist $f(x) = f_1(x)(x-\alpha) + r$ . Da
$f(\alpha) = 0$ , muss $r = 0$ sein, und wir haben $f(x) = f_1(x)(x-\alpha)$ .
Durch Wiederholung bekommen wir $f_1(x) = f_2(x)(x-\beta)$ , also

$$f(x) = c_o(x-\alpha)(x-\beta)\ \dots\ (x-\lambda) \quad .$$

Wir wollen nun annehmen, alle Nullstellen von $f(x)$ seien verschieden. Wir suchen $\dfrac{f(x)}{f(x)}$ zu zerlegen als:

$$\frac{\varphi(x)}{f(x)} = \frac{A}{x-\alpha} + \frac{\varphi_1(x)}{f_1(x)} \quad .$$

Multiplizire ich die Gleichung mit $x-\alpha$ , so ist:

$$\frac{\varphi(x)(x-\alpha)}{f(x)} = A + \frac{\varphi_1(x)(x-\alpha)}{f_1(x)}$$

oder, da $\dfrac{x-\alpha}{f(x)} = \dfrac{1}{f_1(x)}$ ,

$$\varphi(x) \; \frac{1}{f_1(x)} = A + \frac{\varphi_1(x)(x-\alpha)}{f_1(x)}$$

$$\varphi(x) - Af_1(x) = \varphi_1(x)(x-\alpha) \; .$$

$x = \alpha$ gesetzt, gibt also

$$\varphi(\alpha) - A \cdot f_1(\alpha) = 0 \; ,$$

also

$$A = \frac{\varphi(\alpha)}{f_1(\alpha)} \; .$$

Es war $f_1(x) = \dfrac{f(x)}{x-\alpha}$ . Für $x = \alpha$ würde $f_1(\alpha) = \dfrac{0}{0}$ . Um den Grenzwerth zu bestimmen, haben wir Zähler und Nenner zu differenziren, also $f_1(\alpha) = f'(\alpha)$ und $A = \dfrac{\varphi(\alpha)}{f'(\alpha)}$ .

Auf gleiche Weise können wir fortfahren, nämlich:

$$\frac{\varphi_1(x)}{f_1(x)} = \frac{B}{x-\beta} + \frac{\varphi_2(x)}{f_2(x)}$$

und wir kommen auf das Resultat

$$f_2(\beta) = f'(\beta) \; .$$

Also

$$\beta = \frac{\varphi(\beta)}{f'(\beta)} \; .$$

Wir bekommen endlich eine Reihe:

$$\frac{\varphi(x)}{f(x)} = \frac{A}{x-\alpha} + \frac{B}{x-\beta} + \frac{C}{x-\gamma} + \cdots \frac{L}{x-\lambda} \; ,$$

wobei $\quad A = \dfrac{\varphi(\alpha)}{f'(\alpha)}$ , $\quad B = \dfrac{\varphi(\beta)}{f'(\beta)}$ , $\quad C = \dfrac{\varphi(\gamma)}{f'(\gamma)}$ , $\quad L = \dfrac{\varphi(\lambda)}{f'(\lambda)}$ , also:

$$\frac{\varphi(x)}{f(x)} = \frac{\varphi(\alpha)}{f'(\alpha)} \; \frac{1}{x-\alpha} + \frac{\varphi(\beta)}{f'(\beta)} \; \frac{1}{x-\beta} + \cdots \frac{\varphi(\lambda)}{f'(\lambda)} \; \frac{1}{x-\lambda}$$

$$\int \frac{\varphi(x)}{f(x)} \, dx = \frac{\varphi(\alpha)}{f'(\alpha)} \int \frac{1}{x-\alpha} \, dx + \frac{\varphi(\beta)}{f'(\beta)} \int \frac{1}{x-\beta} \, dx + \cdots$$

$$\cdots \frac{\varphi(\lambda)}{f'(\lambda)} \int \frac{1}{x-\lambda} \, dx \quad .$$

$$\int \frac{\varphi(x)}{f(x)} \, dx = \frac{\varphi(\alpha)}{f'(\alpha)} \log(x-\alpha) + \frac{\varphi(\beta)}{f'(\beta)} \log(x-\beta) + \cdots$$

$$\cdots \frac{\varphi(\lambda)}{f'(\lambda)} \log(x-\lambda) \quad .$$

*Beispiel*

In dem Beispiel 2 Seiten vorher haben wir als Rest gefunden:
$\frac{39x-85}{x^2-7x+12}$ . Dies ist eine echt gebrochene Funktion. Wir müssen
zuerst die Wurzeln von $x^2 - 7x + 12$ bestimmen. Aber
$x^2 - 7x + 12 = (x-3)(x-4)$ . Folglich ist

$$\frac{39x-85}{x^2-7x+12} = \frac{39x-85}{(x-3)(x-4)} = \frac{A}{x-3} + \frac{B}{x-4} \quad .$$

Bilden wir  $f'(x)$  , so ist:

$$\frac{\varphi(x)}{f'(x)} = \frac{39x-85}{2x-7} \quad .$$

Um  A  und  B  zu bestimmen, setze ich  $x = 3$  und  $x = 4$ :

$$x = 3 \; : \; A = \frac{39 \cdot 3 - 85}{6-7} = \frac{117-85}{-1} = -32$$

$$x = 4 \; : \; B = \frac{156-85}{8-7} = \frac{71}{1} = 71 \quad .$$

Folglich:

$$\int \frac{39x-85}{x^2-7x+12} \, dx = -32 \, \log(x-3) + 71 \, \log(x-4) =$$

$$= \log \frac{(x-4)^{71}}{(x-3)^{32}} \; .$$

Wir hätten auch  A  und  B  bestimmen können, indem wir  A
und  B  als Unbekannte einer Gleichung betrachten. Denn es ist:

$$\frac{39x-85}{x^2-7x+12} = \frac{A}{x-3} + \frac{B}{x-4} \quad \text{oder}$$

$$= \frac{A(x-4)+B(x-3)}{(x-3)(x-4)} \; .$$

Folglich ist

$$39x - 85 = A(x-4) + B(x-3)$$

oder     $A + B = 39$  und  $4A + 3B = 85$ .

[Wir betrachten nun den Fall, wo  $f(x)$  komplexe Wurzeln hat.]

Es sei  $f(x)$  eine ganze Funktion mit reellen Coeffizienten.
Wir wollen zeigen, dass, wenn  a+bi  eine Wurzel von  $f(x)$
ist, so ist auch  a-bi  eine Wurzel.


*Beweis*

Wir ersetzen  x  durch  a+bz  und schreiben

$$f(a+bz) = \varphi(z^2) + z\psi(z^2) \; .$$

Für  z=i  ist  $f(a+bi) = \varphi(-1) + i\psi(-1)$  und für  z = -i
$f(a-bi) = \varphi(-1) - i\psi(-1)$ . Ist nun  $f(a+bi) = 0$ , so muss
$\varphi(-1) = 0$  und  $\psi(-1) = 0$  sein, also auch  $f(a-ib) = 0$ .


Wenn also  $\alpha = a+bi$  Wurzel von der Funktion  $f(x)$   im Nenner
von  $\frac{\varphi(x)}{f(x)}$  ist, so ist auch  $\beta = a-bi$  Wurzel von  $f(x)$ . Wir
untersuchen nun die Summe

$$\frac{\varphi(\alpha)}{f'(\alpha)} \cdot \frac{1}{x-\alpha} + \frac{\varphi(\beta)}{f'(\beta)} \frac{1}{x-\beta}$$

für $\alpha = a+bi$ und $\beta = a-ib$ . Setzen wir

$$\frac{\varphi(a+bi)}{f'(a+bi)} = p + qi \; ,$$

so gilt

$$\frac{\varphi(a-bi)}{f'(a-bi)} = p - qi \; .$$

{Dies wird explizit berechnet.}

Das eingesetzt, gibt

$$\frac{p+qi}{x-a-bi} + \frac{p-qi}{x-a+bi} = \frac{2p(x-a)-2bq}{(x-a)^2+b^2}$$

$$\int \frac{2p(x-a)-2bq}{(x-a)^2+b^2} \, dx = p \int \frac{2(x-a)}{(x-a)^2+b^2} \, dx - 2q \int \frac{bdx}{(x-a)^2+b^2} =$$

$$= p \log[(x-a)^2+b^2] - 2q \; \text{arctg} \; \frac{x-a}{b} \; .$$

{Rechnung gekürzt.}

Wir hätten dieses Resultat auch aus bekannten Formeln ableiten
können, nämlich:

$$\int (\frac{p+qi}{x-a-bi} + \frac{p-qi}{a-a+bi}) dx = \int \frac{p+qi}{x-a-bi} \, dx + \int \frac{p-qi}{x-a+bi} \, dx =$$

$$= (p+qi) \int \frac{1}{x-a-bi} \, dx + (p-qi) \int \frac{1}{x-a+bi} \, dx$$

$$= (p+qi) \log(x-a-bi) + (p-qi) \log(x-a+bi)$$

$$= p \log((x-a)^2+b^2) + qi \log \frac{x-a-bi}{x-a+bi} \; .$$

Wir haben früher gefunden, dass:

$$\log \frac{1+\alpha i}{1-\alpha i} = 2i \; \text{arctg} \; \alpha \; .$$

Setzen wir hier $\alpha = \dfrac{-b}{x-a}$ ein, so ist:

$$\log \frac{1+\dfrac{-b}{x-a}i}{1-\dfrac{-b}{x-a}i} = \log \frac{x-a-bi}{x-a+bi} = 2i \ \text{arctg} \ \frac{-b}{x-a} \ .$$

Dies gibt:

$$\int \left(\frac{p+qi}{x-a-bi} + \frac{p-qi}{x-a+bi}\right) dx = p \ \log[(x-a)^2+b^2] +$$

$$+ \ qi \cdot 2i \ \text{arctg} \ \frac{-b}{x-a}$$

$$= p \ \log[(x-a)^2+b^2] + 2q \ \text{arctg} \ \frac{b}{x-a} \ .$$

Vergleichen wir das mit dem früheren Resultat, so sehen wir,
dass ein Unterschied stattfindet. Dieser Unterschied besteht
aber nur aus einer Konstante. Die beiden ersten Theile sind
gleich, hingegen die zweiten Theile nicht. Im ersten Resultat
ist der zweite Theil $- 2q \ \text{arctg} \ \dfrac{x-a}{b}$ und im zweiten Resultat
ist der zweite Theil $+ 2q \ \text{arctg} \ \dfrac{b}{x-a}$ - Die Differenz ist gleich
$2q(\text{arctg} \ z + \text{arctg} \ \dfrac{1}{z})$ mit $z = \dfrac{x-a}{b}$ . Die Summe von $\text{arctg} \ z +$
$\text{arctg} \ \dfrac{1}{z}$ ist nun immer $\dfrac{\pi}{2}$ oder ein Multiplum von $\dfrac{\pi}{2}$ , wie wir
auch $z$ wählen. Folglich ist der Unterschied gleich
$2q \cdot \dfrac{\pi}{2} = q \cdot \pi$ , und dies ist eine Konstante.

*Beispiel*

Es ist das Integral von $\dfrac{x^2-2x}{x^3-1}$ zu suchen. Wir müssen zuerst
die Wurzeln des Nenners aufsuchen:

$$x^3 - 1 = (x-1)(x^2+x+1) \ .$$

Es ist also $\gamma = 1$ eine Wurzel. Wir haben noch die Wurzeln von

$x^2 + x + 1 = 0$   zu suchen. Es gilt

$$(x + \tfrac{1}{2})^2 = -\tfrac{3}{4} \quad \text{oder} \quad \alpha = \frac{-1+i\sqrt{3}}{2} \quad \text{und} \quad \beta = \frac{-1-i\sqrt{3}}{2} \quad .$$

Wir haben nun

$$\frac{\varphi(x)}{f(x)} = \frac{p+qi}{x-a-bi} + \frac{p-qi}{x-a-bi} + \frac{C}{x-1} \quad .$$

Da   $\dfrac{\varphi(x)}{f'(x)} = \dfrac{x^2-2x}{3x^2}$ ,   ist   $C = \dfrac{\varphi(\gamma)}{f'(\gamma)} = -\dfrac{1}{3}$ ,   weiter gilt

$$\frac{\varphi(\beta)}{f'(\beta)} = p + qi = \frac{2}{3} + \frac{i\sqrt{3}}{3} \quad ,$$

$$p = \frac{2}{3} \quad \text{und} \quad q = \frac{\sqrt{3}}{3} \quad .$$

Es ist also:

$$\int \frac{x^2-2x}{x^3-1}\, dx = \frac{2}{3} \log\left[(x + \tfrac{1}{2})^2 + (\tfrac{\sqrt{3}}{2})^2\right] -$$

$$- 2\frac{\sqrt{3}}{3} \operatorname{arctg} \frac{x+\tfrac{1}{2}}{\tfrac{\sqrt{3}}{2}} + \frac{\log(x-1)}{3} \quad .$$

{Als weiteres Beispiel wird   $\displaystyle\int \frac{Ax+B}{ax^2+2bx+c}\, dx$   berechnet. Dabei
werden die drei Fälle   $b^2 - ac \gtreqless 0$   getrennt behandelt.}

Wir kommen nun zu dem Falle, wo nicht alle Wurzeln [vom Nenner
eines echten Bruchs $\frac{\varphi(x)}{f(x)}$ ] verschieden sind, sondern auch
mehrere gleiche vorkommen. Angenommen, $f(x)$ habe nebst andern
Wurzeln $K$ gleiche Wurzeln $\alpha$ , so kann man das Produkt der
linearen Faktoren in zwei Faktoren theilen. Wir nehmen nämlich
in einem Faktor das Produkt der $K$ gleichen Faktoren $(x-\alpha)$ ,
und im anderen das Produkt der übrigen linearen Faktoren, welches wir mit $\psi(x)$ bezeichnen wollen, also:

$$f(x) = (x-\alpha)^K \psi(x) \quad .$$

Es kann nun $\psi(x)$ für $x = \alpha$ nicht gleich $0$ werden, weil

nach Voraussetzung kein Faktor $x - \alpha$ vorkommt, also ist
$\psi(x)$ nicht mehr durch diesen Faktor theilbar. Wir erhalten nun
keine Partialbrüche, wo der Nenner nur die erste Potenz einer
Funktion ersten Grades ist wie in dem früheren Fall, sondern
Partialbrüche, welche im Nenner die erste bis $K$ Potenz einer
Funktion ersten Grades haben. Wir setzen

$$\frac{\varphi(x)}{f(x)} = \frac{A}{(x-\alpha)^K} + \frac{\varphi(x) - A\psi(x)}{f(x)} \quad .$$

Man sucht nun $A$ so zu wählen, dass der Nenner im zweiten
Bruch nicht mehr $f(x)$ bleibt, sondern von kleinerem Grad
wird, das heisst man muss $A$ so annehmen, dass $\varphi(x) - A\psi(x)$
durch $(x-\alpha)$ theilbar wird. Das ist der Fall, wenn $A = \dfrac{\varphi(\alpha)}{\psi(\alpha)}$
ist. Bezeichnen wir nun den Quotienten, welchen man erhält,
wenn man $\varphi(x) - A\psi(x)$ durch $(x-\alpha)$ dividirt, mit $\varphi_1(x)$ ,
so ist $\varphi(x) - A\psi(x) = (x-\alpha)\varphi_1(x)$ . Substituirt man diesen
Werth, so ist

$$\frac{\varphi(x)}{f(x)} = \frac{A}{(x-\alpha)^K} + \frac{\varphi_1(x)}{(x-\alpha)^{K-1}\psi(x)} \quad .$$

Der zweite Summand ist wieder ein echter Bruch. Um $A$ zu erhalten, ist nun vor allem nöthig, $\psi(\alpha)$ zu bestimmen. Es ist
nach Annahme: $\psi(x) = \dfrac{f(x)}{(x-\alpha)^K}$ .

Setzt man hierin $\alpha$ für $x$ , so hat die rechte Seite die Form
$\frac{0}{0}$ , den wahren Werth erhalten wir aber, indem wir $K$ mal
deriviren.

Also hat man für $A = \dfrac{\varphi(\alpha)}{\psi(\alpha)} = \dfrac{K!\,\varphi(\alpha)}{f^{(k)}(\alpha)}$ .

Dieser Werth für $A$ in der betreffenden Gleichung substituirt,
gibt:

$$\frac{\varphi(x)}{f(x)} = \frac{K!\,\varphi(\alpha)}{f^K(\alpha)(x-\alpha)^K} + \frac{\varphi_1(x)}{(x-\alpha)^{K-1}\psi(x)} \quad .$$

Auf gleiche Weise verfährt man nun mit dem Bruch $\dfrac{\varphi_1(x)}{(x-\alpha)^K \psi(x)}$ weiter, bis nur noch ein Bruch $\dfrac{\varphi_K(x)}{\psi(x)}$ bleibt. Dieser wird dann wieder nach der früheren Methode zerlegt.

Ein so zerlegter Bruch hat also folgende Darstellung:

$$\frac{\varphi(x)}{f(x)} = \frac{A}{(x-\alpha)^K} + \frac{A_1}{(x-\alpha)^{K-1}} + \ldots + \frac{A_{K-1}}{x-\alpha} +$$

$$+ \frac{B}{(x-\beta)^\ell} + \frac{B_1}{(x-\beta)^{\ell-1}} + \ldots + \frac{B_{\ell-1}}{x-\beta} +$$

$$+ \frac{C}{(x-\gamma)^r} + \ldots + \frac{L}{(x-\lambda)}$$

Würden bei diesen Brüchen auch complexe Wurzeln vorkommen, so müsste man auf gleiche Weise verfahren, wie bei den conjugirten Wurzeln. Integrirt man, so werden alle Glieder, welche nur die ersten Potenzen im Nenner haben, Logarithmen geben, und die andern algebraische Funktionen. Wenn imaginäre Wurzeln vorkommen, so ist das Integral eine cyklometrische Funktion. Es lässt sich also jede rational gebrochene Funktion integriren.

*Beispiele*

{Die Integrale $\displaystyle\int \frac{x}{x^4-2x^2+1}\, dx$ und $\displaystyle\int \frac{1}{x^4-2x^2+1}\, dx$ . }

*Integration irrationaler Funktionen*[*)]

1) Es sei $\displaystyle\int f\left(x^n \sqrt{\frac{\alpha x+\beta}{\gamma x+\delta}}\right) dx$ zu integriren, wobei unsere Funktion so beschaffen ist, dass, wenn man für das Wurzelzeichen y setzt, $f(x,y)$ eine rationale Funktion ist.

Setzen wir nun:

---

[*)] Dieser Abschnitt wurde stark gekürzt.

$$\sqrt[n]{\frac{\alpha x+\beta}{\gamma x+\delta}} = y \quad \text{oder} \quad \frac{\alpha x+\beta}{\gamma x+\delta} = y^n \quad,$$

so wird

$$x = \frac{y^n\delta-\beta}{\alpha-y^n\gamma} \quad, \quad dx = \frac{(\alpha\delta-\beta\gamma)ny^{n-1}}{(\alpha-\gamma y^n)^2}$$

und

$$\int f(x,\ \sqrt[n]{\frac{\alpha x+\beta}{\gamma x+\gamma}})\,dx = \int f(\frac{\delta y^n-\beta}{\alpha-y^n\gamma}\ ,\ y)\ \frac{(\alpha\delta-\beta\gamma)ny^{n-1}}{(\alpha-\gamma y^n)^2}\ dy \quad.$$

*Beispiel*

$$\int \sqrt{\frac{1+x}{1-x}}\ dx = \int y\ \frac{2y2dy}{(1+y^2)^2} = \int 2y\,d(\frac{-1}{1+y^2}) \quad.$$

Wenden wir die theilweise Integration an, so folgt

$$\int \sqrt{\frac{1+x}{1-x}}\ dx = -\sqrt{1-x^2} + 2\,\text{arctg}\ \sqrt{\frac{1+x}{1-x}} \quad.$$

2) Es sei $\int f(x,\sqrt{ax^2+2bx+c})\,dx$ zu integriren, $f(x,y)$ rational und $a > 0$ . Setzen wir $z = \sqrt{ax^2+2bx+c} + x\sqrt{a}$ , so ist

$$x = \frac{z^2-c}{2(b+z\sqrt{a})}$$

$$\sqrt{ax^2+2bx+c} = \frac{z^2\sqrt{a}+2bz+c\sqrt{a}}{2(b+z\sqrt{a})}$$

$$dx = \frac{z^2\sqrt{a}+2bz+c\sqrt{a}}{2(b+z\sqrt{a})^2}\ dz \quad,$$

folglich

$$\int f(x,\sqrt{ax^2+2bx+c})\,dx =$$

$$= \int f(\frac{z^2-c}{2(b+z\sqrt{a})}\ ,\ \frac{z^2\sqrt{a}+2bz+c\sqrt{a}}{2(b+z\sqrt{a})})\ \frac{z^2\sqrt{a}+2bz+c\sqrt{a}}{2(b+z\sqrt{a})^2}\ dz$$

*Beispiel*

$$\int \frac{dx}{\sqrt{ax^2+2bx+c}} = \int \frac{2(b+z\sqrt{a})}{z^2\sqrt{a+2bz}+c\sqrt{a}} \quad \frac{z^2\sqrt{a+2bz}+c\sqrt{a}}{2(b+z\sqrt{a})^2} =$$

$$= \int \frac{dz}{b+z\sqrt{a}} = \frac{1}{\sqrt{a}} \log(b+z\sqrt{a})$$

also

$$\int \frac{dx}{\sqrt{ax^2+2bx+c}} = \frac{1}{\sqrt{a}} \log(ax+b+\sqrt{a}(ax^2+2bx+c)) \quad .$$

3) Es sei $\int f(x,\sqrt{ax^2+2bx+c})\,dx$ , mit $a < 0$ . Von einer gewissen Stelle von $x$ an ist der Radikante stets negativ, also die Wurzel daraus imaginär. Um zu untersuchen, wann dies stattfindet, setzen wir:

$$ax^2 + 2bx + c = R$$

$$a^2x^2 + 2abx + ac = aR$$

$$aR = (ax+b)^2 + ac - b^2$$

Wir sehen sogleich, dass $(ax+b)^2$ jedenfalls positiv ist. Wäre also $ac - b^2$ auch positiv, so wäre dann die Summe der beiden Ausdrücke jedenfalls auch positiv, also auch $aR$ positiv, und da $a$ negativ ist, so müsste es auch $R$ sein, also die Wurzelgrösse wäre dann imaginär. Wir wollen also diesen Fall ausschliessen, ebenso auch den, wo $ac = b^2$ , dann wäre ja die Funktion rational, weil $aR = (ax+b)^2 + ac - b^2$ . Wir betrachten also nur den Fall, wo $a < 0$ und $b^2 - ac > 0$ .

Dann bekommen wir

$$R = -a(x-\alpha)(\beta-x) \quad \text{mit} \quad \alpha = \frac{-b+\sqrt{b^2-ac}}{a}$$

$$\text{und} \quad \beta = \frac{-b-\sqrt{b^2-ac}}{b} \quad .$$

Da  a  negativ ist, so ist  -a  positiv. Und wenn nun
$\beta > x > \alpha$  ist, so sind beide Faktoren  $(x-\alpha)$  und  $(\beta-x)$
positiv, folglich auch  R  positiv, und folglich die Wurzelgrösse reell. In diesem Falle setzen wir nun:

$$z = \sqrt{\frac{\beta-x}{x-\alpha}} \quad , \quad x = \frac{z^2\alpha+\beta}{z^2+1} \quad ,$$

$$z^2(x-\alpha) = \beta - x$$

$$x(z^2+1) = z^2\alpha + \beta \quad ,$$

also

$$x - \alpha = \frac{\beta-\alpha}{z^2+1}$$

$$\beta - x = \frac{(\beta-\alpha)\,z^2}{z^2+1}$$

$$R = -a(x-\alpha)(\beta-x) = -a\left(\frac{(\beta-\alpha)\,z^2}{(z^2+1)^2}\right)$$

$$\sqrt{R} = \sqrt{ax^2+2bx+c} = \sqrt{-a}\,\frac{(\beta-\alpha)\,z}{1+z^2}$$

Hier ist  $\sqrt{-a}$  reell. Aus der Formel für  x  ergibt sich, dass

$$dx = \frac{2(\alpha-\beta)\,zdz}{(1+z^2)^2} \quad .$$

So ist

$$\int f(x,\sqrt{ax^2+2bx+c})\,dx = -\int f\left(\frac{(z^2\alpha+\beta)}{1+z^2}\,,\,\frac{(\beta-\alpha)(z\sqrt{-a})}{1+z^2}\right)\frac{2(\beta-\alpha)\,zdz}{(1+z^2)^2}$$

wo

$$z = \sqrt{\frac{\beta-x}{x-\alpha}}\,,\quad \alpha = \frac{-b+\sqrt{b^2-ac}}{a}\,,\quad \beta = \frac{-b-\sqrt{b^2-ac}}{a} \quad .$$

*Beispiel*

$$\int \frac{dx}{\sqrt{ax^2+2bx+c}} \quad , \quad \text{wenn}\quad a < 0 \quad \text{und}\quad b^2 - ac > 0 \quad .$$

$$\int \frac{dx}{\sqrt{ax^2+2bx+c}} = \int - \frac{2dz}{(1+z^2)\sqrt{-a}} = \frac{-2}{\sqrt{-a}} \text{ arctg } z =$$

$$= \frac{-2}{\sqrt{-a}} \text{ arctg } \sqrt{\frac{\beta-x}{x-\alpha}} \; .$$

Eine andere Lösung ist

$$\int \frac{dx}{\sqrt{ax^2+2bx+c}} = \sqrt{-a} \int \frac{dx}{\sqrt{(b^2-ac)-(ax+b)^2}} =$$

$$= \sqrt{-a} \int \frac{\dfrac{dx}{b^2-ac}}{1-\left(\dfrac{ax+b}{b^2-ac}\right)^2} \; .$$

Setzen wir:

$$z = \frac{ax+b}{\sqrt{b^2-ac}} \; , \quad \text{so ist:}$$

$$\frac{dz}{a} = \frac{dz}{\sqrt{b^2-ac}}$$

$$\int \frac{dz}{\sqrt{ax^2+2bx+c}} = \frac{\sqrt{-a}}{a} \int \frac{dz}{\sqrt{1-z^2}} = - \frac{1}{\sqrt{-a}} \text{ arcsin } \frac{ax+b}{\sqrt{b^2-ac}} \; .$$

Wir wollen nun einmal $x^m \sqrt{R}$ differenziren, wo
$R = ax^2 + 2bx + c$ bedeutet, und dann das Resultat umkehren.
Wir finden

$$d(x^m \sqrt{R}) = \frac{x^m 2(ax+b)\,dx}{2\sqrt{R}} + \sqrt{R} \; mx^{m-1}dx =$$

$$= \frac{ax^{m+1}+bx^m+mx^{m-1}R}{\sqrt{R}} \; dx =$$

$$= \frac{ax^{m+1}+bx^m+amx^{m+1}+2bmx^m+cmx^{m-1}}{\sqrt{R}} =$$

$$= \frac{a(m+1)x^{m+1}}{\sqrt{R}} \; dx + \frac{b(2m+1)x^m}{\sqrt{R}} \; dx + \frac{cmx^{m-1}dx}{\sqrt{R}} \; ,$$

daher auch

$$x^m \sqrt{R} = a(m+1) \int \frac{x^{m+1}}{\sqrt{R}}\, dx + b(2m+1) \int \frac{x^m dx}{\sqrt{R}} + cm \int \frac{x^{m-1} dx}{\sqrt{R}} \ .$$

Aus dieser Formel können wir, wenn uns 2 Integrale bekannt sind, ja das dritte Integral berechnen, wo $x$ in einer um 1 kleineren Potenz vorkommt. Setzen wir $m = 0$ und dann $m = 1$, so haben wir:

$$\int \frac{x dx}{\sqrt{R}} = \frac{\sqrt{R}}{a} - \frac{b}{a} \int \frac{dx}{\sqrt{R}}$$

$$\int \frac{x^2 dx}{\sqrt{R}} = \frac{x\sqrt{R}}{2a} - \frac{3b}{2a} \frac{x dx}{\sqrt{R}} - \frac{c}{2a} \frac{dx}{\sqrt{R}} =$$

$$= \frac{x\sqrt{R}}{2a} - \frac{3b}{2a^2} \sqrt{R} + \frac{3b^2}{2a^2} \int \frac{dx}{R} - \frac{ac}{2a^2} \int \frac{dx}{R}$$

$$\int \frac{x^2 dx}{\sqrt{R}} = \frac{(ax-3b)\sqrt{R}}{2a^2} + \frac{3b^2-ac}{2a^2} \int \frac{dx}{\sqrt{R}}$$

Diese Formel gelten allgemein und es muss dann erst noch in den Beispielen speziell unterschieden werden, ob $a \gtrless 0$ ist.

*Beispiel*

$$\int \sqrt{R}\, dx = \int \frac{dx \cdot R}{\sqrt{R}} = \int \frac{ax^2 + 2bx + c}{\sqrt{R}}\, dx =$$

$$= a \int \frac{x^2 dx}{\sqrt{R}} + 2b \int \frac{x dx}{\sqrt{R}} + c \int \frac{dx}{\sqrt{R}} =$$

$$= \frac{ax+b}{2a} \sqrt{R} + \frac{ac-b^2}{2a} \int \frac{dx}{\sqrt{R}} \ .$$

Nehmen wir $R = r^2 - x^2$, so haben wir:

$$\int \frac{x^{m+1} dx}{\sqrt{r^2 - x^2}} = - \frac{x^m \sqrt{r^2 - x^2}}{m+1} + \frac{mr^2}{m+1} \int \frac{x^{m+1} dx}{\sqrt{r^2 - x^2}} \ .$$

Bekanntlich ist:

$$\int \frac{dx}{\sqrt{r^2 - x^2}} = \arcsin \frac{x}{r} \ ,$$

und indem wir oben  $m = 0$  setzen:

$$\int \frac{x\,dx}{\sqrt{r^2-x^2}} = -\sqrt{r^2-x^2} \ .$$

Setzen wir ferner

$$\int \sqrt{r^2-x^2}\,dx = \int \frac{r^2-x^2}{\sqrt{r^2-x^2}}\,dx \ ,$$

so folgt

$$\int \sqrt{r^2-x^2}\,dx = \frac{1}{x}\,x\,\sqrt{R} + \frac{1}{2}\,r^2 \cdot \int \frac{dx}{\sqrt{r^2-x^2}}$$

Es ist also der Inhalt der Kreisfläche:

$$\int\limits_{o}^{r} \sqrt{r^2-x^2}\,dx = 0 + \frac{1}{2}\,r^2\,\arcsin 1 = \frac{r^2\pi}{4} \ .$$

{Analog wird der Inhalt der Ellipse berechnet.}


*Integration transcendenter Funktionen*

1) $\qquad \int f(e^x)\,dx = \int f(z)\,\dfrac{dz}{z} \ ,$

$\quad$ wo $\qquad e^x = z \ , \quad e^x dx = dz \quad$ und $\quad dx = \dfrac{dz}{z} \ .$


*Beispiel*

$$\int \frac{e^x-e^{-x}}{e^x+e^{-x}}\,dx = \int \frac{e^{2x}-1}{e^x+e^{-x}}\,dx = \int \frac{(z^2-1)\,dz}{(z^2+1)\,z} \ .$$

Setzen wir  $z^2 = u$ , dann ist das Integral gleich

$$\frac{1}{2}\int \frac{u-1}{(u+1)\,u}\,du = -\frac{1}{2}\int \frac{du}{u} + \int \frac{du}{u+1} \ .$$

$$- 224 -$$

Es folgt

$$\int \frac{e^x - e^{-x}}{e^x + e^{-x}}\, dx = \log(e^x + e^{-x})$$

2) Haben wir $\int f(\sin x, \cos x)\,dx$ , so setzen wir $\operatorname{tg}\frac{x}{2} = z$ , dann ist $dx = \dfrac{2dz}{1+z^2}$ ,

$$\cos x = \frac{\cos^2 \frac{x}{2} - \sin^2 \frac{x}{2}}{\cos^2 \frac{x}{2} + \sin^2 \frac{x}{2}} = \frac{1-z^2}{1+z^2}$$

und

$$\sin x = \frac{2\sin\frac{x}{2}\cos\frac{x}{2}}{\cos^2 \frac{x}{2} + \sin^2 \frac{x}{2}} = \frac{2z}{1+z^2} \ .$$

Diese Werthe eingesetzt, gibt:

$$\int f(\sin x, \cos x)\,dx = 2\!\int f\!\left(\frac{1-z^2}{1+z^2}, \frac{2z}{1+z^2}\right) \frac{2dz}{1+z^2} \ .$$

*Beispiele*

{Berechnung von folgenden Integralen}:

$$\int \sin x \cos x \, dx \ , \qquad \int \frac{dx}{\sin x \cos x} \ ,$$

$$\int \operatorname{tg} x \, dx \ , \qquad\qquad \int \cot x \, dx \ ,$$

$$\int \sin^m x \cos x \, dx \ , \qquad \int \cos^n x \sin x \, dx \ ,$$

$$\int \frac{dx}{a\cos x + b\sin x + c} \ ,$$

3) {Umwandlung von Produkten $\cos^m x \sin^n x$ in Summen von sin und cos .}

*Integration durch unendliche Reihen*

Wenn wir ein Integral $\int y dx$ haben, und es gelingt uns auf keine bis dahin bekannte Art, es aufzulösen, so können wir Zuflucht zu unendlichen Reihen nehmen. Wir entwickeln

$$y = u_o + u_1 + u_2 + \dots \; ,$$

denn es ist ja[*)]

$$y dx = \quad u_o dx + \quad u_1 dx + \quad u_2 dx + \quad u_3 dx + \dots \; .$$

Dabei können $u_o, u_1, \dots$ ganz zusammengesetzte Funktionen von $x$ sein:

Wäre zum Beispiel die Aufgabe gestellt, zu bestimmen

$$\int \frac{dx}{1+x^2} \; ,$$

und man hätte die Geometrie nicht, so würde man nach der Formel

$$y = \frac{1}{1+x^2} = 1 - x^2 + x^4 + \dots \; ,$$

finden:

$$\int y dx = \int dx - \int x^2 dx + \int x^4 dx \dots$$

$$x - \frac{x^3}{3} + \frac{x^5}{5} - \frac{x^7}{7} + \frac{x^9}{9} - \dots = \operatorname{arctg} x \; .$$

Dieses Resultat haben wir auch mit Hilfe der Geometrie gefunden. Wir wollen nun ein Integral auflösen, das wir auf andere

---

[*)] Es wäre interessant zu wissen, ob Dedekind das Problem der Vertauschung von Summation und Integration nicht gesehen hat oder ob er es hier nur stillschweigend übergeht.

Weise aufzulösen nicht imstande sind:

Es sei $\int \dfrac{e^x dx}{x}$ . Wir haben $e^x = 1 + \dfrac{x}{1} + \dfrac{x^2}{2!} + \dfrac{x^3}{3!} + \ldots$ ,
also ist:

$$\int \frac{e^x dx}{x} = \int dx \left( \frac{1}{x} + 1 + \frac{x}{2!} + \frac{x^2}{3!} + \ldots \right)$$

$$= C + \log x + x + \frac{1}{2} \frac{x^2}{2!} + \frac{x^3}{3!} + \ldots .$$

Ein weiteres Beispiel, das auf gewöhnlichem Wege nicht gelöst werden kann und das man Integralsinus nennt, ist das Integral

$$\int \frac{\sin x}{x} \, dx .$$

Es ist:

$$\frac{\sin x}{x} = 1 - \frac{x^2}{3!} + \frac{x^4}{5!} - \ldots ,$$

daher ist:

$$\int \frac{\sin x}{x} \, dx = x - \frac{1}{3} \frac{x^3}{3!} + \frac{1}{5} \frac{x^5}{5!} - \ldots .$$

*Elliptische Integrale*

Es gibt drei Arten von elliptischen Integralen. Das folgende ist ein elliptisches Integral von der zweiten Art:

$$\int \sqrt{\frac{a^2 - {}^2 x^2}{a^2 - x^2}} \, dx .$$

Es wird integrirt, indem die Quadratwurzel im Zähler nach dem binomischen Satz entwickelt wird.

Es ist nämlich nach dem binomischen Satz

$$(1-z)^{1/2} = 1 - \frac{1}{2} z + \frac{\frac{1}{2}\left(\frac{1}{2}-1\right)}{2!} z^2 - \frac{\frac{1}{2}\left(\frac{1}{2}-1\right)\left(\frac{1}{2}-2\right)}{3!} z^3 + \ldots$$

$$= 1 - \frac{1}{2} z - \sum_{2}^{\infty} \frac{1 \cdot 3 \cdot 5 \ldots (2n-3)}{2 \cdot 4 \cdot 6 \ldots 2m} \, z^m$$

$$= 1 - \frac{1}{2} z - \frac{1}{8} z^2 - \frac{1}{16} z^3 - \ldots \; .$$

Bezeichnen wir $\dfrac{\varepsilon^2 x^2}{a^2}$ mit $z$ , so ergibt sich:

$$\int \sqrt{\frac{a^2 - \varepsilon^2 x^2}{\sqrt{a^2 - x^2}}} \, dx = \int \frac{a\,dx}{\sqrt{a^2 - x^2}} \, (1 - \frac{\varepsilon^2 x^2}{a^2})^{1/2}$$

$$= \int \frac{a\,dx}{\sqrt{a^2 - x^2}} \, (1 - \frac{1}{2} z - \frac{1}{8} z^2 - \frac{1}{16} z^3 - \ldots)$$

$$= \int \frac{a\,dx}{\sqrt{a^2 - x^2}} - \frac{a^2}{2a^2} \int \frac{x^2 dx}{\sqrt{a^2 - x^2}} - \frac{a^4}{8a^4} \int \frac{x^4 dx}{\sqrt{a^2 - x^2}} - \ldots \; .$$

# V. Abschnitt
# Anwendungen der Integralrechnung



Wenn wir die Gleichung einer Curve  $y = f(x)$  haben und wir
sollen das bestimmte Integral von  a  bis  b  davon suchen, so
heisst dies, wir sollen den Inhalt desjenigen Stückes suchen,
das  von einem Curvenstück und von den beiden Ordinaten in  a
und  b  und von dem Achsenstück  ab  begrenzt ist. Um unser
Integral zu bestimmen, müssen wir eine Funktion  $\varphi(x)$  suchen,
deren Differential  ydx  ist, dann ist:

$$A = \int_a^b ydx = \varphi(b) - \varphi(a)$$

Es sei  $y = \dfrac{K^2}{x}$ , also

$$A = \int_a^b \frac{K^2 dx}{x} = K^2 \log b - K^2 \log b = K^2 \log \frac{b}{a} \ ,$$

da          $d \log x = \dfrac{dx}{x}$ .

Wollten wir das bestimmte Integral [der Funktion  $y = \dfrac{K^2}{x}$]  von
-1  bis  +1  suchen, so könnten wir nicht nach diesem Verfahren vorgehen, denn die Curve geht zwischen  -1  und  +1  nach
beiden Seiten ins Unendliche.

Wenn wir eine Funktion  $y = f(x)$  haben und wir annehmen, dass
die Funktion an einer Stelle  c  zwischen  a  und  b  ins Unendliche gehe, so nehmen wir eine Grösse  $\delta$  an, die unendlich
klein ist, und suchen das Integral von  a  bis  c - $\delta$ . Da  c
zwischen  a  und  b  liegt, so müssen wir noch das Integral von
c  bis  b  suchen, um das Integral von  a  bis  b  zu haben.
Hier addiren wir nun die Grösse  $\varepsilon$ , wir suchen also das Inte-

gral von $c + \varepsilon$ bis $b$ , wo $\varepsilon$ unendlich klein ist. Wir lassen dann $\delta$ und $\varepsilon$ immer kleiner werden. Man schliesst also die Stellen $c - \delta$ und $c + \varepsilon$ aus, folglich ist das Integral:

$$\int_{a}^{c-\delta} f(x)\,dx + \int_{c+\varepsilon}^{b} f(x)\,dx \ .$$

Wenn ich nun $\delta$ und $\varepsilon$ kleiner werden lasse, so kann es sein, dass beide Integrale sich einem bestimmten Werthe nähern. Dann erhalten wir einen Grenzwerth, der folgendermassen bezeichnet wird:

$$\int_{a}^{b} f(x)\,dx = \lim\{ \int_{a}^{c-\delta} f(x)\,dx + \int_{c+\varepsilon}^{b} f(x)\,dx\} \ .$$

Sollte es nun sein, dass keines der beiden Integrale sich einem bestimmten Grenzwerth nähert, so sagt man, das Integral ist unendlich.


*Beispiel*

$$\int_{a}^{+1} \frac{dx}{x^{n}} \ , \quad \text{wobei} \quad n \quad \text{positiv ist.}$$

$y = \dfrac{1}{x^{n}}$ ist für $x = 0$ unendlich gross. Um nun zu sehen, ob das Integral einen Sinn hat, wollen wir statt $0$ eine unendliche kleine Grösse $\delta$ einsetzen, dann haben wir $\int_{\delta}^{+1} \frac{dx}{x^{n}}$ . Um den Grenzwerth des Integrals zu bestimmen, haben wir die drei Fälle zu unterscheiden, wo $n > 1$ , $n = 1$ und $n < 1$ ist:

$$1) \quad n > 1 : \quad \int \frac{dx}{x^{n}} = \frac{x^{-n+1}}{-n+1} = - \frac{1}{n-1} \cdot \frac{1}{x^{n-1}}$$

$$2) \quad n = 1 : \quad \int \frac{dx}{x^{n}} = \int \frac{dx}{x} = \log x$$

$$3) \quad n < 1 : \quad \int \frac{dx}{x^{n}} = \frac{x^{-n+1}}{-n+1} = \frac{1}{1-n} \cdot x^{1-n} \ .$$

Wir wollen die bestimmten Integrale durch Einsetzen von $\delta$ und 1 berechnen:

1) $\displaystyle\int_{\delta}^{1} \frac{dx}{x^n} = \frac{1}{n-1}\left\{\frac{1}{\delta^{n-1}} - 1\right\}$

2) $\displaystyle\int_{\delta}^{1} \frac{dx}{x} = \log 1 - \log \delta = \log\left(\frac{1}{\delta}\right)$

3) $\displaystyle\int_{\delta}^{1} \frac{dx}{x} = \frac{1}{1-n}\left\{1 - \delta^{1-n}\right\}$

Wir wollen nun untersuchen, was in den drei Formeln vorgeht, wenn $\delta$ unendlich klein wird:

1) $\displaystyle\frac{1}{n-1}\left(\frac{1}{\delta^{n-1}} - 1\right) = \frac{1}{n-1}\left(\frac{1}{0} - 1\right) = \frac{1}{n-1} \cdot \infty = \infty$

2) $\displaystyle\log\left(\frac{1}{\delta}\right) = \log\left(\frac{1}{0}\right) = \log(\infty) = \infty$ .

3) $\displaystyle\frac{1}{1-n}\left(1 - \delta^{1-n}\right) = \frac{1}{1-n} - \frac{\delta^{1-n}}{1-n} = \frac{1}{1-n}$ ,

folglich gilt $\displaystyle\int_{o}^{1} \frac{dx}{x^n} = \frac{1}{1-n}$ , wenn $0 < n < 1$ .

Wir haben auch den Fall zu betrachten, wo eine der Grenzen unendlich ist. Wir bezeichnen

$$\int_{a}^{\infty} f(x)\,dx = \lim \int_{a}^{K} f(x)\,dx \ ,$$

wobei $K$ eine unendliche Grösse ist; es soll also $K$ bis ins Unendliche wachsen.

*Beispiel*

$$\int_{1}^{\infty} \frac{dx}{x^n} \quad \text{für} \quad n \quad \text{positiv}$$

Die bestimmten Integrale für die drei Fälle sind hier, wenn wir $K$ für die obere Grenze einsetzen:

1) $n > 1$ : $\dfrac{1}{n-1}\{1 - \dfrac{1}{K^{n-1}}\}$

2) $n = 1$ : $\log K$

3) $n < 1$ : $\dfrac{1}{1-n}\{K^{1-n}-1\}$ .

Ist also $K$ unendlich gross, so ist:

1) $\displaystyle\int_1^\infty \dfrac{dx}{x^n} = \dfrac{1}{n-1}$ , wenn $n > 1$

2) $\displaystyle\int_1^K \dfrac{dx}{x} = \log \infty = \infty$

3) $\displaystyle\int_1^x \dfrac{dx}{x^n} = \dfrac{1}{1-n} \cdot (\infty^{1-n}-1) = \infty$ , wenn $n < 1$ .


## § 21.  NAEHERUNGSWEISE QUADRATUR

Bezeichnen wir wie früher die Summe aller Flächenstreifen von
a  bis  b  mit  S , so ist:

$$S = \sum_a^b f(\alpha_r)(a_{r+1}-a_r) \ .$$

Dabei ist der Fehler kleiner als  $\rho(b-a)$ , wobei  $\rho$  die [maxi-
male] Schwankung eines Streifens ist.

Theilen wir  b - a  in  n  gleiche Theile, jeder gleich  h ,
so ist:  b - a = nh . Folglich:

$$S = h\{f(a) + f(a+h) + f(a+2h) + \ldots f(a+(n-1)h\} \ .$$

Dieses Resultat erhalten wir, wenn wir die Anfangsordinaten der
Theile  für die Berechnung des Funktionswerthes nehmen. Ist die
Curve eine aufsteigende, so ist das Resultat offenbar zu klein.
Nehmen wir hingegen die Endordinaten der Theilchen  h  bei auf-

steigender Curve, so ist das Resultat zu gross. Es sei:

$$S_1 = h\{f(a+h) + f(a+2h) + \dots f(b)\} \quad .$$

Nehmen wir endlich das arithmetische Mittel von $S$ und $S_1$, so erhalten wir ein Resultat, das sehr wenig vom wirklichen abweicht. Wir erhalten nämlich die Summen aller Trapeze (wenn wir die Curvenstücke als gerade betrachten).

$$S_2 = h\{\tfrac{1}{2}f(a) + f(a+h) \dots f(a+(n-1)h) + \tfrac{1}{2}f(b)\}$$

Der Fehler, den man begeht [für eine aufsteigende Funktion], ist jedenfalls kleiner als

$$\frac{S_1-S}{2} = \frac{h}{2}(f(b)-f(a)) \quad .$$

Die anderen Glieder heben sich gegenseitig auf.


*Beispiel*

$$\int_1^2 \frac{dx}{x} = \log 2 - \log 1 = \log 2 \quad .$$

Theilen wir nun die Abscisse von 1 bis 2 in 5 gleiche Theile, so ist $n = 5$, $h = \tfrac{1}{5}$, und wir haben, da die Curve eine absteigende ist:

$$S = \tfrac{1}{5}(1 + \tfrac{5}{6} + \tfrac{5}{7} + \tfrac{5}{8} + \tfrac{5}{9}) > \log 2 > S_1 = \tfrac{1}{5}(\tfrac{5}{6} + \tfrac{5}{7} + \tfrac{5}{8} + \tfrac{5}{9} + \tfrac{5}{10}) \quad .$$

Der Fehler ist kleiner als $\tfrac{1}{2}h(f(a) - f(b)) = \tfrac{1}{20} = 0,03$. Bei $S_2$ würden wir als Fehler nur noch $\tfrac{3}{1000}$ finden.

*Simpsonsche Formel*

Bei dieser Formel theilen wir (b-a) in eine gerade Anzahl Theile ein und legen durch je drei gegebene Punkte eine Parabel, deren Achse vertikal steht. Die Formel einer Parabel mit vertikaler Achse ist:

$$y = \alpha + \beta x + \gamma x^2 \ .$$

Zur Bestimmung von $\alpha$ , $\beta$ und $\gamma$ müssen wir drei Werthe kennen. Setzen wir

$$y = q \quad \text{für} \quad x = 0 \ ,$$
$$y = p \quad \text{für} \quad x = -h \ ,$$
$$y = r \quad \text{für} \quad x = h \ ,$$

so ist $\alpha = q$ ; $\beta = \dfrac{r-h}{2h}$ ; $\gamma = \dfrac{p+r-2q}{2h^2}$ {Rechnung gekürzt} .

Um nun die Fläche zu berechnen, integriren wir die Funktion $y = \alpha + \beta x + \gamma x^2$ von -h bis +h :

$$\int_{-h}^{+h} ydx = \alpha h + \frac{1}{2}\beta h^2 + \frac{1}{3}\gamma h^3 - (-\alpha h + \frac{1}{2}\beta h^2 - \frac{1}{3}\gamma h^3) =$$
$$= 2\alpha h + \frac{2}{3}\gamma h^3 \ .$$

Die Werthe von $\alpha$ und $\gamma$ eingesetzt, ergibt:

$$\int_{-h}^{+h} yds = 2qh + \frac{h}{3}(p+r-2q) = \frac{h}{3}(p+4q+r) \ .$$

Dieses ist also der Ausdruck der Fläche, wenn wir die Parabel statt der Curven von -h bis +h setzen. Theilen wir nun die Abscisse b - a in 2n Theile gleich h ein, so ist $h = \dfrac{b-a}{2n}$ . Betrachten wir die Parabel durch die Punkte $a_{2s}$ , $a_{2s+1}$ , $a_{2s+2}$ mit den Ordinaten $f_{2s} = f(a_{2s})$ , $f_{2s+1} =$

$f(a_{2s+1})$ und $f_{2s+2} = f(a_{2s+1})$ , ist die Theilfläche nach obigem gleich $\frac{h}{3}(f_{2s}+4f_{2s+1}+f_{2s+2})$ .

Bilden wir nun die Summen aller Ausdrücke dieser Form, so haben wir

$$A = \frac{h}{3}\ (f_{0}+4f_{1}+f_{2}) + (f_{2}+4f_{3}+f_{4}) + (f_{4}+4f_{5}+f_{6}) + \ldots$$

$$= \frac{h}{3}\ (f_{0}+4f_{1}+2f_{2}+4f_{3}+2f_{4}+4f_{5}+3f_{6}+\ldots+2f_{2n-2}+4f_{2n-1}+f_{2n}) .$$

*Beispiel*

Nehmen wir wieder die Curve: $y = \frac{1}{x}$ und $a = 1$ , $b = 2$ , und theilen wir $b-a$ in $4$ Theile, so ist $n = 2$ und $h = \frac{1}{4}$ . Daher haben wir die Formel:

$$A = \frac{1}{12}\ (1 + 4\cdot\frac{4}{5} + 2\cdot\frac{4}{6} + 4\cdot\frac{4}{7} + \frac{1}{2}) .$$

Der Fehler ist trotz der wenigen Theile nur $0,001$ .


## § 22.  BESTIMMUNG DES INHALTS VON SEKTOREN

Um zur Bestimmung des Flächeninhalts von Sektoren überzugehen, müssen wir zuerst einen Satz vorausschicken  über den Inhalt eines Dreiecks, dessen einer Endpunkt im Anfangspunkt der Coordinantenachsen liegt. Bezeichnen wir die Coordinaten des Endpunktes, dessen Abscissenachse wir zuerst erreichen würden, mit x und y , die Unterschiede der Coordinaten des zweiten Punktes mit $\alpha$ und $\beta$ , so können wir den Inhalt des Dreiecks mit OAB ausdrücken durch:

$$\frac{1}{2}(x+\alpha)(y+\beta) - \frac{1}{2}xy - \frac{1}{2}\alpha\beta - \alpha y = \frac{1}{2}(x\beta-y\alpha) .$$

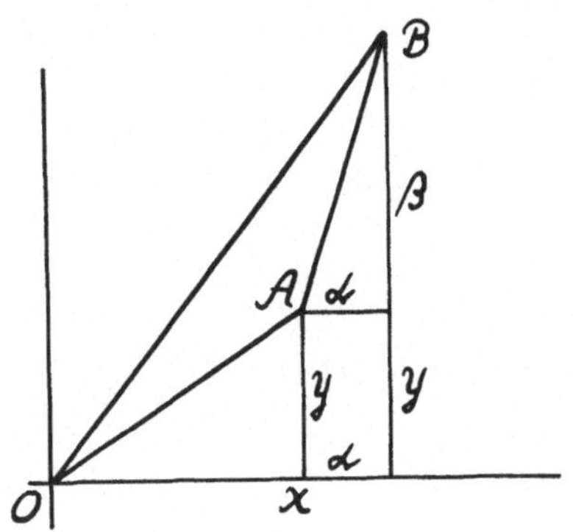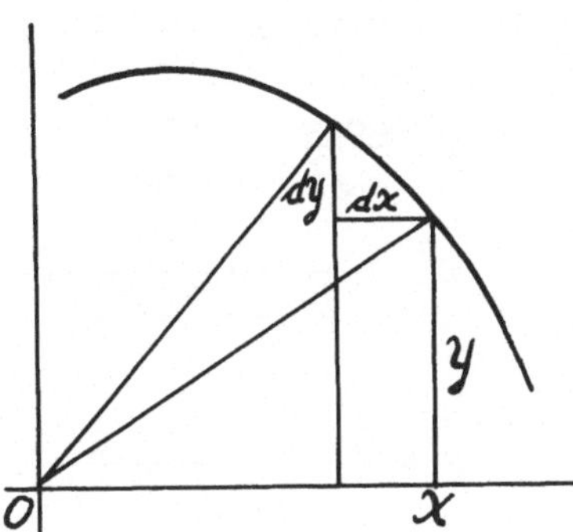

Nehmen wir nun eine Curve und ziehen zwei Radien, und nehmen
den Inhalt des Dreiecks, begrenzt von zwei Radien und der Sehne,
so erhalten wir den Inhalt des Sektors, abgesehen von unendlich
kleinen Grössen höherer Ordnung; die Coordinatenüberschüsse $\alpha$
und $\beta$ sind dann $dx$ und $dy$ , ebenfalls abgesehen von unendlich kleinen Grössen höherer Ordnung, und wir haben:

$$dS = \frac{1}{2}(xdx-ydx) \ .$$

*Bestimmung von Sectoren in Polarcoordinaten*

Wollen wir das Integral von $\alpha$ bis $\beta$ bestimmen, so theilen
wir $(\beta-\alpha)$ in sehr viele kleine Theile ein. Haben wir einen
Theil $d\varphi$ , dann nehmen wir an, der Radius sei von $\varphi$ bis
$\varphi + d\varphi$ konstant. Die Peripherie eines solches Kreisfaktors ist
$rd\varphi$ , also ist der Inhalt eines kleinen Theiles:

$$dS = \frac{1}{2} r^2 d\varphi \ .$$

So ist $\quad S = \frac{1}{2} \int r^2 d\varphi \quad$ oder $\quad OBC = \int_{\alpha}^{\beta} \frac{1}{2} r^2 d\varphi \ .$

*Beispiel: Die Ellipse*

Die Gleichung ist $\dfrac{x^2}{a^2} + \dfrac{y^2}{b^2} = 1$ . Also bekommen wir für

$$x = r \cos \varphi \quad \text{und} \quad y = r \sin \varphi$$

$$r^2 \left( \frac{\cos\varphi^2}{a^2} + \frac{\sin\varphi^2}{b^2} \right) = 1 \quad \text{oder}$$

$$r^2 = \frac{1}{\left(\frac{\cos\varphi}{a}\right)^2 + \left(\frac{\sin\varphi}{b}\right)^2} \quad .$$

$$\text{Es sei} \quad S = \frac{1}{2} \int_o^{\pi/2} \frac{d\varphi}{\dfrac{\cos^2\varphi}{a^2} + \dfrac{\sin^2\varphi}{b^2}}$$

$$= \frac{1}{2} \int_o^{\pi/2} \frac{a^2 d}{\dfrac{(\cos\varphi)^2}{1 + \left(\frac{a}{b}tg\varphi\right)^2}} = \frac{1}{2} ab \int_o^{\pi/2} \frac{d\left(\frac{a}{b} tg\,\varphi\right)}{1 + \left(\frac{a}{b} tg\,\varphi\right)^2}$$

$$= \frac{1}{2} ab\ \text{arctg}\left(\frac{a}{b} tg\,\varphi\right) = \frac{1}{2} ab\psi \quad ,$$

$$\text{wo} \qquad tg\ \psi = \frac{a}{b} tg\ \varphi \quad \text{oder} \quad \psi = \text{arctg}\left(\frac{a}{b} tg\,\varphi\right) \ .$$

Für $\varphi = \dfrac{\pi}{2}$ ist auch $\psi = \dfrac{\pi}{2}$ , also: $S = \dfrac{1}{2} ab\ \dfrac{\pi}{2} = \dfrac{ab\pi}{4}$ .

Wir erhalten wieder das bekannte Resultat, dass der Inhalt der Ellipse $ab\pi$ ist.


*Die Lemniskate*


Dies ist eine Curve, welche so beschaffen ist, dass das Produkt der Distanzen eines Punktes derselben mit zwei in der Ebene befindlichen festen Punkten konstant ist. Die Curve wird durch die Achsen in 4 Theile getheilt.

Wir nehmen also zwei feste Punkte n und n' [auf der x-Achse mit Abscissen a und -a] und ferner einen Punkt m in der Ebene an, der unseren Bedingungen Genüge leistet. Das konstante Produkt sei gleich $a^2$ .

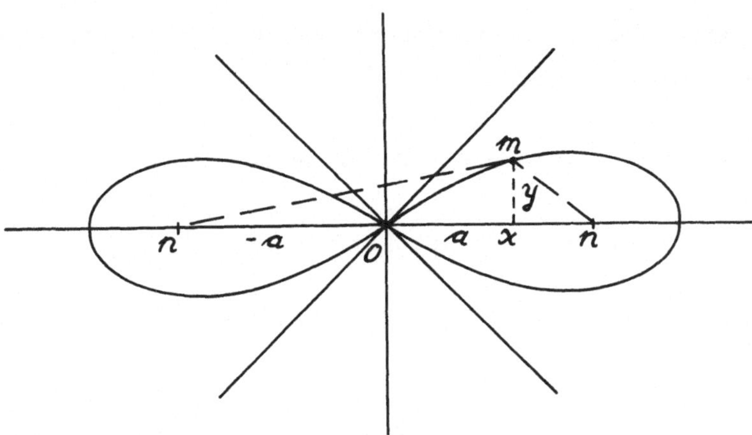


Also geht unsere Curve durch den Nullpunkt. Der eine Leitstrahl ist: $\sqrt{(x-(-a))^2 + y^2}$ , der andere ist: $\sqrt{(x-a)^2 + y^2}$ . Folglich ist die Gleichung der Lemniskate:

$$\{(x+a)^2 + y^2\}\{(x-a)^2 + y^2\} = a^4$$

oder {Rechnung gekürzt}

$$(x^2+y^2)^2 = 2a^2(x^2-y^2)$$

Beziehen wir die Curve auf Polarcoordinaten, so ist:

$$(r^2\sin\varphi^2+r^2\cos\varphi^2)^2 = 2a^2(r^2(\cos\varphi^2-r^2\sin\varphi^2)$$

$$(r^2(\sin\varphi^2+\cos\varphi^2))^2 = 2a^2r^2(\cos\varphi^2-\sin\varphi^2) \ .$$

Setzen wir für $\varphi$ Werthe zwischen $0$ und $\frac{\pi}{4}$ , so ist $r$ reell. Hingegen für $\varphi$ Werthe zwischen $\frac{\pi}{4}$ und $\frac{3\pi}{4}$ ist $\cos 2\varphi$ negativ, folglich $r$ imaginär, mithin liegen zwischen $\varphi = \frac{\pi}{4}$ und $\frac{3\pi}{4}$ keine Punkte der Curve. Hingegen, setzen wir für $\varphi$ Werthe zwischen $\frac{3\pi}{4}$ und $\frac{5\pi}{4}$ , so ist $\cos 2\varphi$ positiv, folglich $r$ wieder reell, also liegen zwischen $\varphi = \frac{3\pi}{4}$ und $\varphi = \frac{5\pi}{4}$ wieder Punkte der Curve. Für Werthe von $\varphi$ zwischen $\frac{5\pi}{4}$ und $\frac{7\pi}{4}$ liegen dann wieder keine Punkte, denn dann ist cos $2\varphi$ negativ und $r$ imaginär; für Werthe von $\varphi$ zwischen $\frac{7\pi}{4}$ und $2\pi$ ist $r$ wieder reell.

Wir wollen das Integral von der Curve suchen, also:

$$S = \frac{1}{2} \int r^2 d\varphi = a^2 \int \cos 2\varphi d\varphi$$

$$= \frac{1}{2} a^2 \sin 2\varphi + C \ .$$

Für $\varphi = 0$ ist $S = 0$ , also $C = 0$ . Für $\varphi = \frac{\pi}{4}$ ist $\sin 2\varphi = \sin \frac{\pi}{2} = 1$ und $S = \frac{1}{2} a^2$ . Dies ist der vierte Theil des Curveninhalts. Also ist der Inhalt der Curve $2a^2$ .

Wir haben früher gesehen, dass $dS = \frac{1}{2} (xdy-ydx)$ . Für Polar-coordinaten ist

$$dx = dr \cos \varphi - r \sin \varphi \, d\varphi \quad \text{und}$$

$$dy = dr \sin \varphi + r \cos \varphi \, d\varphi \ .$$

Setzen wir diese Werthe ein, so ist:

$$S = \frac{1}{2}(r\cos\varphi \, (dr\sin\varphi + r\cos\varphi d\varphi) - (r\sin\varphi \, (dr\cos\varphi - r\sin\varphi d\varphi)) =$$

$$= \frac{1}{2}(r^2 (\cos\varphi^2 + \sin\varphi^2) d\varphi) = \frac{1}{2} r^2 d\varphi \ ,$$

[wie früher schon gefunden].

*Bestimmung der Curvenlängen*

Wenn wir eine Curve $y = f(x)$ haben, welche auf rechtwinklige Coordinatenachsen bezogen ist, so ist: $ds = \sqrt{dx^2 + dy^2}$ , abgesehen von unendlich kleinen Grössen höherer Ordnung.

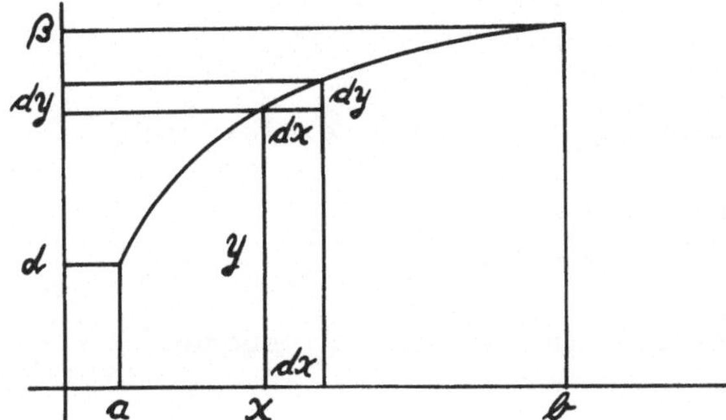

Um die [Curvenlänge] s zu erhalten, müssen wir also das Integral von dx bilden:

$$s = \int \sqrt{dx^2 + dy^2}$$

$$= \int_a^b \sqrt{1+p^2}\; dx$$

$$= \int_\alpha^\beta \sqrt{\frac{dx^2}{dy^2} + 1}\; dy \; .$$

Bei der letzten Formel muss ich die Grenzen, bezogen auf die y-Achse, einsetzen.

*Beispiel*

1) *Neilsche Parabel*

Die Neilsche Parabel ist gegeben durch

$$ay^2 = x^3 \; , \; y = \sqrt{\frac{x^3}{a}} = \frac{x^{3/2}}{a^{1/2}} \; , \; dy = \frac{3}{2} \cdot \frac{x^{1/2}}{a^{1/2}}\; dx$$

Da $x^3$ für negative Werthe von x negativ ist, kann die Curve keine Punkte links von der Ordinatenachse haben.

Wir haben

$$dy^2 = \frac{9}{4} \cdot \frac{x}{a}\; dx^2 \; , \; \text{also:}\; dx^2 + dy^2 = dx^2\left(1 + \frac{9}{4} \cdot \frac{x}{a}\right)$$

und $\qquad s = \int dx \sqrt{1 + \dfrac{9}{4} \cdot \dfrac{x}{a}}$

{Durch Substitution $z = 1 + \dfrac{9}{4} \cdot \dfrac{x}{a}$ ergibt sich}

$$s = \frac{8}{27} a\{(1 + \frac{9}{4} \cdot \frac{x}{a})^{3/2} - 1\} \ ,$$

wenn wir das Integral von $0$ bis $x$ suchen.


2) *Cykloide*

Hier ist die Gleichung:

$$x = r(\varphi - \sin\varphi) \ , \quad y = r(1 - \cos\varphi) \ .$$

Nach Früherem ist $\dfrac{dx}{dy} = \dfrac{y}{\sqrt{2ry - y^2}}$ ; quadriren wir diese Gleichung, so ist:

$$\frac{dx^2}{dy^2} = \frac{y^2}{2ry - y^2} = \frac{y}{2r - y} \ .$$

Nun ist:

$$s = \int \sqrt{\frac{dx^2}{dy^2} + 1} \ dy \ .$$

So ist das unbestimmte Integral:

$$\int \frac{\sqrt{2r}}{\sqrt{2r - y}} \ dy = -2\sqrt{2r} \cdot \sqrt{2r - y} \ .$$

Das bestimmte Integral für [die Grenzen] $y = 0$ und $y = y$ gibt:

$$s = 4r - 2\sqrt{2r} \cdot \sqrt{2r - y} = 4r - 2\sqrt{2r(2r - y)} \ .$$

Wir hätten auch folgendermassen verfahren können:

$$dx^2 + dy^2 = r^2 d\varphi^2\{(1 - \cos\varphi^2) + \sin\varphi^2\} =$$

$$= 4r^2 d\varphi^2 (\sin\tfrac{\varphi}{2})^2 \ .$$

Also ist

$$ds = 2rd\varphi \ \sin \tfrac{\varphi}{2} \ , \text{ wobei } \tfrac{\varphi}{2} \text{ positiv sein muss.}$$

$$s = \int 2rd\varphi \ \sin \tfrac{\varphi}{2} = -4r \ \cos \tfrac{\varphi}{2} + C \ .$$

Für $\varphi = 0$ soll $s = 0$ werden, also:

$$s = -4r + C \ , \text{ das heisst } C = 4r \ .$$

Das bestimmte Integral von $0$ bis $\varphi$ ist:

$$s = 4r - 4r \ \cos \tfrac{\varphi}{2} \ .$$

3) *Ellipse*

Die Gleichung ist

$$y = \frac{b}{a} \ \sqrt{a^2 - x^2} \ ,$$

also

$$dy = \frac{b}{a} \ \frac{x dx}{\sqrt{a^2 - x^2}}$$

$$ds^2 = dx^2 + dy^2 = dx^2 \{ 1 + \frac{b^2}{a^2} \cdot \frac{x^2}{a^2 - x^2} \} =$$

$$= dx^2 \ \frac{a^4 - a^2 x^2 + b^2 x^2}{a^2 (a^2 - x^2)} \ .$$

Es ist nun:

$$\frac{\sqrt{a^2 - b^2}}{a} = \varepsilon = \text{lineare Excentrizität,}$$

folglich:

$$ds^2 = dx^2 \, \frac{a^2 - \varepsilon^2 x^2}{a^2 - x^2} \quad \text{und}$$

$$s = \int dx \, \sqrt{\frac{a^2 - \varepsilon^2 x^2}{a^2 - x^2}}$$

und wie wir früher gefunden haben:

$$s = a\left\{ \int \frac{dx}{a^2 - x^2} - \Sigma \, \frac{1 \cdot 1 \cdot 3 \cdot 5 \ldots (2m-3)}{2 \cdot 4 \cdot 6 \ldots 2m} \cdot \frac{\varepsilon^{2m}}{a^{2m-1}} \, \frac{x^{2m} dx}{\sqrt{a^2 - x^2}} \right\} \, .$$

Wenn wir eine Curve haben, deren Gleichung auf Polarcoordinaten bezogen ist, zum Beispiel $r = f(\varphi)$ , so ist, wie wir schon früher gesehen haben,

$$ds^2 = (rd\varphi)^2 + dr^2$$

$$ds = \sqrt{dr^2 + r^2 d\varphi^2}$$

$$s = \int_{\alpha}^{\beta} \sqrt{\left(\frac{dr}{d\varphi}\right)^2 + r^2} \, d\varphi \, .$$

Das einfachste Beispiel für diese Formel ist der Kreis, der den Pol als Mittelpunkt hat. Denn bei demselben ist $r$ konstant, also $r = c$ , und folglich $dr = 0$ . Mithin ist

$$ds = \sqrt{0 + r^2 d\varphi^2} = rd\varphi = cd\varphi$$

$$s = \int cd\varphi = c \int d\varphi = c \cdot \varphi \, .$$

Da wir aber $\varphi$ als $\beta - \alpha$ angenommen haben, ist

$$s = c \cdot (\beta - \alpha) \, .$$

Haben wir eine Exponentialfunktion

$$r = c \cdot e^{\alpha\varphi} \, ,$$

wo $\varphi$ der Winkel des Radius mit der Polarachse ist, so erhalten wir eine Spirale.

Es ist nun

$$ds^2 = \alpha^2 (e^{\alpha\varphi})^2 d\varphi^2 + c^2 (e^{\alpha\varphi})^2 d\varphi^2$$

$$= (ce^{\alpha\varphi} d\varphi)^2 (1+\alpha^2)$$

$$ds = ce^{\alpha\varphi} d\varphi \sqrt{1+\alpha^2}$$

$$s = \int ce^{\alpha\varphi} d\varphi \sqrt{1+\alpha^2} = \frac{c\sqrt{1+\alpha^2}}{\alpha} e^{\alpha\varphi} \ .$$

Suchen wir den Bogen von $\psi$ bis $\varphi$ , so ist:

$$s = \frac{\sqrt{1+\alpha^2}}{\alpha} \{ce^{\alpha\varphi} - ce^{\alpha\psi}\} \ .$$

Es sei $\beta$ der Winkel der Tangente mit dem Radius. Es gilt $\cot \beta = \dfrac{d\log r}{d\varphi}$ [siehe S. 100], also für die Spirale $\cot g \, \beta = \alpha$ . Folglich

$$\frac{1+\alpha^2}{\alpha^2} = \frac{1}{\sin\beta^2} \quad \frac{\sin\beta^2}{\cos\beta^2} = \frac{1}{\cos\beta^2} \quad .$$

Hieraus ergibt sich für den Bogen:

$$s = \frac{r - r_o}{\cos\beta}$$

für $\qquad r_o = ce^{\alpha\psi} \ .$

## § 23.  BESTIMMUNG DER VOLUMEN VON ROTATIONSKOERPERN

Denken wir uns einen beliebigen Körper im Raum und eine Linie,
welche die  x-Achse sein soll, und legen wir zu der  x-Achse
eine senkrechte Ebene an der Stelle  x , so werden wir einen
Querschnitt erhalten. Theilen wir unseren Körper durch eine
weitere rechte Ebene, in der Entfernung  dx  von  x , so erhalten wir einen dünne Platte. Denken wir uns nun die beiden
Peripherien der Schnitte durch parallele Linien ringsum verbunden, so bekommen wir einen Cylinder. Da wir aber wissen,
dass der Inhalt eines Cylinders gleich  $g \cdot h$  ist, oder Grundfläche mal Höhe, so ist, wenn wir den Schnitt in  x  mit  q
bezeichnen, der Inhalt der Platte gleich  $q \cdot dx$ . Folglich
ist, wenn wir das ganze Volumen berechnen wollen und wir dies
mit  R  bezeichnen:

$$R = \int_a^b q \; dx \; .$$

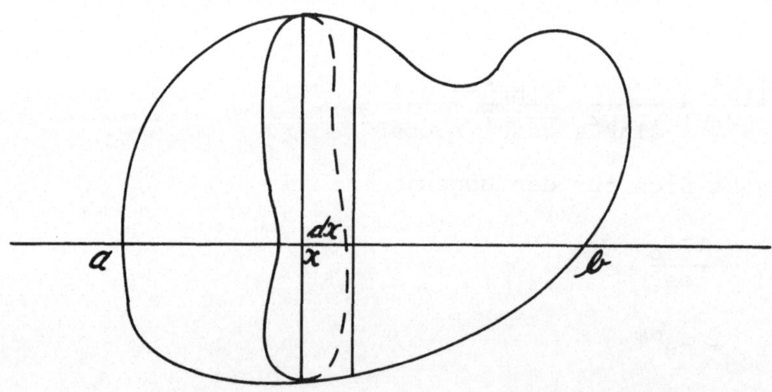

Man könnte nun denken, wir hätten zuerst die Fläche  q  durch
Integralrechnung zu suchen, wir bekämen also eine doppelte Integration. Allein dies scheint nur so, wenn wir einen Rotations-
körper haben. Denn, denken wir uns eine Curve, welche um die
x-Achse rotiert, so bekommen wir eine Cylinderfläche von kreis-
förmigen Durchschnitten, denn jeder Punkt der Curve beschreibt

einen Kreis. Da  y  der Radius eines jeden Kreises ist, so ist:

$$q = \pi y^2 \; ,$$

folglich ist auch

$$R = \pi \int_a^b y^2 dx \; .$$

*Beispiel: Ellipse*

Die Gleichung der Ellipse ist:  $y = \dfrac{b}{a} \sqrt{a^2 - x^2}$ . Die Grenzen
sind offenbar  $-a$  und  $+a$ . Folglich ist das bestimmte Integral

$$R = \pi \, \frac{b^2}{a^2} \int_{-a}^{+a} (a^2 - x^2) \, dx \; .$$

Das unbestimmte Integral ist:

$$\pi \, \frac{b^2}{a^2} \int (a^2 - x^2) \, dx = \pi \, \frac{b^2}{a^2} \left( a^2 x - \frac{x^3}{3} \right) \; ,$$

folglich:

$$R = \frac{2\pi ab^2}{3} - \frac{-2\pi ab^2}{3} = \frac{4\pi ab^2}{3} \; .$$

{Als weiteres Beispiel wird die Cykloide behandelt.}

*Bestimmung der Oberflächen*

Nehmen wir als Beispiel einen abgestumpften Kegel, so ist bekanntlich die Oberfläche

$$\sigma = K \, \frac{p + p'}{2} \; .$$

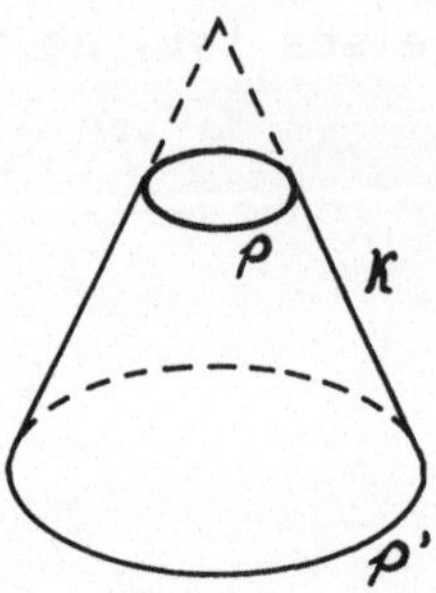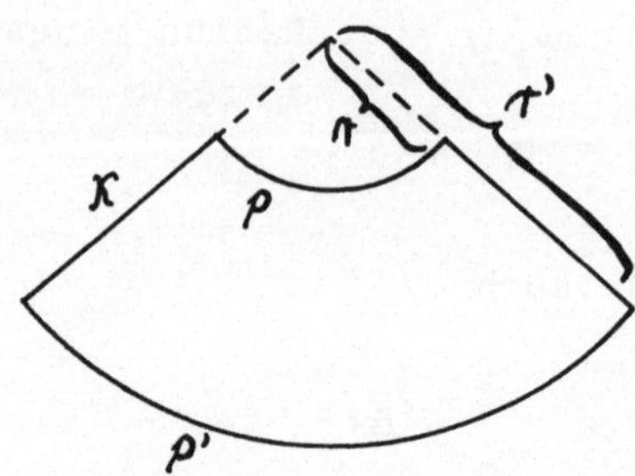

Um die Formel zu beweisen, denken wir uns den Kegel abgewinkelt.
Da wir einen Kreisausschnitt haben, ist

$$\sigma = \frac{1}{2}\,(p'r'-pr)\quad.$$

Nun findet aber folgende Proportion statt: $\dfrac{r'}{p'} = \dfrac{r}{p} = w$ , also

$$K = r' - r = w(p'-p)\ ,\quad \text{oder:}$$

$$w = \frac{K}{p'-p}\ ,\quad r = \frac{K}{p=-p}\cdot p\quad\text{und}\quad r' = \frac{K}{p'-p}\cdot p'\ ,$$

dies eingesetzt in die ursprüngliche Formel, gibt:

$$\sigma = \frac{1}{2}\,\frac{K}{p'-p}\,((p')^2-p^2) = \frac{1}{2}\,\frac{K}{p'-p}\,(p'+p)(p'-p) = \frac{1}{2}\,K(p+p')\quad.$$

Denkt man sich nun eine Curve, die um eine Achse $x$ rotire, so
legen wir wieder zwischen $a$ und $b$ unendlich viele Ebenen,
also auch eine solche in der Entfernung $dx$ von $x$ .

Sehen wir nun $ds$ als eine gerade Linie an, dann haben wir die
Oberfläche eines abgestumpften Kegels zu suchen. Es wird

$$p = 2\pi y\quad\text{und}\quad p' = 2\pi(y+dy)\quad.$$

Folglich, wenn wir unsere Formel mit $K = ds$ anwenden:

$$d\sigma = K(\pi y+\pi y+\pi dy) = 2\pi y\cdot ds + \pi dy\cdot ds\quad.$$

Es ist $\pi dy \cdot ds$ unendlich klein von höherer Ordnung, denn ds und dy sind unendlich klein, folglich können wir dies weglassen, also:

$$\sigma = \int\limits_{o}^{s} 2\pi y \, ds$$

Nun ist $ds = \sqrt{1 + \left(\frac{dy}{dx}\right)^2}$ , also:

$$\sigma = \int\limits_{a}^{b} 2\pi y \sqrt{1 + \left(\frac{dy}{dx}\right)^2} \, dx \quad .$$

Wir haben früher gesehen, dass yds gleich dem Stück N der Normalen ist, das von der Stelle y bis zur x-Achse hingeht. Also ist

$$\sigma = \int\limits_{a}^{b} 2\pi \, Ndx = 2\pi \int\limits_{a}^{b} Ndx \quad .$$

Ist die Curve parallel zur x-Achse, so entsteht ein Cylinder, und es ist y = konstant = c , folglich:

$$\sigma = 2\pi c(b-a) \quad .$$

*Beispiele*

1) *Kreis*.

Durch Rotation eines Kreises erhalten wir wie bekannt eine Kugel. Hier ist N konstant, folglich erhalten wir als Oberfläche der Calotte von a bis b $\sigma = 2\pi c(b-a)$ .

2) *Cykloide*.

Bei der Cykloide ist $y = r(1-\cos\varphi)$ und $ds = 2r \cdot \sin\frac{\varphi}{2} d\varphi$ . Also

$$\sigma = \int 2\pi \cdot r(1-\cos\varphi) 2r \sin\frac{\varphi}{2} \, d\varphi \quad .$$

$$= 4r^2\pi \int \left(\sin\frac{\varphi}{2} - \cos\varphi \cdot \sin\frac{\varphi}{2}\right) d\varphi$$

$$= 8r^2\pi \int \left(\sin\frac{\varphi}{2}\right)^3 d\varphi \ .$$

# VI. Abschnitt
# Differentialrechnung von Funktionen mehrerer Variablen



Wir sagen, dass zwei Variablen unabhängig sind, wenn die Aenderung einer Variablen nicht von der anderen abhängt. Eine Funktion  $u = f(x,y)$  von zwei unabhängigen Variablen ist bestimmt, wenn für jeden Werth für  x  und  y  ein bestimmter Werth von  u  hervorgeht. Wir sehen sogleich, dass jede Funktion von zwei Variablen durch eine Fläche ausgedrückt werden kann. Es kann eine Funktion auch mehr als zwei Variablen haben. Betrachten wir zum Beispiel die Temperatur auf unserer Erde. Die Temperatur kann abhängig sein von der geographischen Länge und Breite. Dieselbe kann aber auch von der Höhe, in welcher man die Temperatur bestimmen will, abhängen, und ebenso hängt sie noch von der Tages- und Jahreszeit ab. Wir haben also mehr als zwei Variablen.

*Ganze rationale Funktionen*

Eine ganze rationale Funktion wird gebildet, indem man eine oder mehrere Variable zu ganzen Potenzen erhebt und diese multiplizirt, dieses Produkt dann noch mit einer Konstanten multiplizirt und mehrere solche Produkte addirt. So ist

$$ax^{\alpha}y^{\beta}z^{\gamma} \ldots + a'x^{\alpha'}y^{\beta'}z^{\gamma'} \ldots + a''x^{\alpha''}y^{\beta''}z^{\gamma''} \ldots$$

eine ganze rationale Funktion. Ein Beispiel ist:

$$3xy^{3}z - 2xyz^{3} + 4z^{2}y + 5z - y^{3} \, .$$

Wie wir sehen, ist dies eine ganze rationale Funktion von der
Variablen  x , y  und  z . Es knüpfen sich noch einige Definitionen an. Man nennt die Summen der Exponenten eines Gliedes
die Dimension desselben Gliedes. Es ist also beim Beispiel die
Dimension des ersten und des zweiten Gliedes gleich  5 . Nimmt
man nun dasjenige Glied einer Funktion heraus, dessen Dimension
am grössten ist, so sagt man, diese sei der Grad der ganzen
Funktion. Die Funktion im Beispiel ist demnach vom Grad 5. Haben in einer Funktion sämtliche Glieder die gleiche Dimension,
so sagt man, die Funktion sei homogen. Eine solche Funktion
wäre zum Beispiel:

$$x^2y + y^2z + y^3 + x^2z .$$

Die allgemeine Form einer Funktion vom ersten Grade mit drei
Variablen ist:

$$ax + by + cz + d .$$

Die allgemeine Form einer Funktion vom zweiten Grade mit drei
Variablen ist:

$$ax^2 + by^2 + cz^2 + a'xy + b'xz + c'yz +$$

$$+ a''x + b''y + c''z + d .$$

[*Partielle Derivirte*]

Nehmen wir nun wieder eine Funktion  f(x,y)  von zwei Variablen
an und denken uns, es ändere sich von den beiden Variablen nur
eine derselben. Lassen wir also  x  sich ändern und  y  konstant. Dann erhalten wir eine Funktion mit  x  allein als Variable. Aus Früherem ist bekannt, dass wir, um ein Differential
zu suchen, nur  x  um  h  ändern müssen, wenn wir eine Funktion mit einer Veränderlichen  x  haben. Nehmen wir zum Beispiel

$$f(x,y) = 4x^2 + 2xy + y^2 + 10x \quad ,$$

und lassen wir  x  um  h  ändern, so ist:

$$f(x+h,y) = 4(x+h)^2 + 2(x+h)y + y^2 + 10(x+h) \quad .$$

Entwickeln wir die Potenzen und ziehen alle Glieder, die  h
in gleich hohen Potenzen enthalten, zusammen, so ist:

$$f(x+h,h) = 4x^2 + 2xy + y^2 + 10x + 8xh + 2yh + 10h + 4h^2$$

$$f(x+h,y) - f(x,y) = 8xh + 2yh + 10h + 4h^2 \quad .$$

Indem wir durch  h  dividiren, ist:

$$\frac{f(x+h,y)-f(x,y)}{h} = 8x + 2y + 10 + 4h \quad .$$

Um aber das Differential zu erhalten, müssen wir  h  unendlich
klein werden lassen, also:

$$\lim \frac{f(x+h,y)-f(x,y)}{h} = 8x + 2y + 10 \quad .$$

Die Derivirte nennt man eine *partielle Derivirte* in Beziehung
zur Aenderung von  x .


Betrachten wir nun unsere Derivirte und vergleichen sie mit der
ursprünglichen Funktion, so sehen wir, dass sie aus derselben
entstanden ist, indem wir in dieser  x  allein als Variable ansehen und dann wie früher angegeben differenziren. Früher haben wir die Derivirte mit  f'(x)  bezeichnet, wobei aber die
ursprüngliche Funktion  f(x)  war. Zum Unterschiede davon hat
man das Zeichen  $f'_x(x,y)$  eingeführt, wobei  x  anzeigt, welche
Variable sich ändert. Diese Bezeichnung ist aber nicht sehr ge-
bräuchlich. Jacobi hat folgende Bezeichnung benützt, welche
auch wir anwenden wollen. Er hat zum Unterschiede von dem an-

dern Differential ein geschwungenes  d  genommen, also  $\partial$ :

$$\frac{\partial f(x,y)}{\partial x} \quad .$$

Cauchy hat die Bezeichnung  $D_x f(x,y)$  angewandt. Euler endlich hat das stehende  d  behalten und den Quotienten in Klammer gebracht, also

$$\left(\frac{df(x,y)}{dx}\right) \quad .$$

Am häufigsten wird die Jacobische Bezeichnung angewandt.

Man kann nun aber ebenso wie  x  auch  y  als Variable betrachten. Dann setzen wir

$$\frac{\partial f(x,y)}{\partial y} \quad \text{oder} \quad D_y\, f(x,y) \quad \text{oder} \quad \left(\frac{df(x,y)}{dy}\right) \quad .$$

Nehmen wir in unserem Beispiel an, es sei  y  variabel, so erhalten wir:

$$\frac{\partial f(x,y)}{\partial y} = 2x + 2y \quad .$$

Bezeichnet man  f(x,y)  auch kürzer mit  z , dann hat man:

$$\frac{\partial z}{\partial x} = \frac{f(x,y)}{\partial x} \quad , \quad \frac{\partial z}{\partial y} = \frac{\partial f(x,y)}{\partial y} \quad .$$

Man kann im Zähler auch nur das Funktionszeichen schreiben, also:

$$\frac{\partial f}{\partial x} \quad \text{oder} \quad \frac{\partial f}{\partial y} \quad ,$$

wo es sich dann von selbst versteht, dass die Variablen  x  und  y  noch dazugehören.

*Beispiel*

$$u = \sin(ax+by) + \log(x+y+z)$$

$$\frac{\partial u}{\partial x} = a \, \cos(ax+by) + \frac{1}{x+y+z}$$

$$\frac{\partial u}{\partial y} = b \, \cos(ax+by) + \frac{1}{x+y+z}$$

$$\frac{\partial u}{\partial z} = \frac{1}{x+y+z} \quad .$$

Betrachten wir diese Partialderivirten, so sehen wir bei dem dritten Differentialquotienten, dass das eine Glied weggefallen ist, und zwar deswegen, weil es die Variable z nicht enthält, weshalb das ganze Glied konstant war, und mithin der Differentialquotient gleich null. Wir können folglich sagen, dass, wenn bei einem Gliede einer Funktion die Variable, nach welcher derivirt wird, nicht enthalten ist, so ist die Derivirte derselben gleich null.

Denken wir uns eine krumme Fläche, welche auf ein rechtwinkliges Achsensystem bezogen ist, und nehmen wir auf derselben einen Punkt P an, so können wir P durch die Coordinaten x,y,z bestimmen.

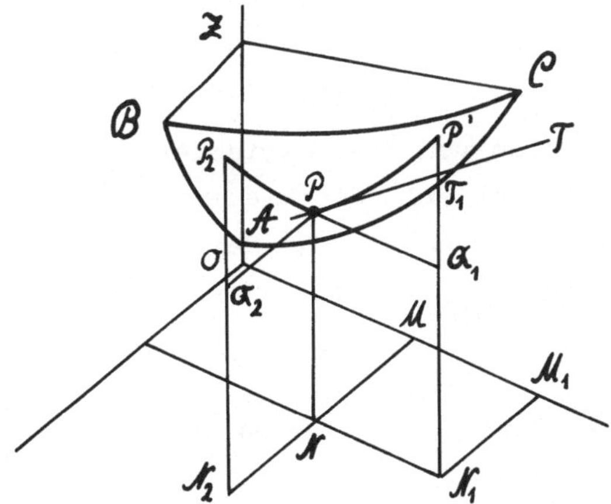


Nehmen wir nun an, es sei y unveränderlich, hingegen x variabel, so erhalten wir einen zweiten Punkt P' in der Ebene, der dem neuen x entspricht.

Denken wir uns eine Ebene, gelegt durch die Punkte N , $N_1$ , P , also senkrecht zur Grundfläche, so erhalten wir einen ebenen Schnitt  PP' , an welchen wir also eine Tangente  T  legen können.

Es ist also:  OM = x , MN = y  und  NP = z . Es sei ferner: $MM_1 = NN_1 = PQ_1 = dx$ , dann ist:

$$Q_1 T_1 = \frac{\partial z}{\partial x}\, dx$$

$$\frac{\partial z}{\partial x} = \frac{Q_1 T_1}{dx} = \frac{Q_1 T_1}{PQ_1}$$

$$\frac{\partial z}{\partial x} = \mathrm{tg}\ \alpha \ .$$

Liessen wir nun  y  statt  x  ändern und  x  konstant bleiben, so würde auf gleiche Weise

$$Q_2 T_2 = \frac{\partial z}{\partial y}\, dy\ , \qquad \frac{\partial z}{\partial y} = \mathrm{tg}\ \beta \ .$$

[§ 2.]   TOTALE DIFFERENTIALE

Wenn man in einer Funktion von zwei Variablen  x  und  y  beide Variablen wachsen lässt, so erleidet sie eine Aenderung, und den Bestandtheil erster Ordnung der Aenderung der Funktion nennen wir das *totale Differential* der Aenderung von  x  und  y .

*Satz.*  Das totale Differential ist gleich der Summe der Partialdifferentialien.

*Beweis*

Nehmen wir die Funktion  f(x,y)  an. In dieser wollen wir  x  um dx  ändern lassen. Die Aenderung der Funktion wird dann f(x+dx,y) - f(x,y)  sein. Nun haben wir dies auch mit

$$\frac{\partial f(x,y)}{\partial x} \cdot dx + etc.$$

bezeichnet, also ist

$$f(x+dx,y) = f(x,y) + \frac{\partial f(x,y)}{\partial x} \cdot dx + etc.,$$

wo das  etc.  die Bestandtheile unendlich kleiner Grössen [höherer Ordnung] bedeutet. Ebenso wollen wir  y  um  dy  wachsen lassen und vorher noch  $\frac{\partial f(x,y)}{\partial x}$  mit  $\varphi(x,y)$  bezeichnen, so dass

$$f(x+dx,y) = f(x,y) + \varphi(x,y)dx + etc.$$

ist. Dann erhalten wir:

$$f(x+dx,y+dy) = f(x,y+dy) + \varphi(x,y+dy) \cdot dx + etc.$$

Nun ist aber:

$$f(x,y+dy) = f(x,y) + \frac{\partial f(x,y)}{\partial y} \cdot dy + etc.$$

und ferner

$$\varphi(x,y+dy) = \varphi(x,y) + \frac{\partial \varphi(x,y)}{\partial y} \cdot dy + etc.$$

Setzen wir diese beiden Werthe ein, so ergibt sich

$$f(x+dx,y+dy) = f(x,y) + \frac{\partial f(x,y)}{\partial y} \cdot dy + \varphi(x,y) \cdot dx +$$

$$+ \frac{\partial \varphi(x,y)}{\partial y} \cdot dydx + etc.$$

Da  $dx \cdot dy$  von höherer Ordnung ist, fällt es weg, und somit:

$$f(x+dx,y+dy) - f(x,y) = \frac{\partial f(x,y)}{\partial x} \cdot dx + \frac{\partial f(x,y)}{\partial y} \cdot dy + etc.$$

Die beiden Bestandtheile rechts sind nun, wie wir sehen, die partiellen Differentiale, und links steht die Aenderung der ganzen Funktion.

Wir bezeichnen die Summe der partiellen Differentialien mit dem gewöhnlichen Differentialzeichen:

$$df(x,y) = \frac{\partial f(x,y)}{\partial x}\, dx + \frac{\partial f(x,y)}{\partial y}\, dy$$

oder        $f(x,y) = z$   gesetzt, gibt:

$$dz = \frac{\partial z}{\partial x}\, dx + \frac{\partial z}{\partial y}\, dy \ .$$

[Wie schon erwähnt] heisst dieses Differential das *totale Differential*.


*Beispiel*

$$z = 4x^2 + 2xy + y^2 + 10x$$

$$\frac{\partial z}{\partial x} = 8x + 2y + 10$$

$$\frac{\partial z}{\partial y} = 2x + 2y$$

$$dz = (8x+2y+10)\,dx + (2x+2y)\,dy \ \ .$$

Bei einer Funktion von drei Variablen  $u = f(x,y,z)$   ist:

$$du = \frac{\partial u}{\partial x}\, dx + \frac{\partial u}{\partial y}\, dy + \frac{\partial u}{\partial z}\, dz \ ,$$

ebenso bei mehr Variablen.

Wenn bei einer Funktion die Variablen abhängig variabel sind, so kann man ähnlich verfahren. Hat man z.B.  $z = ax + by$ , wobei:  $x = \sin\varphi$  und  $y = \log\varphi$  ist, so ist klar, dass hier  $x$  und  $y$  nicht unabhängig sind. Wir erhalten:

$$\frac{\partial z}{\partial x} = a \quad \text{und} \quad \frac{\partial z}{\partial y} = b \ .$$

$$- 257 -$$

Also $\qquad dz = \dfrac{\partial z}{\partial x}\, dx + \dfrac{\partial z}{\partial y}\, dy = adx + bdy =$

$$= (ac\,\cos c\varphi + b\,\tfrac{1}{\varphi})\,d\varphi \quad .$$

Würden wir gleich von Anfang an die Werthe von  x  und  y  einsetzen, so erhielten wir:

$$z = a\,\sin c\varphi + b\,\log\varphi \quad und \quad dz = (ac\,\cos c\varphi + b\,\tfrac{1}{\varphi})\,d\varphi$$

also das Gleiche. Dieses hat deswegen grosse Bedeutung, weil man die Funktion nicht kennen muss, von welcher  x  und  y  abhängig ist, um das Differential zu finden. Es ist also:

$$dz = \frac{\partial z}{\partial x}\, dx + \frac{\partial z}{\partial y}\, dy$$

$$\frac{dz}{d\varphi} = \frac{\partial z}{\partial x}\frac{dx}{d\varphi} + \frac{\partial z}{\partial y}\frac{dy}{d\varphi} \quad .$$

*Differentiation von zusammengesetzten Ausdrücken*

1) $\qquad y = u \cdot v \quad .$

Wir haben $\dfrac{\partial y}{\partial u} = v$ und $\dfrac{\partial y}{\partial v} = u$ ,

also $\qquad dy = vdu + udv \quad oder \quad d(uv) = vdu + udv$ ,

ganz wie früher.

2) $\qquad y = \dfrac{u}{v} \quad .$

Hier verfahren wir wie oben: $\dfrac{\partial y}{\partial u} = \dfrac{1}{v}$ und $\dfrac{\partial y}{\partial v} = \dfrac{-u}{v^2}$

$$dy = \frac{du}{v} - \frac{udv}{v^2} = \frac{vdu - udv}{v^2} \quad .$$

3)         $y = u^v$ .

Hier haben wir ebenso:  $\frac{\partial v}{\partial u} = v u^{v-1}$    und   $\frac{\partial y}{\partial u} = u^v \log u$ ,
also ist:  $dy = v u^{v-1} du + u^v \log u \, dv$ .


## [§ 3.] DIFFERENTIATION EINER FUNKTION, WELCHE NICHT EXPLICITE GEGEBEN IST

Wir nehmen die folgenden Funktionen  x , y , z ... bis  u  als variabel an und betrachten eine Gleichung  $F(x,y,z...u) = 0$ . Wir wollen dies mit  U  bezeichnen, also:

$$U = F(x,y,z...u) = 0 .$$

Wir wollen die ganze Aenderung der Funktion  F  berechnen, welche den Aenderungen  dx , dy , dz ... du  entspricht. Die Funktion nach der Aenderung sei  U' , dann ist

$$U' - U = \frac{\partial F}{\partial x} dx + \frac{\partial F}{\partial y} dy + \frac{\partial F}{\partial z} + \ldots \frac{\partial F}{\partial u} du + \text{etc.}$$

Da wir aber nur die Grössen erster Ordnung wollen, so fällt das  etc.  weg und wir erhalten das Differential

$$dU = \frac{\partial F}{\partial x} dx + \frac{\partial F}{\partial y} dy + \frac{\partial F}{\partial z} dz + \ldots \frac{\partial F}{\partial u} du .$$

Ist nun  $U = 0$ , so erhalten wir die Relation

$$\frac{\partial F}{\partial x} dx + \frac{\partial F}{\partial y} dy + \ldots + \frac{\partial F}{\partial u} du = 0$$

für die Differentiale  dx , dy , ... , du .

*Beispiel*

$$\frac{x^2}{a^2} + \frac{y^2}{b^2} + \frac{z^2}{c^2} = 1 \ .$$

Wir wollen  z  als Funktion der übrigen Variablen betrachten:

$$\frac{z^2}{c^2} = 1 - \frac{x^2}{a^2} - \frac{y^2}{b^2} \ , \quad z = c \ \sqrt{1 - \frac{x^2}{a^2} - \frac{y^2}{b^2}} \ \ .$$

Also

$$\frac{\partial z}{\partial x} = c \ \frac{- \dfrac{x}{a^2}}{\sqrt{1 - \dfrac{x^2}{a^2} - \dfrac{y^2}{b^2}}} = - \ \frac{c^2 x}{a^2 z}$$

$$\frac{\partial z}{\partial y} = \frac{- c \dfrac{y}{b^2}}{\sqrt{1 - \dfrac{x^2}{a^2} - \dfrac{y^2}{b^2}}} = \frac{c^2 y}{b^2 z} \ \ ,$$

so dass

$$dz = - \ \frac{c^2 x}{a^2 z} \ dx - \frac{c^2 y}{b^2 z} \ dy \ .$$

Wir können dieses Differential auf einfachere Weise berechnen [wenn wir nicht erst nach  z  auflösen]. Es ist nämlich:

$$F = \frac{x^2}{a^2} + \frac{y^2}{b^2} + \frac{z^2}{c^2} = 1 \ .$$

Also

$$\frac{\partial F}{\partial x} = \frac{2x}{a^2} \ ; \quad \frac{\partial F}{\partial y} = \frac{2y}{b^2} \ ; \quad \frac{\partial F}{\partial z} = \frac{2z}{c^2} \ \ .$$

Wir erhalten:

$$dF = \frac{2x}{a^2} \ dx + \frac{2y}{b^2} \ dy + \frac{2z}{c^2} \ dz = 0$$

und

$$dz = (- \frac{xdx}{a^2} - \frac{ydy}{b^2}) \frac{c^2}{z} \ .$$

{Es wird ein weiteres Beispiel besprochen.}

Wir haben gesehen, dass, wenn $F = F(x,y,z) = 0$ gilt, so ist

$$\frac{\partial F}{\partial x} dx + \frac{\partial F}{\partial y} dy + \frac{\partial F}{\partial z} dz = 0 \ .$$

Also können wir das Differential von $z$ erhalten, auch wenn wir $z$ nicht als Funktion der anderen Variablen ausdrücken können. Wenn zum Beispiel $F = \log(y+z) - 2xz^2 = 0$ ist, so ist

$$\frac{\partial F}{\partial x} = -2z^2 \ , \ \frac{\partial F}{\partial y} = \frac{1}{y+z} \ , \ \frac{\partial F}{\partial z} = \frac{1}{y+z} - 4xz \ ,$$

und

$$0 = dF = -2z^2 dx + \frac{dy}{y+z} + (\frac{1}{y+z} - 4xz) \cdot dz \ .$$

Nun können wir $dz$ in Funktion der übrigen ausdrücken und erhalten einen Ausdruck:

$$dz = Pdx + Qdy \ .$$

*Mehrere Gleichungen und mehrere Variablen*

Denken wir uns, wir hätten $s$ Gleichungen mit $n$ Variablen. Wäre nun die Zahl der Gleichungen gleich der Zahl der Variablen, so könnten wir sämtliche Variablen bestimmen. Dann wären sie aber keine Variablen mehr, sondern sie hätten dann alle bestimmte Werthe. Wäre die Anzahl der Gleichungen grösser als die Anzahl der Variablen, so wäre dies gar nicht lösbar. Es muss also die Anzahl der Variablen grösser sein als die Anzahl der Gleichungen. Wenn also $s < n$ ist, so können wir $s$ Variablen als

unabhängige Variablen herausnehmen und dann die übrigen  n - s
als Funktionen von diesen betrachten.[*)]

*Beispiel*

Nehmen wir an, wir hätten zwei Gleichungen mit drei Variablen,
x , y  und  z . Wir wollen  x  als die unabhängige Variable
betrachten und  y  und  z  durch  x  ausdrücken, zum Beispiel:

$$\text{1)} \quad x + y + z = 0 \quad \text{und} \quad \text{2)} \quad x^2 + (y-z)^2 = r^2 \;.$$

Es folgt:

$$\text{3)} \quad y = -\frac{x}{2} + \frac{1}{2}\sqrt{r^2-x^2}$$

und

$$\text{4)} \quad z = -\frac{x}{2} - \frac{1}{2}\sqrt{r^2-x^2} \;.$$

$$dy = -\frac{1}{2}\,dx - \frac{1}{2}\,\frac{x\,dx}{2\sqrt{r^2-x^2}} \;,$$

$$dz = -\frac{1}{2}\,dx + \frac{1}{2}\,\frac{x\,dx}{2\sqrt{r^2-x^2}} \;.$$

Man kann dies aber auch finden, indem man die Gleichungen di-
rekt differenzirt. Machen wir dies, so ist:

$$\text{5)} \quad dx + dy + dz = 0$$

$$\text{6)} \quad 2x\,dx + 2(x-z)\,dy - 2(y-z)\,dz = 0$$

---

[*)] Die Formulierung von Dedekind ist sehr ungenau. Wie in der
Einleitung erwähnt, kommt der Satz über implizite Funktionen
erst viel später in der Literatur vor. Der erste Beweis geht
auf Dini zurück (Analisi infinitesimale, lithographiert,
Pisa, 1877/78), gedruckt wird er zuerst im Lehrbuch von
Peano-Genocchi (1884) und richtig popularisiert wurde er
durch die Jordanschen "Leçons à l'école polytechnique".

und

$$dz = \frac{x-(y-z)}{2(y-z)}\,dx\ , \quad dy = \frac{-x-(y-z)}{2(y-z)}\,dx\ .$$

Um die Uebereinstimmung dieses Resultates mit dem früheren zu sehen, müssen wir noch $(y-z)$ durch $\sqrt{r^2-x^2}$ ersetzen.

# VII. Abschnitt
# Differentiale höherer Ordnung


[§ 4.]   HOEHERE DIFFERENTIALE UND DIFFERENTIALQUOTIENTEN

Als Beispiel betrachten wir folgende Funktion:

$$f(x,y) = y^3 - yx^2 \ .$$

Dann ist:

$$\frac{\partial f}{\partial x} = -2yx \ ; \qquad \frac{\partial f}{\partial y} = 3y^2 - x^2 \ .$$

Indem wir beide Funktionen noch einmal nach  x  und  y  differenziren, ergibt sich:

$$\frac{\partial \left(\frac{\partial f}{\partial x}\right)}{\partial x} = -2y \qquad\qquad \frac{\partial \left(\frac{\partial f}{\partial y}\right)}{\partial x} = -2x$$

$$\frac{\partial \left(\frac{\partial f}{\partial x}\right)}{\partial y} = -2x \qquad\qquad \frac{\partial \left(\frac{\partial f}{\partial y}\right)}{\partial y} = +6y \quad .$$

Wie wir sehen, haben wir in der ersten und in der letzten Formel zweimal nach der gleichen Variablen differenzirt. Statt

$$\frac{\partial \left(\frac{\partial f}{\partial x}\right)}{\partial x} \qquad \text{und} \qquad \frac{\partial \left(\frac{\partial f}{\partial y}\right)}{\partial y}$$

schreibt man

$$\frac{\partial^2 f}{\partial x^2} \qquad \text{und} \qquad \frac{\partial^2 f}{\partial y^2} \quad .$$

Nehmen wir jetzt

$$f(x,y) = \sin(x+y) - x^2 y \ ,$$

so ist:

$$\frac{\partial f}{\partial x} = \cos(x+y) - 2xy \quad \text{und} \quad \frac{\partial f}{\partial y} = \cos(x+y) - x^2 .$$

Indem wir noch einmal nach  y  und dann nach  x  differenziren, ist:

$$\frac{\partial(\frac{\partial f}{\partial x})}{\partial y} = -\sin(x+y) - 2x \quad \text{und} \quad \frac{\partial(\frac{\partial f}{\partial y})}{\partial x} = -\sin(x+y) - 2x .$$

Wir sehen also, dass diese beiden Ableitungen gleich sind:
Wenn wir bei einer Funktion erst nach  x  und dann nach  y
differenziren, oder erst nach  y  und dann nach  x , so erhalten wir das gleiche Resultat:

$$\frac{\partial(\frac{\partial f}{\partial x})}{\partial y} = \frac{\partial(\frac{\partial f}{\partial y})}{\partial x} .$$

Wir wollen nun diesen Satz allgemein beweisen. Zu diesem Zwecke setzen wir  $\frac{\partial f(x,y)}{\partial y} = \varphi(x,y)$ . Lassen wir  x  in  (x+h)  übergehen, dann ist die Aenderung:

$$\varphi(x+h) - \varphi(x,y) = \frac{\partial f(x+h,y)}{\partial y} - \frac{\partial f(x,y)}{\partial y} =$$

$$= \frac{\partial \cdot \{f(x+h,y)-f(x,y)\}}{\partial y} .$$

Mit  $\frac{1}{h}$  multiplizirt:

$$\frac{\varphi(x+h,y)-\varphi(x,y)}{h} = \frac{1}{h} \cdot \frac{\partial \cdot \{f(x+h,y)-(x,y)\}}{\partial y} =$$

$$= \frac{\partial}{\partial y} \cdot \frac{\{f(x+h,y)-f(x,y)\}}{h} .$$

Wenn also  h   0  wird:

$$\frac{\partial \varphi}{\partial x} = \frac{\partial}{\partial y} \left(\frac{\partial f}{\partial x}\right) .$$

Nun ist aber  $\varphi$  gleich  $\frac{\partial f}{\partial y}$ , also

$$\frac{\partial\left(\frac{\partial f}{\partial x}\right)}{\partial y} = \frac{\partial\left(\frac{\partial f}{\partial y}\right)}{\partial x} \quad ,$$

was zu beweisen war.[*]

Wegen des letzten Satzes schreibt man einfacher:

$$\frac{\partial\left(\frac{\partial f}{\partial x}\right)}{\partial y} = \frac{\partial\left(\frac{\partial f}{\partial y}\right)}{\partial x} = \frac{\partial^2 f}{\partial x \partial y} = \frac{\partial^2 f}{\partial y \partial x} \quad .$$

Allerdings gibt es Beispiele, bei welchen es nicht ganz gleich-gültig ist, in welcher Reihenfolge man differenzirt, denn wir können mit leichterer oder schwerer Mühe zum Ziele kommen. Dies lehre nun folgendes Beispiel:

$$z = \operatorname{arctg} \frac{x}{y} + \left(1 + \sqrt{2y}\right)^{1/3} \quad .$$

Differenziren wir zuerst nach  x , dann ist:

$$\frac{\partial z}{\partial x} = \frac{\dfrac{1}{y}}{1 + \dfrac{x^2}{y^2}} = \frac{y}{y^2 + x^2} \quad ,$$

$$\frac{\partial^2 z}{\partial x \partial y} = \frac{y^2 + x^2 - y\,2y}{(y^2 + x^2)^2} = \frac{x^2 - y^2}{(y^2 + x^2)^2} \quad .$$

Nun differenziren wir zuerst nach  y  und dann nach  x .

$$\frac{\partial z}{\partial y} = \frac{-\dfrac{x}{y^2}}{1 + \dfrac{x^2}{y^2}} + \frac{1}{3}\left(1 + \sqrt{2y}\right)^{-2/3} \frac{1}{\sqrt{2y}} =$$

---

[*] Die genauen Bedingungen, unter welchen dieser Satz gilt, wurden erst 1873 von H.A. Schwarz veröffentlicht, als er noch Professor an der ETH war.

Das einfache  Beispiel  $f(x,y) = \dfrac{x^2 - y^2}{x^2 + y^2}$ , wo der Satz im Punkte  (0,0)  nicht gilt, stammt angeblich von Schwarz. In einer Vorlesung von Weierstrass aus dem Jahr 1868 ist der Beweis ebenfalls unzureichend.

$$= - \frac{x}{y^2+x^2} + \frac{1}{3} \cdot \frac{1}{(1+\sqrt{2y})^{2/3} \sqrt{2y}}$$

$$\frac{\partial^2 z}{\partial y \partial x} = - \frac{y^2+x^2-2x^2}{(y^2+x^2)^2} = \frac{x^2-y^2}{(y^2+x^2)^2} \quad .$$

Man sieht, dass der zweite Weg offenbar etwas complizirter ist als der erste.

Haben wir eine Funktion von mehr als zwei Variablen, so gilt in gleicher Weise

$$\frac{\partial^3 f}{\partial x \partial y \partial z} = \frac{\partial^3 f}{\partial y \partial z \partial x} \qquad \text{usw.}$$

*Dritte und höhere Differentiale*

Wir gehen nun dazu über, auch höhere Differentiale zu bestimmen. Zuerst wollen wir das dritte Differential bestimmen. Es sei $u = f(x,y,z...)$ . Offenbar sind die Derivirten zweiter Ordnung ebenfalls Funktionen der verschiedenen Variablen, und wir können weiter nach $x$ , $y$ , ... differenziren. Hier wieder kommt es nicht darauf an, in welcher Reihenfolge wir differenziren.

Würden wir $n + n + p + ...$ mal differenziren, wobei $x$ $m$-mal , $y$ $n$-mal und $z$ $p$-mal differenzirt werden sollte, so hätten wir:

$$\frac{\partial^{m+n+p+...} f}{\partial x^m \partial y^n \partial z^p ...} \quad .$$

Man braucht also nicht hintereinander $m$-mal nach $x$ differenziren, sondern man kann um $m - v$ mal differenziren, und dann zum Beispiel nach $y$ oder $z$ , und dann wieder $v$-mal nach $x$ . Die Reihenfolge der Differentiationen ist ganz beliebig.

*Aufsuchung der vollständig höheren Differentiale einer
Funktion von mehreren Variablen*

Zuerst wollen wir annehmen, dass die Funktion nur zwei Variable enthalte, welche aber unabhängig sein sollen. Diese Funktion sei  $u = f(x,y)$ ; dann ist

$$du = \frac{\partial u}{\partial x}\, dx + \frac{\partial u}{\partial y}\; y\; .$$

Es fragt sich nun, ob die Grössen  dx  und  dy  konstant oder
variabel seien.[*)]

Denken wir uns eine Curve, die abhängig ist von  x  und  y ,
wobei  x  die unabhängige Variable sein soll. Dann können wir
bei jedem  x  auch das  dx  beliebig annehmen. Folglich kann
dx  auch konstant angenommen werden, wenn  x  unabhängig variabel ist. Wäre hingegen  y  von  x  abhängig, so könnten wir
natürlich nicht  dy  als Konstante betrachten, denn dann hängt
dy  ebenfalls von  dx  ab. Wäre aber  y  auch unabhängig, so
könnte dy  ebenfalls konstant sein. Folglich können wir sagen:
Sind  x  und  y  unabhängig variabel voneinander und von noch
andern Grössen, so können  dx  und  dy  konstant sein. Wir haben aber gerade angenommen, dass  x  und  y  gänzlich unabhängig seien. Folglich sind  dx  und  dy  konstante Faktoren
[und es gilt  $d(dx) = 0$ ,  $d(dy) = 0$] . Alsdann ist:

$$d^2u = d\left(\frac{\partial u}{\partial x}\right)dx + d\left(\frac{\partial u}{\partial y}\right)dy$$

$$d\left(\frac{\partial u}{\partial x}\right) = \frac{\partial^2 u}{\partial x^2}\, dx + \frac{\partial^2 u}{\partial x \cdot \partial y}\, dy$$

$$d\left(\frac{\partial u}{\partial y}\right) = \frac{\partial^2 u}{\partial y^2}\, dx + \frac{\partial^2 u}{\partial x \cdot \partial y}\, dy\; .$$

---

[*)] Die Frage ist eigentlich, ob die Differentiale  dx  und  dy
Funktionen der Variablen  x  oder  y  sind, oder ob sie von
diesen Variablen unabhängig sind, also als Konstante betrachtet werden können. Im zweiten Fall gilt  $d(dx) = 0$ ,
$d(dy) = 0$ . Der ganze Abschnitt ist nicht gut verständlich.

Setzen wir diese beiden Werthe ein, so ist:

$$d^2u = \frac{\partial^2 u}{\partial x^2}\,dx^2 + \frac{\partial^2 u}{\partial x \partial y}\,dx \cdot dy + \frac{\partial^2 u}{\partial x \partial y}\,dx \cdot dy +$$

$$+ \frac{\partial^2 u}{\partial y^2} \cdot dy^2 =$$

$$= \frac{\partial^2 u}{\partial x^2} \cdot dx^2 + 2\,\frac{\partial^2 u}{\partial x \partial y}\,dx \cdot dy + \frac{\partial^2 u}{\partial y^2}\,dy^2 \quad.$$

Bilden wir die dritten Differentialquotienten:

$$d\left(\frac{\partial^2 u}{\partial x^2}\right) = \frac{\partial^2 u}{\partial x^3}\,dx + \frac{\partial^3 u}{\partial x^2 \partial y}\,dy$$

$$d\left(\frac{\partial^2 u}{\partial x \partial y}\right) = \frac{\partial^3 u}{\partial x^2 \partial y}\,dx + \frac{\partial^3 u}{\partial x \partial y^2}\,dy$$

$$d\left(\frac{\partial^2 u}{\partial y^2}\right) = \frac{\partial^3 u}{\partial y^2 \partial x}\,dx + \frac{\partial^2 u}{\partial y^3}\,dy$$

Um das totale Differential zu erhalten, müssen wir die erste
Zeile mit $dx^2$ , die zweite mit $2dx \cdot dy$ und die dritte mit
$dy^2$ multipliziren:

$$d^3u = \frac{\partial^3 u}{\partial x^3}\,dx^3 + \frac{\partial^3 u}{\partial x^2 \partial y}\,dydx^2 + 2\,\frac{\partial^3 u}{\partial x^2 \partial y}\,dx^2dy +$$

$$+ 2\,\frac{\partial^3 u}{\partial x \partial y^2}\,dxdy^2 + \frac{\partial^3 u}{\partial x \partial y^2}\,dxdy^2 + \frac{\partial^3 u}{\partial y^3}\,dy^3$$

$$d^3u = \frac{\partial^3 u}{\partial x^3}\,dx^3 + 3\,\frac{\partial^3 u}{\partial x^2 \partial y}\,dx^2dy + 3\,\frac{\partial^3 u}{\partial x \partial y^2}\,dxdy^2 + \frac{\partial^3 u}{\partial y^3}\,dy^3 \quad.$$

Betrachten wir nun das zweite und dritte Differential näher,
so sehen wir, dass die beiden ganz ähnlich zusammengesetzt
sind wie die zweiten und dritten Potenzen von $(dx+dy)$ . Nämlich:

$$(dz+dy)^2 = dx^2 + 2dxdy + dy^2$$

$$(dx+dy)^3 = dx^3 + 3dxdy^2 + 3dxdy^2 + 3dx^2dy + dy^3 \ .$$

Hier sind auch die Coeffizienten $2$ und $3$ in den beiden mittleren Gliedern wie in $d^3u$ und $d^2u$ .

Wir können nun sofort das $n^{te}$ Differential einer Funktion von zwei Variablen bilden:

$$d^nu = \frac{\partial^n u}{\partial x^n}\, dx^n + n\, \frac{\partial^n u}{\partial x^{n-1}\partial y}\, dx^{n-1}\, dy +$$

$$+ \frac{n(n-1)}{2!}\, \frac{\partial^n u}{\partial x^{n-1}\partial y^2}\, dx^{n-2}\, dy^2 + \ldots + \frac{\partial^n u}{\partial y^n}\, dy^n \ .$$

*Beispiel*

$$u = (\cos y)^x$$

$$\frac{\partial u}{\partial x} = (\cos y)^x \log \cos y$$

$$\frac{\partial u}{\partial y} = -x(\cos y)^{x-1} \cdot \sin y$$

$$du = (\cos y)^x \log \cos y\ dx - x(\cos y)^{x-1} \sin y\ dy$$

$$\frac{\partial^2 u}{\partial x^2} = (\cos y)^x (\log\cos y)^2$$

$$\frac{\partial^2 u}{\partial x\cdot\partial y} = -(\cos y)^{x-1} \sin y - x \sin y \cdot (\cos y)^{x-1} \cdot \log \cos y$$

$$\frac{\partial^2 u}{\partial y^2} = x(x-1) \cos y^{x-2}(\sin y)^2 - x \cos y^{x-1} \cos y$$

$$d^2u = (\cos y)^x (\log\cos y)^2\ dx^2 -$$

$$- 2(\cos y)^{x-1} \sin y(1+\log\cos y)dxdy +$$

$$+ \{x(x-1)\cos y^{x-2}(\sin y)^2 - x(\cos y)^x\}\ dy^2 \ .$$

Wir wollen nun nicht mehr annehmen, dass die Variablen unabhängig seien, dass also eine Aenderung der einen Variablen eine
gewisse Aenderung der andern nach sich ziehe. Zugleich wollen
wir uns nicht mehr auf zwei Variable beschränken. Denken wir
uns, es sei $u$ eine Funktion von $x$ , $y$ , $z$ , $w$ ...

$$u = f(x,y,z,w...) \ ,$$

alsdann ist:

$$du = \frac{\partial u}{\partial x} \, dx + \frac{\partial u}{\partial y} \, dy + \frac{\partial u}{\partial z} \, dz + \frac{\partial u}{\partial w} \, dw + \ldots \ .$$

Hier sind nun $dx$ und $dy$ nicht mehr konstant[*)], wir müssen
also, um $d^2u$ zu finden, nach der Produktenregel differenziren:

$$d^2u = \frac{\partial u}{\partial x} \, d^2x + \frac{\partial u}{\partial y} \, d^2y + \frac{\partial u}{\partial z} \, d^2z + \frac{\partial u}{\partial w} \, d^2w + \ldots$$

$$+ \, d\left(\frac{\partial u}{\partial x}\right) dx + d\left(\frac{\partial u}{\partial y}\right) dy + d\left(\frac{\partial u}{\partial z}\right) dz + \ldots$$

Für die Differentiale $d\left(\frac{\partial u}{\partial x}\right)$ etc. erhalten wir:

$$d\left(\frac{\partial u}{\partial x}\right) = \frac{\partial^2 u}{\partial x^2} \, dx + \frac{\partial^2 u}{\partial x \partial y} \, dy + \frac{\partial^2 u}{\partial x \partial z} \, dz + \frac{\partial^2 u}{\partial x \partial w} \, dw + \ldots$$

$$d\left(\frac{\partial u}{\partial y}\right) = \frac{\partial^2 u}{\partial x \partial y} \, dx + \frac{\partial^2 u}{\partial y^2} \, dy + \frac{\partial^2 u}{\partial y \partial z} \, dz + \frac{\partial^2 u}{\partial y \partial w} \, dw + \ldots$$

$$d\left(\frac{\partial u}{\partial z}\right) = \frac{\partial^2 u}{\partial z \partial x} \, dx + \frac{\partial^2 u}{\partial z \partial y} \, dy + \frac{\partial^2 u}{\partial z^2} \, dz + \frac{\partial^2 u}{\partial z \partial w} \, dw + \ldots$$

. . . . . . . . . . . . . . . . . . . . . . . . . . . . . . . . . . . . . . . . . . . . . . . . .

Es ergibt sich:

_________________

[*)] Siehe Fussnote S. 267.

$$d^2u = \frac{\partial u}{\partial x} d^2x + \frac{\partial u}{\partial y} d^2y + \frac{\partial u}{\partial z} d^2z + \frac{\partial^2 u}{\partial x^2} dx^2 +$$

$$+ \frac{\partial^2 u}{\partial y^2} dy^2 + \frac{\partial^2 u}{\partial z^2} dz^2 + 2 \frac{\partial^2 u}{\partial x \partial y} dxdy +$$

$$+ 2 \frac{\partial^2 u}{\partial x \partial z} dxdz + 2 \frac{\partial^2 u}{\partial x \partial w} dxdw + \ldots +$$

$$+ 2 \frac{\partial^2 u}{\partial y \partial z} dydz \quad .$$

## [§ 5.]   MAXIMA UND MINIMA VON FUNKTIONEN MEHRERER VARIABLEN

Wie wir früher gesehen haben, versteht man unter einem Maximum
einer Funktion von einer Variablen diejenige Stelle, bei welcher die Funktion nach beiden Seiten abnimmt; wenn also ein
Uebergang vom Wachsen zum Abnehmen stattfindet.

Um nun zu Funktionen von mehreren Variablen überzugehen, nehmen wir an, es sei  $z$  eine Funktion von  $x$  und  $y$ ,
$z = f(x,y)$ . Wir wollen ferner nanehmen, dass wir  $x$  und  $y$
beliebig ändern können, dass also  $x$  und  $y$  unabhängig seien.

Wir verstehen unter einer Maximalstelle der Funktion  $z = f(x,y)$
eine Stelle, so dass - wie wir auch  $x$  und  $y$  ändern mögen,
$z$  in den benachbarten Stellen kleiner wird. Ein Minimum entsteht dann, wenn  $z$  bei allen benachbarten Stellen zunimmt.
Ein solches Maximum oder Minimum, welche nur in der nächsten
Nähe ein Maximum oder Minimum ist, heisst ein relatives Maximum oder Minimum.

Es gibt nun allerdings Flächen, bei denen  $z$  nur in gewissen
Richtungen abnimmt und in andern dann wieder gleich bleibt.
Eine solche Fläche stellt die folgende Figur dar.

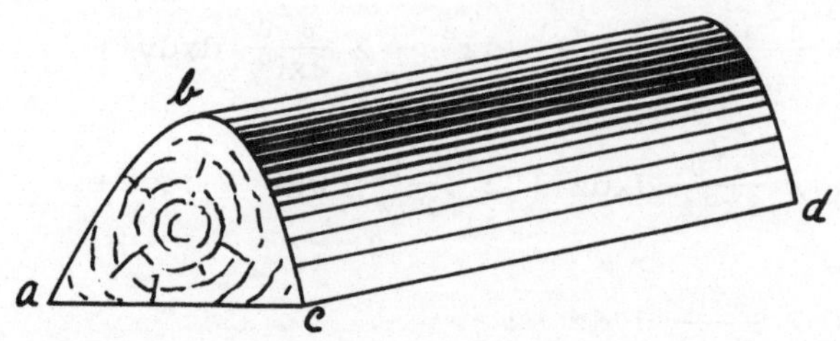



Es sei nun  u = f(x,y,z,...)  eine Funktion von mehreren Variablen. Wir denken uns nun,  x , y , z ...  seien  Funktionen von der Grösse  t ; wir haben also nur noch eine Variable in unserer Funktion. Wir wissen, dass bei einer Funktion [einer Variablen] die erste Derivirte  null  sein muss, damit ein Maximum oder Minimum stattfinden soll. Es muss also  du = 0 sein. Es muss aber auch  $d^2u \lessgtr 0$  sein, damit ein Maximum und Minimum stattfindet. Findet sich, dass  $d^2u > 0$  wird, so ist an dieser Stelle ein Minimum, ist hingegen  $d^2u$  negativ, so findet an dieser Stelle ein Minimum statt. [*)]

Wir haben also zuerst  du  zu suchen und dieses gleich  null zu setzen:

$$du = \frac{\partial u}{\partial x}\, dx + \frac{\partial u}{\partial y}\, dy + \frac{\partial u}{\partial z}\, dz + \ldots = 0 \, .$$

Wir nehmen nun an, es seien die Variablen gänzlich unabhängig voneinander. Da wir für  dx , dy , ... , dz  beliebige Werte einsetzen können, so kann die Summe nur dann gleich  null  sein, wenn jedes Glied gleich  null  ist. Die Zunahmen  dx , dy ,

---

[*)] Diese Betrachtung ist ein typisches Beispiel für die in der Einleitung erwähnte, formale Ueberlegungsart dieses Kapitels.

dz , ... können nun verschieden von null sein, folglich müssen die partiellen Differentialquotienten null sein, also:

$$\frac{\partial u}{\partial x} = 0 \ , \qquad \frac{\partial u}{\partial y} = 0 \ , \qquad \frac{\partial u}{\partial z} = 0 \ , \ \ldots \ .$$

Offenbar erhalten wir so viele Bedingungsgleichungen, wie Variablen in der Funktion vorkommen.

*Beispiel*

$$u = x^4 + y^4 - 2x^2 + 4xy - 2y^2$$

$$\frac{\partial u}{\partial x} = 4x^3 - 4x + 4y = 0$$

$$\frac{\partial u}{\partial y} = 4y^3 + 4x - 4y = 0 \ .$$

Es folgt:

$$y^3 + x^3 = 0 \ , \qquad y = - \sqrt[3]{x^3} \ .$$

Nun sind für jede dritte Wurzel die Werthe zwei imaginäre und ein reeller. Da wir aber die imaginären Werthe nicht brauchen können, so nehmen wir bloss den reellen:

$$y = -x \ .$$

Dies in die erste Gleichung eingesetzt, ergibt $x(x^2-2) = 0$ , also

$$x = 0 \quad \text{oder} \quad x = \pm\sqrt{2} \ .$$

Folglich erhalten wir folgende drei Werthe

$$x = 0 \qquad\qquad x = +\sqrt{2} \qquad\qquad x = -\sqrt{2}$$

$$y = 0 \qquad\qquad y = -\sqrt{2} \qquad\qquad y = +\sqrt{2} \ .$$

Um die Maximum- und Minimumstellen einer Funktion aufzufinden, müssen wir das zweite Differential $d^2u$ suchen.

Das allgemeine zweite Differential ist:

$$d^2u = \frac{\partial u}{\partial x}\, d^2x + \frac{\partial u}{\partial y}\, d^2y + \frac{\partial u}{\partial z}\, d^2z + \ldots$$

$$+ \frac{\partial^2 u}{\partial x^2}\, dx^2 + \frac{\partial^2 u}{\partial y^2}\, dy^2 + \frac{\partial^2 u}{\partial z^2}\, dz^2 + \ldots$$

$$+ 2\,\frac{\partial^2 u}{\partial x \partial y}\, dxdy + 2\,\frac{\partial^2 u}{\partial x \partial z}\, dxdz + \ldots$$

$$+ 2\,\frac{\partial^2 u}{\partial y \partial z}\, dydz + \ldots \quad .$$

Dadurch, dass wir

$$\frac{\partial u}{\partial x} = 0 \;; \qquad \frac{\partial u}{\partial y} = 0 \;; \qquad \ldots$$

setzen, fallen die Glieder in der ersten Reihe weg und wir erhalten eine Funktion vom zweiten Grade, welche in Beziehung auf dx , dy , dz , ... homogen ist:

$$d^2u = \frac{\partial^2 u}{\partial x^2}\, dx^2 + \frac{\partial^2 u}{\partial y^2}\, dy^2 + \frac{\partial^2 u}{\partial z^2}\, dz^2 + \ldots +$$

$$+ 2\,\frac{\partial^2 u}{\partial x \partial y}\, dxdy + 2\,\frac{\partial^2 u}{\partial x \partial z}\, dxdz + \ldots +$$

$$+ 2\,\frac{\partial^2 u}{\partial y \partial z}\, dydz + \ldots \quad .$$

Erhält $d^2u$ einen positiven Werth, so findet ein Minimum statt, und hat $d^2u$ einen negativen Werth, so findet ein Maximum statt. Wenn $d^2u$ hingegen für gewisse Werthe positiv und für die übrigen negativ wird, so findet weder ein Maximum noch ein Minimum statt. Es fragt sich nun aber, ob $d^2u$ für alle Werthe von x , y , z , ... positiv oder negativ werden kann. Diese

Untersuchung wäre im allgemeinen schwierig. Wir müssten dabei sämtliche Glieder in Quadrate umzuwandeln suchen, was aber complizirt ist. Wir wollen uns deshalb auf zwei Variable beschränken. Nehmen wir also an, wir hätten eine Funktion von zwei Variablen $x$ und $y$ . Dann ist

$$d^2u = \frac{\partial^2 u}{\partial x^2}\, dx^2 + 2\, \frac{\partial^2 u}{\partial x \partial y}\, dxdy + \frac{\partial^2 u}{\partial y^2}\, dy^2 \ .$$

Betrachten wir unser spezielles Beispiel, so ist

$$\frac{\partial^2 u}{\partial x^2} = 12x^2 - 4 \ , \quad \frac{\partial^2 u}{\partial x \partial y} = 4 \ , \quad \frac{\partial^2 u}{\partial y^2} = 12y^2 - 4 \ .$$

Um also die Maximum- und Minimumstellen zu bestimmen, müssen wir sämtliche drei Gruppen der Werthe $x$ und $y$ einsetzen:

$$y = 0 \qquad\qquad x = +\sqrt{2} \qquad\qquad x = -\sqrt{2}$$

$$y = 0 \qquad\qquad y = -\sqrt{2} \qquad\qquad y = +\sqrt{2}$$

Wir wollen nur die zweite Gruppe substituiren und erhalten dann:

$$\frac{\partial^2 u}{\partial x^2} = 20 \ , \qquad \frac{\partial^2 u}{\partial x \partial y} = 4 \quad \text{und} \quad \frac{\partial^2 u}{\partial y^2} = 20 \quad .$$

Demnach ist:

$$d^2u = 20dx^2 + 8dxdy + 20dy^2 \ .$$

Mit den Bezeichnungen

$$\frac{\partial^2 u}{\partial x^2} = A \ , \qquad \frac{\partial^2 u}{\partial x \partial y} = B \ , \qquad \frac{\partial^2 u}{\partial y^2} = C$$

ist dann:

$$d^2u = Adx^2 + 2Bdxdy + Cdy^2 \quad .$$

Multipliziren wir nun beide Seiten mit  A , so ist:

$$Ad^2u = A^2dx^2 + 2ABdxdy + ACdy^2 =$$

$$= (Adx+Bdy)^2 + (AC-B^2)dy^2 \quad .$$

Das erste Glied der rechten Seite ist, weil es im Quadrat erscheint, immer positiv. Hingegen das Zeichen des zweiten Gliedes hängt ab vom Coeffizienten  $(AC-B^2)$ . Ist dieser positiv,
so ist das Ganze positiv. Wir wollen nun annehmen, es sei
wirklich  $AC - B^2$  positiv. In unserem Beispiele wäre
$AC - B^2 = 400 - 16$ . Bei unserer Annahme wird also  $Ad^2u$  positiv. Es kann nun aber  A  und  $d^2u$  positiv und negativ sein.
Ist  A  negativ, so muss  $d^2u$  auch negativ sein, folglich findet dann ein Maximum statt. Ist hingegen  A  positiv, so muss
es auch  $d^2u$  sein, folglich ein Minimum.[*)]

Nun sei  $AC - B^2$  negativ. Wir behaupten, es findet hier weder
ein Maximum noch ein Minimum statt. Denn für die einen Werthe
von  dx  und  dy  wird  $d^2u$  positiv sein und für die andern
Werthe negativ.

{Das wird noch näher ausgeführt.}

Es fragt sich nun, bei welchen Werthen wird  $d^2u = 0$ . Also
muss gelten:

$$(Adx+Bdy)^2 + (AC-B^2)dy^2 = 0$$

---

[*)]  Die notwendige Bedingung $\frac{\partial u}{\partial x} = 0$ , $\frac{\partial u}{\partial y} = 0$   für ein Extre-
mum steht schon (für zwei Variable) bei Euler (Inst. Calc.
differentialis). Die Diskussion vom Vorzeichen von  $d^2u$
durch die Reduktion auf eine Summe von Quadraten geht auf
Lagrange zurück (Oeuvres I. p. 1-20).

$$(Adx+Bdy) = \pm\sqrt{-AC+B^2}\; dy$$

$$A + B\,\frac{dy}{dx} = \pm\sqrt{B^2-AC}\;\frac{dy}{dx}$$

$$\frac{dy}{dx} = \frac{A}{-B\pm\sqrt{B^2-AC}}\;.$$

Wir werden hier durch das doppelte Zeichen von $B^2-AC$ zwei Linien erhalten. Wir erhalten also zwei Richtungen, und zwischen beiden ist $Ad^2u$ positiv, zwischen den beiden andern Schenkeln ist $Ad^2u$ negativ.

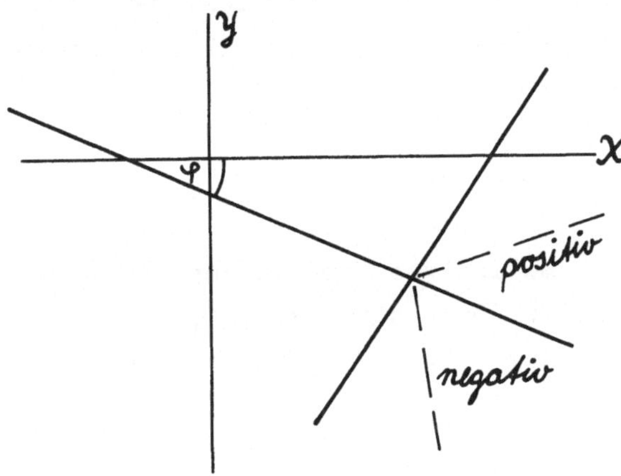


*Beispiel*

{Dedekind diskutiert ausführlich das Beispiel der durch folgende Funktion definierten Fläche

$$z = x^4 - x^2y^2 + y^4 - x^2 - y^2 + 1\;.$$

Für mögliche Extrema ergeben sich die Bedingungen

$$\frac{\partial z}{\partial x} = 4x^3 - 2xy^2 - 2x = 0\;,\quad \frac{\partial z}{\partial y} = -2x^2y + 4y^3 - 2y = 0\;.$$

Diese beiden Kurven werden bestimmt; sie haben neun Schnittpunkte. In einem liegt ein Maximum, in vieren ein Minimum, in

weiteren vieren ein Sattelpunkt vor. In den Sattelpunkten werden die Richtungen mit Anstieg  0  bestimmt.}


*Aufgabe*


Denken wir uns  n  verschiedene Punkte  $m_1$ , $m_2$ , $m_3$ , ... ,
an denen verschiedene Gewichte  $p_1$ , $p_2$ , $p_3$ ... hängen, so
fragt es sich, wo liegt ein Punkt  m , dass, wenn wir ihn mit
den übrigen Punkten verbinden und die Quadrate der Abstände
multipliziren mit den zugehörigen Gewichten, dann die Summe
dieser Produkte ein Minimum sei. Es ist also ein Minimum folgender Funktion gesucht:

$$u = p_1 (mm_1)^2 + p_2 (mm_2)^2 + p_3 (mm_3)^2 + \dots \ .$$

Ich denke mir nun ein beliebiges Coordinatensystem, worauf unsere sämtlichen Punkte bezogen sind. $x_1$ , $y_1$ , $z_1$  seien die
Coordinaten von  $m_1$ , usw.  x,y,z  seien  die Coordinaten von
m . Dann ist:

$$(mm_1)^2 = (x-x_1)^2 + (y-y_1)^2 + (z-z_1)^2$$

$$u = p_1 ((x-x_1)^2+(y-y_1)^2+(z-z_1)^2) +$$

$$+ p_2 ((x-x_2)^2+(y-y_2)^2+(z-z_2)^2) + \dots \ .$$

Die Grössen mit Indices sind natürlich konstant, und indem wir
nach  x , y  und  z  differenziren, erhalten wir die Bedingungen

$$\frac{\partial u}{\partial x} = 2p_1 (x-x_1) + 2p_2 (x-x_2) + 2p_3 (x-x_3) + \dots = 0$$

$$\frac{\partial u}{\partial y} = 2p_1 (y-y_1) + 2p_2 (y-y_2) + 2p_3 (y-y_3) + \dots = 0$$

$$\frac{\partial u}{\partial z} = 2p_1 (z-z_1) + 2p_2 (z-z_2) + 2p_3 (z-z_3) + \dots = 0 \ .$$

Aus der Gleichung $\frac{\partial u}{\partial x} = 0$ folgt, dass

$$(p_1+p_2+p_3+\ldots)x - (p_1 x_1+p_2 x_2+p_3 x_3+\ldots) = 0 \ ,$$

also

$$x = \frac{p_1 x_1+p_2 x_2+p_3 x_3+\ldots}{p_1+p_2+p_3+\ldots} \quad .$$

Ebenso:

$$y = \frac{p_1 y_1+p_2 y_2+p_3 y_3+\ldots}{p_1+p_2+p_3+\ldots}$$

$$z = \frac{p_1 z_1+p_2 z_2+p_3 z_3+\ldots}{p_1+p_2+p_3+\ldots} \quad .$$

Da die Kräfte alle parallel sind, so ist  m  der Mittelpunkt derselben.

Wir suchen nun das zweite Differential  $d^2u$ .

$$\frac{\partial^2 u}{\partial x^2} = 2p_1 + 2p_2 + 2p_3 + \ldots$$

$$\frac{\partial^2 u}{\partial y^2} = 2p_1 + 2p_2 + 2p_3 + \ldots$$

$$\frac{\partial^2 u}{\partial x^2} = 2p_1 + 2p_2 + 2p_3 + \ldots$$

$$\frac{\partial^2 u}{\partial z \partial y} = 0 \ ; \quad \frac{\partial^2 u}{\partial x \partial z} = 0 \ ; \quad \frac{\partial^2 u}{\partial y \partial z} = 0$$

$$d^2u = 2(p_1+p_2+p_3+\ldots)(dx^2+dy^2+dz^2) \ .$$

Jedenfalls ist der zweite Faktor positiv, folglich hängt das Zeichen von  $d^2u$  von den Kräften ab. Sind alle Kräfte positiv, so ist  $d^2u$  positiv, folglich findet ein Minimum statt.

[§ 6.]  MAXIMA UND MINIMA MIT NEBENBEDINGUNGEN

Nehmen wir an, wir haben folgende Funktion:

$$u = F(x,y,z) \quad .$$

Man will wissen, fü welchen Werth von  x,y,z  wird  u  ein Maximum oder Minimum. Es soll aber zwischen den Veränderlichen eine Bedingungsgleichung  $\varphi(x,y,z) = 0$  stattfinden. Diese Gleichung lösen wir nach  z  auf:  $z = \psi(x,y)$ , und diesen Ausdruck in  u  eingesetzt, gibt:

$$u = F(x,y,\psi(x,y)) \quad .$$

Wir haben also nur noch zwei Variable  x  und  y .

Die erste Bedingung für ein Maximum oder Minimum ist nun, dass du = 0  sei. Es ist:

$$du = \frac{\partial u}{\partial x}\, dx + \frac{\partial u}{\partial y}\, dy + \frac{\partial u}{\partial z}\, dz = 0 \quad .$$

Hier sind aber  dx , dy  und  dz  nicht mehr beliebig, sondern sie hängen noch ab von der Bedingungsgleichung. Wir können deshalb nicht schliessen, dass  $\frac{\partial u}{\partial x} = \frac{\partial u}{\partial y} = \frac{\partial u}{\partial z} = 0$ .

Differenziren wir die Bedingungsgleichung, so ist:

$$d\varphi = \frac{\partial \varphi}{\partial x} + \frac{\partial \varphi}{\partial y}\, dy + \frac{\partial \varphi}{\partial z}\, dz = 0 \quad .$$

Wenn wir nun  dz  aus dieser Gleichung bestimmen und in die Gleichung für  du  einsetzen, so können wir dann die Coeffizienten von  dx  und  dy  gleich 0 einsetzen. Da dieses Einsetzen sehr weitläufig werden kann, so wenden wir die *Methode der unbestimmten Multiplikatoren von Lagrange* an. Wir haben

$$du - Kd\varphi = 0$$

für einen beliebigen Coeffizienten  K , da  du = 0  und  d$\varphi$ = 0
gilt. So ist

$$du - Kd\varphi = (\frac{\partial u}{\partial x} - K\frac{\partial \varphi}{\partial x})dx + (\frac{\partial u}{\partial y} - K\frac{\partial \varphi}{\partial y})dy + (\frac{\partial u}{\partial z} - K\frac{\partial \varphi}{\partial z})dz = 0 \ .$$

Nun bestimmen wir  K , so dass der Coeffizient von  dz  null
wird, also:

$$\frac{\partial u}{\partial z} - K \frac{\partial \varphi}{\partial z} = 0 \ , \quad K = \frac{\frac{\partial u}{\partial z}}{\frac{\partial \varphi}{\partial z}} \ .$$

Dann ist aber:

$$(\frac{\partial u}{\partial x} - K\frac{\partial \varphi}{\partial x})dx + (\frac{\partial u}{\partial y} - K\frac{\partial \varphi}{\partial y})dy = 0 \ .$$

Da wir  dx  und  dy  beliebig ändern können, ist dies nur möglich, wenn wir die Coeffizienten von  dx  und  dy  gleich
null setzen:

$$\frac{\partial u}{\partial x} - K \frac{\partial \varphi}{\partial x} = 0$$

$$\frac{\partial u}{\partial y} - K \frac{\partial \varphi}{\partial y} = 0 \ .$$

Mit der vorigen Gleichung

$$\frac{\partial u}{\partial z} - K \frac{\partial \varphi}{\partial z} = 0$$

und der Bedingungsgleichung

$$\varphi(x,y,z) = 0$$

haben wir also vier Gleichungen und vier Unbekannte  x , y , z
und die neu hinzugebrachte Unbekannte  K . Folglich ist die
Anzahl der Gleichungen und die Anzahl der Unbekannten gleich.
Mithin sind  x , y , z  und  K  zu bestimmen.[*]

_______________

[*] Die Herleitung ist hier auch sehr formell.

*Aufgabe*

Es sei eine Zahl  p  gegeben, und man soll diese Zahl  p  in
drei Theile  x , y  und  z  so zerlegen, dass das Produkt ein
Maximum wird. Es ist also:

$$u = x \cdot y \cdot z$$

mit der Bedingungsgleichung

$$x + y + z = p \quad .$$

Wir können nun aus der zweiten Gleichung  z  eliminiren:

$$z = p - y - x \quad ,$$

also

$$u = xy(p-y-x) \quad .$$

Differenziren wir:

$$\frac{\partial u}{\partial x} = y(p-x-y) - xy = 0$$

$$\frac{\partial u}{\partial y} = x(p-x-y) - xy = 0$$

$$y(p-2x-y) = 0$$

$$x(p-x-2y) = 0 \quad .$$

Es kann nun  x  und  y = 0  sein, oder  p - 2x - y = 0  und
p - x - 2y = 0 . Wenn aber  x  oder  y = 0  ist, so kann weder
ein Maximum noch ein Minimum stattfinden, da alsdann  u = 0
ist, und für negative Werthe von  x  oder  y  ist  u  negativ
und für positive auch positiv. Folglich ist weder ein Maximum
noch ein Minimum vorhanden. Es müssen daher  p - 2x - y = 0
und  p - x - 2y = 0  sein, also  x = y  und somit  x = y = z =
$\frac{p}{3}$ . Es müssen also  x , b , z  gleich sein.

*Zweite Auflösung*

Es sei $u = x \cdot y \cdot z$ mit der Bedingungsgleichung
$\varphi = x + y + z - p = 0$ . Dies gibt

$$du = yzdx + xzy + xydz$$

$$d\varphi = dx + dy + dz$$

$d\varphi$ mit $K$ multiplizirt und von $du$ subtrahirt, ergibt:

$$(yz-K)dx + (xz-K)dy + (xy-K)dz = 0 \quad .$$

Wir müssen die Coeffizienten gleich null setzen, also:

$$yz = K , \quad xz = K , \quad xy = K , \quad x + y + z = p \quad .$$

Es folgt $x = y = z = \sqrt{K} = \frac{p}{3}$ {Rechnung weggelassen}.

Suchen wir das zweite Differential, so ist:

$$d^2u = yzd^2x + xzd^2y + xyd^2z +$$

$$+ 2zdx \cdot dy + 2ydx \cdot dz + 2xdy \cdot dz \quad .$$

Aus der Bedingungsgleichung folgt

$$0 = d^2x + d^2y + d^2z \quad .$$

Subtrahiren wir dies mit $K$ multiplizirt von dem Ausdruck für
$d^2u$ , so ist

$$d^2u = (yz-K)d^2x + (xz-K)d^2y + (xy-K)d^2z +$$

$$+ 2zdxdy + 2ydxdz + 2xdydz \quad .$$

Aus der Bedingungsgleichung folgt $dz = -(dz+dy)$ . Dies eingesetzt, die Coeffizienten $yz - K$ , $xz - K$ , $xy - K$ gleich

null gesetzt und  $x = y = z = \frac{p}{3}$  gesetzt, ergibt

$$d^2u = 2 \frac{p}{3} \, dxdy - \frac{2p}{3} \, dx(dx+dy) - 2 \frac{p}{3} \, dy(dx+dy) =$$

$$= - \frac{2p}{3} \{dx^2 + dxdy + dy^2\} =$$

$$= - \frac{2p}{3} \{(dx+1/2dy)^2 + 3/4dy^2\} \quad .$$

Da alle Summanden im Quadrat vorkommen, können wir schliessen, dass die Summe immer positiv ist. Da  $- \frac{2p}{3}$  negativ ist, ist also auch  $d^2u$  negativ. Folglich findet für die Werthe $x = y = z = \frac{p}{3}$  ein Maximum statt.


*Aufgabe*


Es ist von einem Parallelepiped, das  27  cubische Fuss Inhalt hat, die möglichst kleine Oberfläche zu suchen. Der Inhalt des Parallelepipeds ist  $V = xyz$ , wenn $x$ , $y$  und  $z$  die Seiten sind. Es soll die Oberfläche dieser Körper ein Minimum werden, oder auch nur die halbe Oberfläche. Wenn nun die halbe Oberfläche ein Minimum wird, so wird sicher das Ganze ein Minimum. Also suchen wir das Minimum von

$$u = xy + xz + yz$$

mit der Bedingungsgleichung

$$xyz - V = 0 \quad .$$

Wir differenziren:

$$du = (y+z)dx + (x+z)dy + (x+y)dz = 0$$

$$0 = xydz + xzdy + yzdx \quad .$$

Die Bedingungsgleichung multipliziren wir mit  $K$ , so ist:

$$0 = Kxydz + xzdyK + Kyzdx \quad .$$

Subtrahiren wir diese Gleichung von der ersten, so ist:

$$(y+z-Kyz)dx + (x+z-Kxz)dy + (x+y-Kxy)dz = 0 \quad .$$

Um nun  K  zu erhalten, müssen wir die Coeffizienten von  dx ,
dy  und  dz  gleich null setzen:

$$y + z = Kyz \quad , \quad x + z = Kxz \quad , \quad x + y = Kxy \quad .$$

Aus diesen Gleichungen folgt:

$$\frac{1}{z} + \frac{1}{y} = K \quad , \quad \frac{1}{z} + \frac{1}{x} = K \quad , \quad \frac{1}{y} + \frac{1}{x} = K \quad .$$

Die Lösung dieses Gleichungssystems ist

$$x = y = z = \frac{1}{2} K$$

und das Parallelepiped ist also ein Würfel {Rechnung gekürzt}.

Um zu sehen, ob an dieser Stelle ein Maximum oder Minimum stattfindet, suchen wir das zweite Differential:

$$d^2u = 2dxdy + 2dxdz + 2dydz + (x+z)d^2x$$
$$+ (x+z)d^2y + (x+y)d^2z \quad .$$

Aus dieser Bedingungsgleichung folgt:

$$0 = 2zdxdy + 2ydxdz + 2xdzdy + yzd^2x +$$
$$+ yxd^2z + xzd^2y \quad .$$

Multipliziren wir diese Gleichung mit  K , so ist, wenn wir sie
dann von der vorigen abziehen:

$$d^2u = (2-2Kz)dxdy + (2-2Ky)dxdz + (2-2Kx)dydz +$$

$$+ (y+z-Kyz)d^2x + (x+z-Kxz)d^2y +$$

$$+ (x+y-Kxy)d^2z \quad .$$

Die drei letzten Glieder sind null. Aus den Gleichungen
$x = y = z = \frac{2}{K}$ folgt:

$$d^2u = -2dxdy - 2dxdz - 2dydz$$

Wir haben noch die Bedingung

$$0 = yzdx + xzdy + xydz \quad .$$

Nun ist $x = y = z = \sqrt[3]{V}$ . Also:

$$0 = \sqrt[3]{V^2}\, dx + \sqrt[3]{V^2}\, dy + \sqrt[3]{V^2}\, dz$$

$$0 = dx + dy + dz \quad .$$

Dies eingesetzt, ergibt:

$$d^2u = -2dxdy + 2dx(dx+dy) + 2dy(dx+dy) =$$

$$= 2dx^2 + 2dxdy + 2dy^2 = 2(dx^2+dxdy+dy^2) =$$

$$= 2((dx + \tfrac{1}{2}dy)^2 + \tfrac{3}{4}dy^2) \quad .$$

Wir haben also ein Minimum, denn für alle Werthe von $dx$ und
$dy$ ist $d^2u$ positiv, da alle Grössen im Quadrat vorkommen.

*Untersuchung von Funktionen mit mehr als drei Variablen und
mehr als einer Bedingungsgleichung*

Wir wollen die Funktion mit $u$ bezeichnen. Die Anzahl der veränderlichen Grössen sei $n$ und die Anzahl der Bedingungsgleichungen sei $p$ .

Die Bedingungsgleichungen seien:

$$\varphi_1(x,y,z,\ldots) = 0 \ , \quad \varphi_2(x,y,z,\ldots) = 0 \ , \quad \varphi_p(x,y,z,\ldots) = 0$$

Es sei  du = 0 . Dann sind bei unserer Annahme die Grössen
dx , dy , dz ...  natürlich nicht mehr unabhängig voneinander.
Differenziren wir die Bedingungsgleichungen, so erhalten wir
p Gleichungen, zwischen  dx , dy , dz , ... :

$$d\varphi_1 = 0 \ , \quad d\varphi_2 = 0 \ , \quad \ldots \ .$$

Wenn nun  p  grösser als  n  wäre, so wäre keine Auflösung
möglich. Wäre  p < n , so könnten wir  n-p  unabhängige Grössen
dx , dy, ...  finden. Wäre  p = n , so wären dadurch alle Veränderlichen bestimmt. Wir nehmen also an, es sei  p < n . Wir
multipliziren nun die Differentiale  $d\varphi_1$ , $d\varphi_2$ , ...  der Bedingungsgleichungen mit den unbestimmten Faktoren  $K_1$ , $K_2$ , ...
und subtrahiren sie vom Differential der Funktion:

$$du - K_1 d\varphi_1 - K_2 d\varphi_2 - K_3 d\varphi_3 - K_4 d\varphi_4 - \ldots = 0 \ .$$

Nun ist aber:

$$du = \frac{\partial u}{\partial x}\, dx + \frac{\partial u}{\partial y}\, dy + \frac{\partial u}{\partial z}\, dz + \ldots = 0$$

$$d\varphi_1 = \frac{\partial \varphi_1}{\partial x}\, dx + \frac{\partial \varphi_1}{\partial y}\, dy + \frac{\partial \varphi_1}{\partial z}\, dz + \ldots = 0$$

$$d\varphi_2 = \frac{\partial \varphi_2}{\partial x}\, dx + \frac{\partial \varphi_2}{\partial y}\, dy + \frac{\partial \varphi_2}{\partial z}\, dz + \ldots = 0$$

$$\ldots\ldots\ldots\ldots\ldots\ldots\ldots\ldots\ldots\ldots\ldots\ldots\ldots\ldots\ldots$$

Ziehen wir nun alle Glieder, die  dx  haben, zusammen und alle
Glieder, die  dy  haben etc., so erhalten wir:

$$\left(\frac{\partial u}{\partial x} - K_1 \frac{\partial \varphi_1}{\partial x} - K_2 \frac{\partial \varphi_2}{\partial x} - \ldots\right) dx +$$

$$+ \left(\frac{\partial u}{\partial y} - K_1 \frac{\partial \varphi_1}{\partial y} - K_2 \frac{\partial \varphi_2}{\partial y} - \ldots\right) dy +$$

$$+ \left(\frac{\partial u}{\partial z} - K_1 \frac{\partial \varphi_1}{\partial z} - K_2 \frac{\partial \varphi_2}{\partial z} - \ldots\right) dz + \ldots = 0 \ .$$

Wir haben  n-p  unabhängige Grössen  dx , dy , ... . Nun wählen wir  $K_1$ , ... , $K_p$ , so dass die Coeffizienten der  p  ab-
hängigen Grössen null werden. Da wir die  n-p  unabhängigen
Grössen beliebig ändern können, müssen auch die Coeffizienten
dieser Grössen null werden. Also haben wir  n  Gleichungen

$$\frac{\partial u}{\partial x} - K_1 \frac{\partial \varphi_1}{\partial x} - K_2 \frac{\partial \varphi_2}{\partial x} - \ldots = 0$$
$$\vdots$$
$$\frac{\partial u}{\partial y} - K_1 \frac{\partial \varphi_1}{\partial y} - K_2 \frac{\partial \varphi_2}{\partial y} - \ldots = 0$$

Mit den  p  Bedingungsgleichungen erhalten wir  n+p  Gleichungen für  n+p  Unbekannte, nämlich  n  Unbekannte  x , y , z ,
... , und  p  Unbekannte $K_1$ , ... , $K_p$ . Mithin sind also alle Unbekannten bestimmt. [*)]

---

[*)] Diese formelle Herleitung der Methode der Multiplikatoren
geht auf Lagrange zurück. Lipschitz (Lehrbuch der Analysis,
Bd. 2, 1880) gibt eine genauere Ueberlegung mit Benützung
der Funktionaldeterminanten. Eine strenge Begründung beruht
jedoch auf dem Satz über implizite Funktionen. Siehe auch
Fussnote S. 267.

[§ 7.]  TAYLORSCHE REIHE

Wir wollen die Taylorsche Reihe für Funktionen von mehreren Variablen ausdrücken.[*] Denken wir uns eine Funktion von einer Variablen  f(x) , so ist, wenn wir  x  in  x + h  übergehen lassen:

$$f(x+h) = f(x) + \frac{df}{dx} h + \frac{d^2 f}{dx^2} \frac{h^2}{2!} + \ldots + \frac{d^n f}{dx^n} \frac{h^n}{n!} + \ldots \; .$$

Wenn wir nun eine Funktion von zwei Variablen haben,  f(x,y) , so fragt es sich, wie dann die Reihe ausfalle. Lassen wir nun in  f(x,y)  x  um  h  und dann  y  um  K  wachsen, so ist unsere Aufgabe, die Reihe von  f(x+h,y+K)  zu finden. Wir lassen zuerst  y  um  K  wachsen:

$$f(x,y+K) = f + \frac{\partial f}{\partial y} K + \frac{\partial^2 f}{\partial y^2} \frac{K^2}{2!} + \ldots + \frac{\partial^n f}{\partial y^n} \frac{K^n}{n!} + \ldots \; .$$

Lassen wir nun  x  um  h  wachsen, so ändert sich jedes Glied in dieser Reihe, und wir bekommen von jedem Glied eine Reihe, welche wir nach der Reihe für eine Variable bilden.

Indem wir also  x  um  h  ändern, geht  f  über in:

$$f + \frac{\partial f}{\partial x} h + \frac{\partial^2 f}{\partial x^2} \frac{h^2}{2!} + \ldots + \frac{\partial^n f}{\partial x^n} \frac{h^n}{n!} + \ldots \; .$$

$\frac{\partial f}{\partial y}$  geht über in:

---

[*]  Merkwürdigerweise kommt die Taylorentwicklung am Schluss der Differentialrechnung der Funktionen mehrerer Variablen, obwohl sie implizit an mehreren Stellen (z.B. bei Extremalstellen) benützt wird.

$$\frac{\partial f}{\partial y} + \frac{\partial^2 f}{\partial x \partial y} h + \frac{\partial^3 f}{\partial x^2 \partial y} \frac{h^2}{2!} + \ldots + \frac{\partial^n f}{\partial x^{n-1} \partial y} \frac{h^{n-1}}{(n-1)!} + \ldots \quad .$$

$\dfrac{\partial^2 f}{\partial y^2}$ geht über in:

$$\frac{\partial^2 f}{\partial y^2} + \frac{\partial^3 f}{\partial x \partial y^2} h + \ldots + \frac{\partial^n f}{\partial x^{n-2} \partial y^2} \frac{h^{n-2}}{(n-2)!} + \ldots \quad .$$

Wir stellen nun der Uebersicht halber die Reihen zusammen, und zwar so, dass die gleichen Differentiale untereinander stehen. Also:

1) $\quad f \ldots f + \dfrac{\partial f}{\partial x} h + \dfrac{\partial^2 f}{\partial x^2} \dfrac{h^2}{2!} + \ldots + \dfrac{\partial^n f}{x^n} \dfrac{h^n}{n!} + \ldots$

2) $\quad \dfrac{\partial f}{\partial y} \ldots \dfrac{\partial f}{\partial y} + \dfrac{\partial^2 f}{\partial x \partial y} h + \dfrac{\partial^n f}{\partial x^{n-1} \partial y} \dfrac{h^{n-1}}{(n-1)!} + \ldots$

3) $\quad \dfrac{\partial^2 f}{\partial y^2} \ldots \dfrac{\partial^2 f}{\partial y^2} + \ldots + \dfrac{\partial^n f}{\partial x^{n-2} \partial y^2} \dfrac{h^{n-2}}{(n-2)!}$

$$\ldots\ldots\ldots\ldots\ldots\ldots\ldots\ldots\ldots\ldots\ldots\ldots\ldots\ldots\ldots\ldots$$

Um die Reihe für $f(x, y+K)$ zu erhalten, müssen wir die Reihe 2) mit $K$ , die Reihe 3) mit $\dfrac{K^2}{2!}$ etc. ... multipliziren. Addiren wir nun die untereinander stehenden Glieder und sondern die Faktoren $\dfrac{1}{2!}$ ; $\dfrac{1}{3!}$ ... etc. ab, so ist:

$$f(x+h, y+K) = f(x,y) + \left(\frac{\partial f}{\partial x} h + \frac{\partial f}{\partial y} K\right) + \frac{1}{2!}\left(\frac{\partial^2 f}{\partial x^2} h^2 + 2 \frac{\partial^2 f}{\partial x \partial y} Kh + \frac{\partial^2 f}{\partial y^2} K^2\right) +$$

$$+ \frac{1}{3!}\left(\frac{\partial^3 f}{\partial x^3} h^3 + \frac{\partial^3 f}{\partial x^2 \partial y} h^2 K + \frac{3 \partial^3 f}{\partial x \partial y^2} hK^2 + \frac{\partial^3 f}{\partial y^3} K^3\right) + \ldots$$

$$+ \frac{1}{n!}\left(\frac{\partial^n f}{\partial x^n} h^n + \frac{n \partial^n f}{\partial x^{n-1} \partial y} h^{n-1} K + \frac{n(n-1)}{2!} \frac{\partial^n f}{\partial x^{n-2} \partial y^2} h^{n-2} K^2\right) + \ldots$$

Setzen wir nun für $h$ $dx$ und für $K$ $dy$ ein, so ist das erste Glied unverändert und das zweite ist dann das totale erste Differential der Funktion $f(x,y)$ , das dritte Glied das totale zweite Differential von $f(x,y)$ multiplizirt mit $\dfrac{1}{2!}$ , etc., und somit wäre:

$$f(x+dx, y+dy) = f(x,y) + df + \frac{1}{2!}\, d^2f + \ldots + \frac{1}{n!}\, d^nf + \ldots .$$

Diese Form der Reihe gilt für beliebig viele Variablen, während die vorhergehende Reihe nur für zwei Variablen gilt.[*)]

*Beispiel*

Es sei folgende Funktion nach der Taylorschen Reihe zu entwikkeln

$$f(x,y) = x^2 - 4y^2 + 6xy - 2y + 6$$

$$f(x+h, y+K) = (x^2-4y^2+6xy-2y+6) + [(2x+6y)h +$$

$$+ (-8y+6x-2)K] + \frac{1}{2!}\,[2h^2+2\cdot 6Kh+(-8)K^2] + \ldots$$

---

[*)] Diese Herleitung nach Lagrange durch mehrmalige Anwendung der Taylorschen Entwicklung ist recht kompliziert und gibt keine bequeme Formel für den Rest, welcher hier auch nicht berechnet wurde. Eine übersichtlichere Formel erhält man nach Cauchy, wenn man durch die Substitution $h = th_1$, $K = tK_1$ die Funktion $f(x,y)$ auf eine Funktion einer Variablen $t$ zurückführt und die Taylorsche Entwicklung auf diese Funktion anwendet.

# VIII. Abschnitt
# Integralrechnung



[§ 8.]   KOERPERLICHE INHALTE

Denken wir uns eine Fläche und diese Fläche auf die horizontale  xy-Ebene projizirt. Durch die Projektion der Fläche, die
Fläche selbst und durch den Cylinder, welcher durch das Projiziren entsteht, erhalten wir einen vollständig bestimmten, begrenzten Körper. Wir wollen das Volumen des Körpers mit  V  bezeichnen, ferner die Projektionsfläche mit  F .

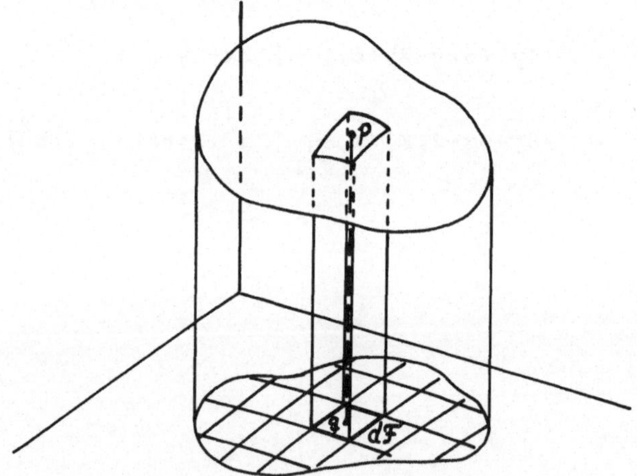

Wir denken uns nun die Gleichung der Fläche so, dass  z  als
Funktion von  x  und  y  ausgedrückt ist.

Um nun den *körperlichen Inhalt* zu finden, denken wir uns die
Fläche  F  in eine Anzahl gleiche, aber sehr kleine Theilchen
getheilt. Ein solches Theilchen sei  dF . Die Summe aller dieser einzelnen Theilchen bildet wieder die Projektion  F , also  Σ(dF) = F . Wir denken uns nun das Flächentheilchen  dF
nach der Fläche im Raume projizirt, somit erhalten wir einen
prismatischen Körper, der einen sehr kleinen Querschnitt hat

und oben etwas schief abgeschnitten ist. Von der Mitte von  dF
ziehen wir ebenfalls eine Senkrechte auf die  xy-Ebene nach
der gegebenen Fläche, der Abstand sei  z . Denken wir uns nun
durch den Punkt  p  eine parallele Ebene zu der  xy-Ebene gelegt, so erhalten wir ein vollständiges Prisma, dessen Höhe  z
ist. Der Inhalt dieses Prismas ist  zdF .

Wenn wir nun die Summe aller dieser kleinen Prismen suchen, so
erhalten wir annäherungsweise den Inhalt des ganzen Körpers.
Unsere Fläche wird durch das parallele Abschneiden mit der  xy-
Ebene der Prismen treppenförmig, also keine kontinuirliche
Fläche mehr. Wenn nun  dF  nach seinen Dimensionen immer klei-
ner wird, so werden alle Prismen kleiner, bis sie endlich,
wenn  dF  unendlich klein ist, dem Grenzwerth gleichkommen.
Dieser Grenzwerth ist das zu suchende Volumen des Körpers.

Wir wollen nun den Unterschieden zwischen der grössten und
kleinsten  z-Coordinate eines jeden Prismas die *variation* von
z  nennen. Die grösste Variation eines jeden Prismas sei  $\rho$ .
Wenn wir nun zu jedem einzelnen Prisma ein kleines Prisma von
der Höhe  $\rho$  hinzufügen, so erhalten wir wieder einen treppenförmig begrenzten Raum, der grösser ist als das wirkliche Volumen des Körpers. Würden wir dieses Prisma von jedem Prisma
abziehen, so erhielten wir einen kleineren Raum als der eigentliche Raum des Körpers ist. Folglich ist

$$\Sigma(zdF+\rho dF) > V , \quad \Sigma(zdF-\rho dF) < V .$$

Betrachten wir die Variation  $\rho$  bei allen Prismen als gleich,
so ist:

$$\Sigma(zdF) + \rho\Sigma(dF) > V , \quad \Sigma(zdF) - \rho\Sigma(dF) < V .$$

Nun ist aber nach unserer Bezeichnung  $\Sigma(dF) = F$ , also:

$$\Sigma(zdF) + \rho F > V \quad \text{und} \quad \Sigma(zdF) - \rho F < V$$

oder

$$-\rho F < V - \Sigma(zdF) < \rho F \quad .$$

Wenn nun  dF  immer kleiner wird, so wird  $\rho$  immer kleiner,
und es ist dann der Grenzwerth:

$$V = \lim \Sigma(zdF) = \int zdF \quad .$$

Hier können wir keine Grenzen einsetzen, da sich das Volumen
auf einen bestimmten begrenzten Körper bezieht und weil das
Integral auf alle Theile der Projektion ausgedehnt ist.[*)]

Wir wollen annehmen, die Gleichung der Fläche sei  $z = f(x,y)$  .
Wir zerlegen nun die Projektion in der  xy-Ebene in lauter
Rechtecke, und zwar durch Linien parallel der  x-Achse und der
y-Achse. Haben die Linien, welche parallel der  y-Achse sind,
den Abstand  dx  und diejenigen, die parallel der  x-Achse
sind, den Abstand  dy , so erhalten wir Flächenelemente mit dem
Inhalt:  $dx \cdot dy = dF$ . Lassen wir  dx  und  dy  unendlich klein
werden, so nähert sich die Fläche der Gestalt der wirklichen.

Wir betrachten nun irgendeinen der Streifen, welcher parallel
der  y-Achse sein soll. Dieser Streifen von der Breite  dx  sei
also begrenzt durch die Parallelen im  Abstand  x  und  x+dx
zur  y-Achse. Legen wir nun durch die Linie, die in der Entfernung  x  liegt, eine Ebene senkrecht zur  xy-Ebene, so bekommen
wir einen Schnitt des Körpers. Wenn wir noch eine Ebene in der

---

[*)] Die Ueberlegung für einfache Integrale wird im wesentlichen
wiederholt. Riemann selbst hat in seiner Habilitationsschrift den Begriff des mehrfachen Integrals nicht berührt.
In der Literatur der Zeit werden meistens mehrfache Integrale zuerst als iterierte Integrale definiert. Bei Dirichlet
[1854] (siehe Einleitung) wird das Doppelintegral zuerst
als Masse eines Ebenstückes und dann wie hier, als Volumen
eingeführt. Die Darstellung ist jedoch sehr knapp und fast
ohne Beweise.

Entfernung  x + dx  legen, so erhalten wir einen Ausschnitt
von der Dicke  dx . Diesen Ausschnitt können wir in lauter
Prismen zerlegen. Bei allen den Säulen, die wir in diesem
Streifen erhalten, ist  dx  gleich.

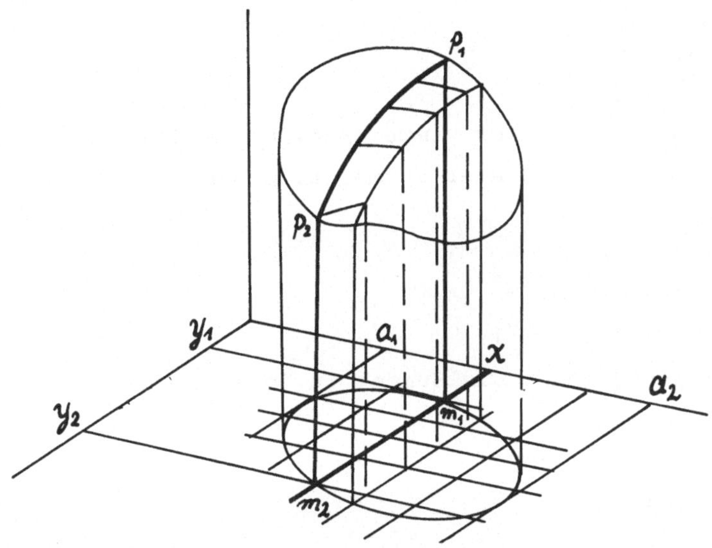


Der Inhalt eines Prismas ist  zdF  oder  zdxdy . Der Inhalt des
Ausschnittes, dessen Dicke  dx  ist, ist:

$$\Sigma zdF = dx\Sigma (zdy) \quad .$$

Wir ziehen nun durch  $m_2$  und  $m_1$  Parallelen zu der  x-Achse.
Wir müssen also die Summe von  zdy  nehmen von  $y_1$  bis  $y_2$ ,
wenn  $y_1$  und  $y_2$  die Abstände dieser Parallelen von der  x-
Achse sind. Wir müssen also alle Prismen von  $y_1$  bis  $y_2$  in
dem Streifen addiren. Würden wir den Streifen an eine  andere
Stelle hindurch legen, so wären natürlich  $y_1$  und  $y_2$  anders.
Die Lage des Streifens hängt aber von  x  ab, also sind  $y_1$
und  $y_2$  Funktionen von  x . Wir müssen also die folgende Summe
bilden:

$$dx\Sigma (zdy) = dx \sum_{y_1}^{y_2} (zdy) \quad .$$

Nehmen wir das gleiche in einem andern Ausschnitt an, so bekommen wir eine zweite Summe. Bilden wir nun die Summe aller dieser Ausschnitte, und zwar von $x = a_1$ bis $x = a_2$ , so erhalten wir

$$\sum_{a_1}^{a_2} (dx \; \sum_{y_1}^{y_2} (zdy)) \; .$$

Lassen wir nun $dx$ und $dy$ immer kleiner werden, so erhalten wir den Grenzwerth von dieser Summe, also den Inhalt des Körpers:

$$V = \lim \sum_{a_1}^{a_2} (dx( \sum_{y_1}^{y_2} (zdy)) \; .$$

Bei dieser Bildung gehen die Summen in Integrale über, also:

$$V = \int_{a_1}^{a_2} \{dx \int_{y_1}^{y_2} zdy\} \; .$$

Das Integral $\int_{y_1}^{y_2} zdy$ bedeutet offenbar nichts anders als die Fläche der Ebene $p_1p_2m_1m_2$ , also:

$$\int_{y_1}^{y_2} zdy = m_1m_2p_1p_2 \; .$$

*Beispiel*

Wir betrachten eine Ebene, deren Abschnitte von den Achsen $a$ , $b$ und $c$ sind, so ist die Gleichung derselben

$$\frac{x}{a} + \frac{y}{b} + \frac{z}{c} = 1 \quad \text{oder} \quad z = c(1 - \frac{x}{a} - \frac{y}{b}) \; .$$

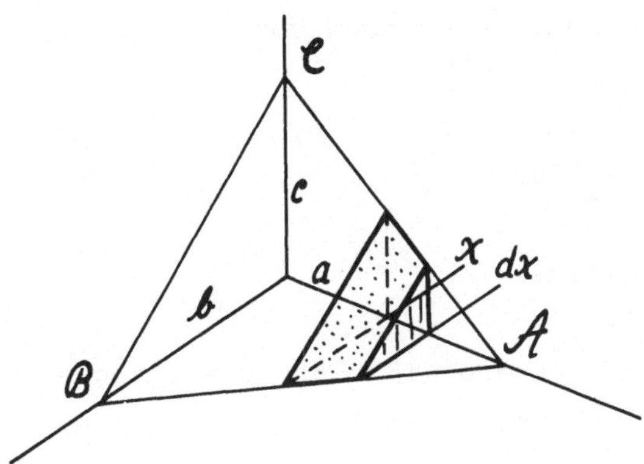


Für die Gleichung der Spur  AB  ist  z = 0 , also:  $\frac{y}{b} + \frac{x}{c} = 1$
oder  $y = b(1 - \frac{x}{a})$ .


Wir legen nun eine parallele Ebene zu der  yz-Ebene, in dem
Abstand  x  von  0 . Ferner eine zweite, von der ersten um  dx
entfernt. Diesen Ausschnitt denken wir uns wieder in Prismen
zerlegt, deren Basis von der Form  dxdy  und deren Höhe  z
ist. Also müssen wir die Summe von  dx (zdy)  bilden, d.h. das
Integral, und zwar von  $y_1$  bis  $y_2$ , also:

$$dx \int_{y_1}^{y_2} zdy \ .$$

Nun ist aber bei unserem Beispiele  $y_1$  gleich  null. Wir haben
das Integral zu bilden bis zu dem Punkt, wo die Spur  AB  die
y-Achse schneidet. Die Gleichung eines Punktes der Linie  AB
ist aber  $y = b(1 - \frac{x}{a})$ ; da  $y_2$  auf  AB  liegt, so ist  $y_2 =
b(1 - \frac{x}{a})$ , also:

$$dx \int_{o}^{b(1-\frac{x}{a})} zdy = dx \int_{o}^{b(1-\frac{x}{a})} c(1 - \frac{x}{a} - \frac{x}{b})dy \ .$$

Dies haben wir dann noch zu integriren von  x = 0   bis  x = a .


Es ist

$$\int_{o}^{b(1-\frac{x}{a})} c(1 - \frac{x}{a} - \frac{x}{b})dy = \frac{bc}{1}(1 - \frac{x}{a})^2 \ .$$

{Rechnung weggelassen.} Dies noch von  0  bis  a  integrirt,
ergibt

$$\int_{b}^{a} \frac{bc}{2}\left(1 - \frac{x}{a}\right)^2 dx = \frac{abc}{6} \quad .$$

{Rechnung weggelassen.}

{Es wird ganz entsprechend wie oben, die Integration in umge-
kehrter Reihenfolge ausgeführt.}

Wir sehen also, dass es gleichgültig ist, ob wir zuerst nach
dx , dann nach  dy  oder umgekehrt integriren, da wir auf das
gleiche Resultat stossen. Man schreibt daher auch:

$$V = \iint z\,dx\,dy \quad .$$

Bei diesem Zeichen darf aber der Ausdruck  z  niemals unendlich
gross werden. Wäre dies der Fall, so wäre es nicht gestattet,
die Reihenfolge der Integration umzukehren.


*Beispiel*


Es soll das Volumen eines Ellipsoidoctanten gesucht werden. Die
Gleichung des Ellipsoides ist:

$$\frac{x^2}{a^2} + \frac{y^2}{b^2} + \frac{z^2}{c^2} = 1 \quad \text{oder} \quad z = \sqrt{1 - \frac{x^2}{a} - \frac{y^2}{b}} \quad .$$

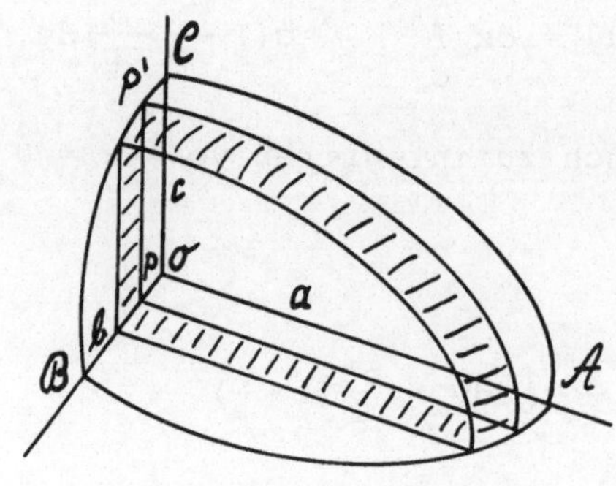

Die Fläche  OAB  ist die Projektion der Flächen des Octanten.
AB  ist aber ein Ellipsenquadrant, dessen Gleichung

$$\frac{x^2}{a^2} + \frac{y^2}{b^2} = 1 \quad \text{oder} \quad x = a\sqrt{1 - \frac{y^2}{b^2}}$$

ist. Wir ziehen nun durch  p  eine Parallele der  x-Achse und
noch eine zweite im Abstand  dy  von der ersten und erhalten
durch die Geraden die vertikalen Ebenen. Wir bekommen deshalb
einen Ausschnitt, welchen wir in Prismen theilen, deren Dimensionen  dx , dy  und  z  sind. dy  ist wieder in einem solchen
Streifen konstant, und wir müssen daher zuerst bilden:

$$dy \int z\, dx \quad .$$

Die Grenzen sind  $x = 0$  und  $x = a\sqrt{1 - \frac{y^2}{b^2}}$  . Wenn wir diese
Grenzen einsetzen, so ist:

$$dy \int_{0}^{a\sqrt{1 - \frac{y^2}{b}}} c\sqrt{1 - \frac{x^2}{a^2} - \frac{y^2}{b^2}}\, dx \quad .$$

Da wir aber die Summe aller dieser Ausschnitte bilden sollen,
das heisst, das Integral von  $y = 0$  bis  $y = b$ , so ist dann

$$V = \int_{0}^{b} dy \int_{0}^{a\sqrt{1 - \frac{y^2}{b^2}}} c\sqrt{1 - \frac{x^2}{a^2} - \frac{y^2}{b^2}}\, dx \quad .$$

Wir betrachten nun zuerst  y  als konstant und integriren nach
x . Wir wollen nun setzen:

$$a\sqrt{1 - \frac{y^2}{b^2}} = r$$

$$a^2\left(1 - \frac{y^2}{b^2}\right) = r^2$$

$$1 - \frac{y^2}{a^2} = \frac{r^2}{a^2} \quad .$$

Deshalb verwandelt sich das Integral in

$$\int_o^r c\,\sqrt{\frac{r^2}{a^2}-\frac{x^2}{a^2}}\ dx = \frac{c}{a}\int_a^r \sqrt{r^2-x^2}\ dx \quad .$$

Es ist nun nach früherem:

$$\int \sqrt{r^2-x^2}\ dx = \frac{1}{2}\,x\sqrt{r^2-x^2} + \frac{1}{2}\,x^2\ \arcsin\frac{x}{r}$$

Wir haben die Grenzen einzusetzen; für die untere Grenze werden beide Glieder null. Für  x = r  wird das erste Glied ebenfalls null und das zweite Glied wird:

$$\frac{1}{2}\,r^2\ \arcsin\frac{r}{r} = \frac{1}{2}\,r^2\ \arcsin 1 = \frac{1}{2}\,r^2\,\frac{\pi}{2} = \frac{r^2\pi}{4} \quad .$$

Dies ist also das innere Integral; setzen wir dies noch ein,
so ist:

$$V = \int_a^b dy\ \frac{c}{a}\,\frac{r^2\pi}{4} = \int_o^b dy\ \frac{c}{a}\,\frac{\pi}{4}\cdot a^2\,(1-\frac{y^2}{b^2}) =$$

$$= \int_o^b \frac{ac\pi}{b^2\,4}\,(b^2-y^2)\,dy = \frac{ac\pi}{b^2\,4}\int_o^b (b^2-y^2)\,dy \quad .$$

Nun ist:

$$\int (b^2-y^2)\,dy = \int b^2 dy - \int y^2 dy = b^2 y - \frac{y^3}{3}$$

und die Grenzen eingesetzt

$$\int_o^b (b^2-y^2)\,dy = b^3 - \frac{b^3}{3} = \frac{2}{3}\,b^3 \quad ,$$

folglich ist, wenn wir dies einsetzen:

$$V = \frac{ac}{b^2}\cdot\frac{\pi}{4}\cdot\frac{2}{3}\,b^3 = \frac{abc}{6}\,\pi$$

Dies ist das gesuchte Volumen. Der Inhalt des ganzen Ellipsoides ist achtmal so gross wie dieses, also: $\frac{4}{3}\,abc\pi$ .

Wäre  $a = b = c$ , so hätten wir eine Kugel vom Radius
$r = a = b = c$  und mit dem Inhalt

$$\frac{4}{3} r^3 \pi \ .$$

*Beispiel*

Es sei gegeben:  $z = e^{-(x^2+y^2)}$  .*)

Es soll nun das Volumen gefunden werden, das begrenzt ist durch
die Fläche und die ganze  xy-Ebene. Diese Fläche ist eine Rotationsfläche. Denn es ist  $y^2 + x^2 = r^2$ , also  $z = e^{-r^2}$ .
Denken wir uns einen Kreis um die  z-Achse im Abstand  z  [von
der  xy-Ebene], so ist in demselben immer  $x^2 + y^2 = r^2$ . Alle
Punkte des Kreises entsprechen aber der Gleichung  $z = e^{-r^2}$  .

Folglich haben wir lauter Kreisschnitte parallel mit der  xy-
Ebene. Lassen wir  r  immer zunehmen, so wird
$z = e^{-r^2}$  immer kleiner, und wenn  r  unendlich gross ist, so
ist  z  unendlich klein. Wir bekommen also eine Fläche, welche
sich der  xy-Ebene immer nähert. Diese Fläche nennt man auch
die Wahrscheinlichkeitsfläche.

Das Volumen des Raumes, der durch die Fläche und durch die  xy-
Ebene begrenzt wird, wird durch folgendes Integral gegeben:

$$V = \int dy \int e^{-(x^2+y^2)} dx \ .$$

Offenbar sind die Grenzen nach der  x-  und  y-Richtung  $-\infty$
und  $+\infty$ , also:

---

*) Es ist besonders beachtenswert, dass Dedekind auch dieses
   klassische Beispiel behandelt.

$$V = \int\limits_{-\infty}^{+\infty} dy \int\limits_{-\infty}^{+\infty} e^{-(x^2+y^2)} dx = \int\limits_{-\infty}^{\infty} dy \int\limits_{-\infty}^{\infty} e^{-x^2} e^{-y^2} dx =$$

$$= \int\limits_{-\infty}^{\infty} e^{-y^2} dy \int\limits_{-\infty}^{\infty} e^{-x^2} dx \quad .$$

Wir wollen nun annehmen, das Integral $\int\limits_{-\infty}^{+\infty} e^{-x^2} dx$ sei schon berechnet und es sei gleich $A$ . Also ist:

$$V = \int\limits_{-\infty}^{+\infty} dy \; e^{-y^2} A \quad .$$

Nun enthält aber das bestimmte Integral $\int\limits_{-\infty}^{+\infty} dx \; e^{-x^2}$ keine Variable mehr, da wir für $x$ die Grenzen einsetzen. Folglich ist $A$ konstant und deshalb können wir $A$ ausser das Integral bringen, also:

$$V = \int\limits_{-\infty}^{+\infty} e^{-x^2} dx \cdot \int\limits_{-\infty}^{+\infty} e^{-y^2} dy \quad .$$

Nun unterscheiden sich unsere beiden Integrale nur durch den Integrationsbuchstaben. Da aber das Integral nicht von dem Integralbuchstaben abhängt, so können wir diese beiden Integrale als gleich betrachten und wir haben

$$V = A^2 \quad .$$

Unsere Aufgabe ist also, $A$ zu bestimmen, was aber geschehen kann, indem wir zuerst $V$ bestimmen und dann $A = \sqrt{V}$ erhalten. Wir werden nun $V$ durch eine Betrachtung anderer Art finden.

Wir nehmen eine horizontale Ebene in einer Entfernung $z$ der xy-Ebene an, und von dieser eine zweite in einer Entfernung $dz$ . Wir erhalten deshalb, wenn wir eine Senkrechte fällen, einen schmalen Cylinder. Bilden wir nun verschiedene solche Cylinder, so ist die Summe derselben der Inhalt des Raumes.

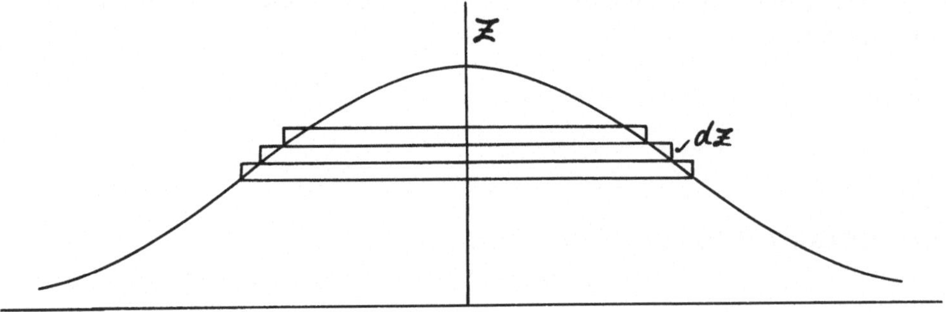


Bezeichnen wir den Radius mit  r , so ist der Inhalt eines Cylinders mit der Höhe  dz  gleich

$$r^2 \pi \; dz \quad .$$

Wir müssen aber die Summe aller dieser Cylinder bilden und dann
den Grenzwert, das heisst, wir müssen das Integral $\int r^2 \pi \; dz$
bestimmen. Die untere Grenze ist  0  und die grösste Grenze ist
1 , also:

$$V = \int_{0}^{1} r^2 \pi \; dz \quad .$$

Es ist nun  $z = e^{-r^2}$ , folglich  $-r^2 = \log z$  und

$$V = - \int_{0}^{1} \log z \pi \; dz = -\pi \int \log z \; dz \quad .$$

Mit  $\int \log z \; dz = z \log z - z$  ergibt sich

$$V = -\pi \int_{0}^{1} \log z \; dz =$$

und folglich

$$\int_{-\infty}^{+\infty} e^{-x^2} \; dx = \sqrt{\pi} \quad .$$

Dieses Integral wurde zuerst von Laplace gefunden. {Rechnung leicht gekürzt.}


[§ 9.]  POLARCOORDINATEN

Wir wollen nun dazu übergehen, dass der Fusspunkt von  z  auf der  xy-Ebene nicht durch rechtwinklige Coordinaten, sondern durch Polarcoordinaten gegeben ist.

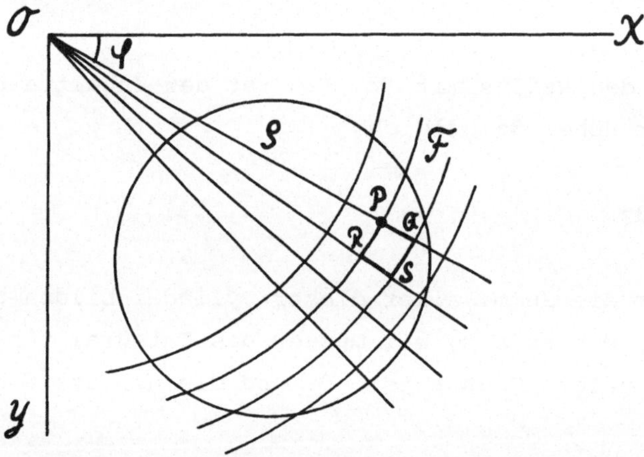


Wir nehmen auf der Polarlinie einen Punkt  P  an, der von  O  um  $\rho$  entfernt ist. Der Winkel mit der  x-Achse ist  $\varphi$ . Betrachten wir das Flächenelement  PQRS . Dann ist


$$PQRS = OQS - OPR \quad .$$


Es ist nun  $OP = \rho$  und  $OQ = \rho + d\rho$ , wenn die Kreise um  $d\rho$  voneinander entfernt sind. Ferner wollen wir annehmen, dass  $POR = d\varphi$ . Folglich ist:


$$OQS = \frac{1}{2} \, (\rho + d\rho)^2 d\varphi \quad .$$


Der Inhalt von  OPR  ist  $\frac{1}{2} \rho^2 d\varphi$ , folglich:

$$dF = OQR\rho = \frac{1}{2}(\rho+d\rho)^2 d\varphi - \frac{1}{2}\rho^2 d\varphi$$

$$= \frac{1}{2}\rho^2 d\varphi + \rho\,d\rho\,d\varphi + \frac{1}{2}d\rho^2 d\varphi - \frac{1}{2}\rho^2 d\varphi =$$

$$= \rho\,d\rho\,d\varphi + \frac{1}{2}d\rho^2 d\varphi \quad .$$

Wenn wir nun zum Grenzwerth übergehen, so müssen wir die Glieder dritter Ordnung vernachlässigen, da der Inhalt der Fläche schon von der zweiten Ordnung ist. Folglich fällt das zweite Glied weg und wir erhalten:

$$dF = \rho\,d\varphi\,d\rho \quad .$$

Wenn $d\rho$ und $d\varphi$ unendlich klein sind, so können wir das Flächenelement als ein Rechteck ansehen, dessen Seiten $\rho\,d\varphi$ und $d\rho$ sind. In der That ist $PF = \rho\,d\varphi$ und $PQ = d\rho$ .

Es sei nun die Funktion $z$ abhängig von $\rho$ und $\varphi$ :

$$z = f(\rho,\varphi) \quad .$$

Bilden wir nun ein Prisma, so müssen wir $\rho\,d\rho\,d\varphi$ mit $z$ multipliziren und müssen, um das Volumen zu erhalten, die Summe dieser Produkte bilden, also

$$V = \iint z\rho\,d\varphi\,d\rho \quad .^{*)}$$

---

*) Die allgemeine Transformationsformel wurde in der Vorlesung nicht behandelt, obwohl sie von Euler (Perr. N. Comm. 14, 1759; Inst. calc. int. 4, 1794) für zwei Variable, von Lagrange (1773, Oeuvres vol. 3 p. 624) für 3 Variable, und von Jacobi (1833, Werke 3, S. 233) für $n$ Variable bekannt war.

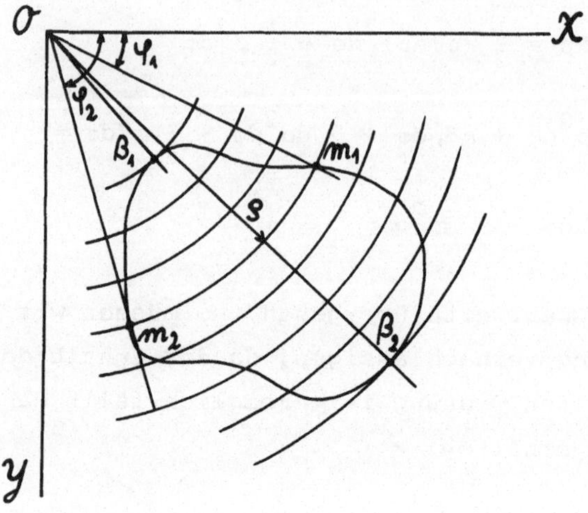


Wir können dieses Integral bilden, indem wir einen Kreis ziehen in der Entfernung $\rho$ von O . Dann ziehen wir einen Kreis
in der Entfernung $d\rho$ . In diesen Flächenkreisen ist $d\rho$ konstant, wir bekommen für die Summe der Elemente in diesen Flächenkreisen:

$$d\rho \int \rho z d\varphi \quad ,$$

denn der Inhalt von einem Prisma ist $z\rho d\varphi \cdot d\rho$ , und weil $d\rho$
konstant ist, so setzen wir es ausser das Integralzeichen.

Wir ziehen nun die Radienvektoren an die beiden Endstellen des
Flächenstreifens. Wenn die Winkel, welche die Radien mit der
x-Achse bilden, $\varphi_1$ und $\varphi_2$ sind, so müssen wir also von $\varphi_1$
bis $\varphi_2$ integriren, also

$$d\rho \int_{\varphi_1}^{\varphi_2} z\rho d\varphi \quad ,$$

wobei $\varphi_1$ und $\varphi_2$ von $\rho$ abhängig sind.

Wir müssen nun die Summe aller Flächenstreifen bilden. Wenn wir
nun den ersten und den letzten Kreis ziehen und die Radien mit
$\beta_1$ und $\beta_2$ bezeichnen, so ist

$$V = \int_{\beta_1}^{\beta_2} d\rho \int_{\varphi_1}^{\varphi_2} z\rho\, d\varphi \quad .$$

Wir wollen nun die Aufgabe lösen, indem wir zuerst nach $\rho$ integriren und dann nach $\varphi$ . Wir betrachten den Streifen, der zwischen den beiden Linien $\varphi$ und $d\varphi$ steht. Da $d\varphi$ konstant ist, ist der Inhalt dieses Streifens:

$$\int z\, d\rho \cdot \rho\, d\varphi = d\varphi \int z\rho\, d\rho \quad .$$

Der Streifen geht von $OR_1$ bis $OR_2$ und dies gleich $\rho_1$ und $\rho_2$ gesetzt, gibt dann das bestimmte Integral

$$d\varphi \int_{\rho_1}^{\rho_2} z\rho\, d\rho \quad .$$

Offenbar hängen $\rho_1$ und $\rho_2$ von $\varphi$ ab. Nun sollen wir aber die Summe aller dieser Streifen bilden oder die Summe aller dieser Volumenausschnitte. Folglich müssen wir bilden:

$$V = \int d\varphi \int_{\rho_1}^{\rho_2} z\rho\, d\rho \quad .$$

Bezeichnen wir die Grenzen von $\rho$ mit $\alpha_1$ und $\alpha_2$ , so ist:

$$V = \int_{\alpha_1}^{\alpha_2} d\varphi \int_{\rho_1}^{\rho_2} z\rho\, d\rho \quad .$$

Ist die Fläche eine Kreisfläche, deren Mittelpunkt $0$ ist, dann sind offenbar $0$ und $r$ die Grenzen von $\rho$ und $0$ und $2\pi$ die Grenzen von $\varphi$ .

*Beispiele*

*Volumen des Ellipsoides*   {Wir geben die recht lange Rechnung nicht wieder.}

*Rotationsfläche der Wahrscheinlichkeitscurve*

Die Gleichung der Fläche ist:

$$z = e^{-(x^2+y^2)} \quad \text{oder} \quad z = e^{-\rho^2} \ .$$

So ist

$$V = \int_o^{2\pi} d\varphi \int_o^r e^{-\rho^2} \rho d\rho = \int_o^r d\rho \int_o^{2\pi} e^{-\rho^2} \rho d\varphi \ .$$

Um nach $\rho$ zu integriren, setzen wir zuerst $-\rho^2 = u$ , $-2\rho d\rho = du$ :

$$\int e^{-\rho^2} \rho d\rho = -\frac{1}{2} \int e^u du = -\frac{1}{2} e^u = -\frac{1}{2} e^{-\rho^2} \ .$$

Die Grenzen eingesetzt:

$$\int_o^r e^{-\rho^2} \rho d\rho = -\frac{1}{2}[e^{-\rho^2}]_o^r = \frac{1}{2}(1-e^{-r^2}) \ .$$

Mithin ist:

$$V = \int_o^{2\pi} d\varphi \ \frac{1}{2}(1-e^{-r^2}) = \pi(1-e^{-r^2}) \ .$$

Um auf den früheren Ausdruck zurückzukommen, lassen wir nur
r immer grösser werden bis $r = \infty$ , dann wird
$e^{-r^2}$ gleich null und folglich $V = \pi$ , was also mit dem Früherem übereinstimmt.

## [§ 10.] COMPLANATION DER KRUMMEN FLAECHEN
### [BERECHNUNG VON FLAECHENINHALTEN[*)]]

Wir wollen den Flächeninhalt eines gegebenen Stückes einer
krummen Fläche ermitteln. Wenn ein Stück der Fläche gegeben
ist und man soll seinen Inhalt finden, so projicirt man es auf
die xy-Ebene. Wir theilen die Projektion F wieder in Flächenelemente durch Parallelen der x- und y-Achse.

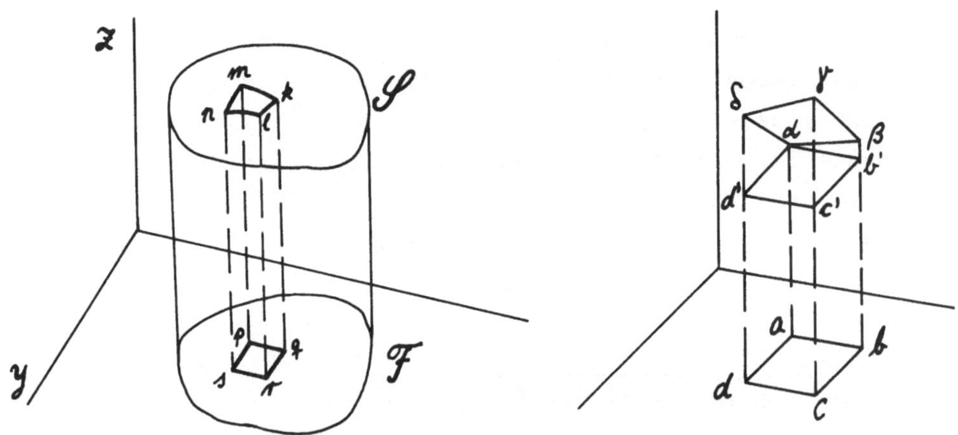

m sei der Punkt der Fläche, in welchem die Kante, die von p aus-
geht, die Fläche trifft, dann legen wir durch m eine Tangentialebene und verlängern die anderen Kanten bis zur Tangentialebene.
Wir machen dies nun ebenso bei den andern Elementen von F und
lassen dann die Flächenelemente immer kleiner werden. Dann nähert sich der Inhalt dem eigentlichen Inhalt der Fläche. a b c d
sei das Element in der Projektion und $\alpha \beta \gamma \delta$ sei das Element in
der Tangentialebene. Wir bezeichnen a b c d mit dF und $\alpha \beta \gamma \delta$
mit dS . Wir müssen, um den Inhalt der Fläche zu erhalten, das
Doppelintegral von dS bestimmen, also $\iint dS$ .

---

*) Die Problematik des Flächeninhalt-Begriffes war Dedekind und
seiner Zeit wohl noch nicht bewusst. Erst um 1880 haben O.
Hölder, G. Peano und vor allem H.A. Schwarz die bekannten
Beispiele veröffentlicht, die zeigen, dass die reine Definition des Flächeninhaltes durch eingeschriebene Polygone un-
brauchbar ist.

Wir müssen jetzt  dS  durch  x  und  y  ausdrücken. Die Fläche
ist durch eine Funktion  z = f(x,y)  von  x  und  y  gegeben.

[Es seien  b', c', d'  die Punkte über  b, c, d  zur Höhe $\alpha$ .]
Die Stücke, welche über  b' d' c'  liegen [bis zur Tangential-
ebene], sind nach Früherem die partiellen Differentiale, also:

$$c'\gamma = dz = \frac{\partial z}{\partial x}\, dx + \frac{\partial z}{\partial y}\, dy \ .$$

Um nun den Flächeninhalt des Parallelogramms in der Tangentialebene zu bestimmen, benutzen wir aus der analytischen Geometrie
die Tatsache, dass das Quadrat der Fläche gleich ist der Summe
der Quadrate der einzelnen Projektionen auf die Coordinaten-
ebenen. Die Projektion der Fläche auf die  yz-Ebene ist
$\frac{\partial z}{\partial x}\, dx \cdot dy$ . Die Projektion auf die  xz-Ebene ist  $\frac{\partial z}{\partial y}\, dy \cdot dx$
und die Projektion auf die  xy-Ebene ist  dxdy , da die Seiten
dx  und  dy  sind. Folglich ist:

$$dS = dxdy \sqrt{1+\left(\frac{\partial z}{\partial x}\right)^2+\left(\frac{\partial z}{\partial y}\right)^2} \ ,$$

und

$$S = \iint \sqrt{1+\left(\frac{\partial z}{\partial x}\right)^2+\left(\frac{\partial z}{\partial y}\right)^2}\ dxdy \ .$$

*Beispiel*

Denken wir uns in der  xy-Ebene eine Ellipse konstruirt, deren
Achsen  a  und  b  sind. Es soll der Flächeninhalt der Kugel
vom Radius  a  gesucht werden, deren Projektion der Ellipsenquadrant ist. Die Gleichung der Kugel ist:

$$x^2 + y^2 + z^2 = a^2 \ , \quad z = \sqrt{a^2-x^2-y^2}$$

und die Gleichung der Ellipse ist:

$$\frac{x^2}{a^2} + \frac{y^2}{b^2} = 1 \ .$$

Durch Differenziren ergibt sich

$$\frac{\partial z}{\partial x} = - \frac{x}{\sqrt{a^2-x^2-y^2}} \ ; \qquad \frac{\partial z}{\partial y} = - \frac{y}{\sqrt{a^2-x^2-y^2}} \ ,$$

$$\sqrt{1+(\frac{z}{x})^2+(\frac{z}{y})^2} = \sqrt{1 + \frac{x^2+y^2}{a^2-x^2-y^2}} = \frac{a}{\sqrt{a^2-x^2-y^2}} \ ,$$

$$S = \iint \frac{a\,dx\,dy}{\sqrt{a^2-x^2-y^2}} \ , \qquad \text{also} \quad S = \iint \frac{a\,dx\,dy}{z} \ .$$

Wir können  dxdy  als das Flächenelement  dF  in der  xy-Ebene
ansehen, also:

$$dS = \frac{a\,dF}{z} \ .$$

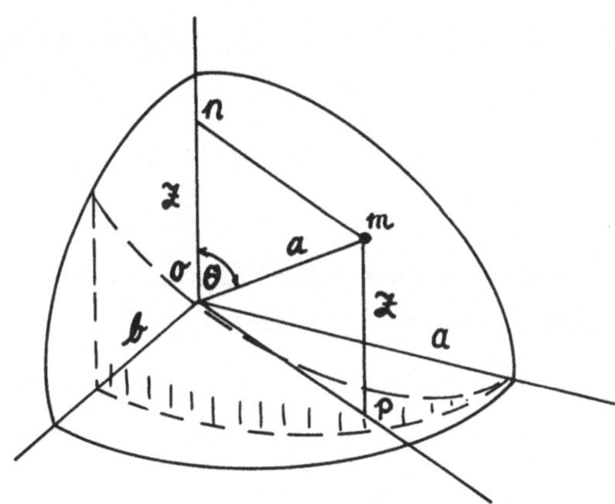


Offenbar ist  mp = z , ferner  0m = a  und  0n = z . Folglich
$\frac{z}{a} = \cos\theta$  und

$$dS = \frac{dF}{\cos\theta} \ .$$

Denken wir uns in den Punkt  m  eine Berührungsebene gelegt,
so ist  $\theta$  der Winkel von der Berührungsebene und der  xy-Ebene.

Somit erhalten wir [auch aus der Geometrie], dass $dF = \cos \theta \cdot dS$ gilt.

Um unser Integral zu berechnen, wollen wir zuerst nach $y$ integriren. Offenbar ist die untere Grenze $y = 0$ und die obere Grenze $y = b \sqrt{1 - \dfrac{x^2}{a^2}} = \dfrac{b}{a} \sqrt{a^2 - x^2}$ , folglich ist das innere Integral

$$\int_{o}^{\frac{b}{a}\sqrt{a^2-x^2}} \frac{a\,dy}{\sqrt{a^2-x^2-y^2}} \quad ,$$

und somit ist das vollständige Integral

$$S = \int_{o}^{a} dx \int_{o}^{\frac{b}{a}\sqrt{a^2-x^2}} \frac{a\,dy}{\sqrt{a^2-x^2-y^2}} \quad .$$

{Wir verzichten auf die folgenden Rechnungen. Das Endresultat ist

$$S = a^2 \arcsin \frac{b}{q} \quad \}.$$

Man kann nun das Element einer Kugelfläche noch auf eine ganz andere Art bestimmen, und zwar durch Polarcoordinaten im Raume.

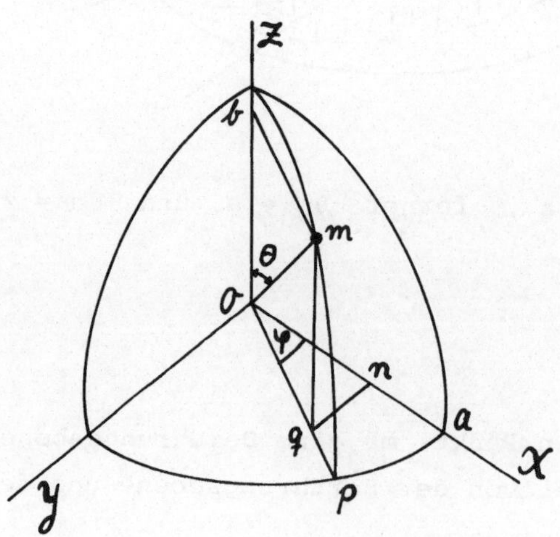

Wir denken uns die Kugelfläche eingetheilt wie die Erde.  Oyx
sei der Aequator. Dann ist  ap  die geographische Länge. Nehmen wir auf der Linie  pz  einen Punkt  m  an, dann ist  mz
die sogenannte geographische Breite. Wir bezeichnen mit  $\theta$
den Winkel von  0m  mit der  z-Achse. Wir wollen  $\theta$  zählen
von  $0°$  bis  $180°$ , und  $\varphi$  von  $0°$  bis  $360°$ . Wir ziehen
mq  und dann parallel zur  y-Achse  qn . Dann ist:

$$0q = r \sin \theta$$

$$z = qm = r \cos \theta$$

$$0n = x = 0q \cdot \cos \varphi$$

$$nq = y = 0q \cdot \sin \varphi .$$

Folglich ist

$$x = r \sin \theta \cos \varphi$$

$$y = r \sin \theta \sin \varphi$$

$$z = r \cos \theta .$$

Die drei Grössen  r ,  $\theta$  und  $\varphi$  nennen wir die drei *Polarcoordinaten* im Raume. Man nennt  $\varphi$  die *geographische Länge* .
$\theta$   ist das Complement zur geographischen Breite.

Man kann die Kugel nach unserer oben beschriebenen Art in Flächenelemente theilen. Wir haben nun die Punkte zu suchen, welche einmal den konstanten Winkel  $\theta$  haben, und dann die, welche den konstanten Winkel  $\varphi$  haben. Im ersten Fall erhalten
wir einen Kreis parallel zur  xy-Ebene, also einen Parallel-
kreis, und im zweiten einen Meridian. Nehmen wir noch den Kreis
zum Winkel  $\theta + d\theta$  und den Meridian zum Winkel  $\varphi + d\varphi$ , so
erhalten wir das kleine Element  k$\ell$mn  . Da  nun der Winkel
mqK  gleich  d$\varphi$  ist, so ist  Km = mqd$\varphi$ , also  Km = r sin $\theta$ d$\varphi$ ,

da  mq = r sin θ . Der Winkel  mOn  ist  dθ , folglich
mn = rdθ  .


Bezeichnen wir das Flächenelement mit  dS , so ist also:

$$dS = mK \cdot mn = r^2 \sin \theta \, d\theta \, d\varphi .$$


Es war früher  dF  die Projektion des Flächenelementes auf die
xy-Ebene; wenn wir den Winkel kennen würden, den das Element
mit der  xy-Ebene bildet, könnten wir auch  dS  aus  dF  finden. Das Element steht aber unter dem Winkel  θ  zur  xy-Ebene.
Folglich ist  dF = dS cos θ  oder  $dS = \dfrac{dF}{\cos\theta}$ . Die Projektion
von  Kℓmn  sei  $K_1 \ell_1 m_1 n_1$ , also  $dF = K_1 \ell_1 m_1 n_1$ . Nun ist  $K_1 m_1$
der Bogen, desses Radius  Om' = r sin θ  und dessen Winkel  dφ
ist, also  $K_1 m_1 = r \sin \theta \, d\varphi$ . Nun kommen wir dazu,  $m_1 n_1$  als
die Differentialänderung von  $Om_1$  zu betrachten, folglich
m'n' = d(rsinθ) = r cos θ dθ , mithin:

$$dF = r^2 \sin \theta \, \cos \theta \, d\theta \, d\varphi$$

$$dS = r^2 \sin \theta \cdot d\theta \cdot d\varphi \quad ,$$


also das gleiche Resultat wie früher.


Um den Inhalt einer beliebigen Fläche der Kugel zu erhalten,
haben wir nun das Doppelintegral von  dS  zu binden, also:

$$S = \int\!\!\int r^2 \sin \theta \, d\theta \, d\varphi \quad .$$


*Beispiel*


{Es wird der Flächeninhalt einer Kugelzone bestimmt.}

*[Dreifache Integrale]*

Es gibt nun analog den Integralen dieses Abschnittes dreifache Integrale für 3 Dimensionen. Denken wir uns nämlich einen Körper durch die 3 senkrecht stehenden Ebenen xy , yz , zx in Elemente von der Dimension dx , dy und dz eingetheilt, so ist der Inhalt eines solches Elementes gleich dx·dy·dz . Das Volumen des Körpers ist dann

$$\iiint dx\,dy\,dz \quad .$$

Kommt noch eine Funktion hinzu, dann bekommen wir

$$\iiint f(x,y,z)\,dx\,dy\,dz \quad .$$

Wenn die Funktion f zum Beispiel die Dichtigkeit irgend eines Körpers bedeutet, so gibt das Integral uns das Gewicht des Körpers an, denn fdxdydz ist das Gewicht eines Volumenelementchens, und wenn wir dies integriren, so erhalten wir das vollständige Gewicht. Die Grenzen lassen sich bestimmen wie bei den Doppelintegralen.

[§ 11.]   INTEGRATION VOLLSTAENDIGER DIFFERENTIALE


Wenn wir eine Funktion von zwei Variablen haben:

$$z = f(x,y) \quad ,$$

so ist

$$dz = \frac{\partial z}{\partial x}\, dx + \frac{\partial z}{\partial y}\, dy \quad .$$

Nun stellen wir uns die entgegengesetzte Aufgabe: Es sei ein
Differentialausdruck

$$Pdx + Qdy$$

gegeben, wobei  P  und  Q  Funktion von  x  und  y  sind, und
wir sollen die Funktion suchen, welche differenzirt diesen Ausdruck  Pdx + Qdy  ergibt. Es fragt sich als erstes, ob überhaupt für jeden Differentialausdruck eine solche Funktion existirt. Eine solche Funktion heisst dann das Integral von
Pdx + Qdy .

Wenn eine Integration möglich ist, so muss also

$$P = \frac{\partial z}{\partial x} \quad , \qquad Q = \frac{\partial z}{\partial y}$$

sein. Nun gilt aber

$$\frac{\left(\frac{\partial z}{\partial x}\right)}{\partial y} = \frac{\left(\frac{\partial z}{\partial y}\right)}{\partial x} = \frac{\partial^2 z}{\partial x \partial y} \quad .$$

Es ergibt sich also für die Existenz des Integrals die Bedingung

$$\frac{\partial P}{\partial y} = \frac{\partial Q}{\partial x} \quad .$$

Es gibt nun Differentialausdrücke, bei welche dies nicht der
Fall ist, und dann ist der Ausdruck nicht integrirbar.

*Beispiele*

Es sei gegeben $ydx + xdy = d(xy)$ . Dann ist also $P = x$ und
$Q = y$ . Folglich ist $\frac{\partial P}{\partial y} = 1$ , $\frac{\partial Q}{\partial x} = 1$ . Hier sind also die partiellen Ableitungen gleich, und wir haben ein Integral, nämlich
$z = xy$ .

Ist dagegen $ydx - xdy$ gegeben, so ist $\frac{\partial P}{\partial y} = 1$ und $\frac{\partial Q}{\partial x} = -1$ ,
und es existirt kein Integral.

Für Integrale, bei welche die zweiten partiellen Differentialquotienten gleich sind, existiren Integrale[*], und bei denen,
bei welchen sie nicht gleich sind, keine. Die Bedingung, dass
die Differentiale gleich seien, nennt man die Integrabilitätsbedingung.

[Um zu zeigen, dass ein Integral existiert, wenn die Integrabi-
litätsbedingungen erfüllt sind], suchen wir zunächst eine Funk-
tion $u$ von der Beschaffenheit, dass $\frac{\partial u}{\partial x} = P$ ist. Wenn wir
integriren, um $u$ zu finden, also $u = \int Pdx$ setzen, so können
wir noch eine Konstante $v$ hinzufügen, welche unabhängig von
$x$ ist, aber von $y$ abhängen kann.

Setzen wir nämlich $z = u + v$ und ist $\frac{\partial v}{\partial x} = 0$ , so ist auch

______________

[*] Diese Behauptung wird gleich näher begründet.

$$\frac{\partial z}{\partial x} = \frac{\partial u}{\partial x} = P \quad .$$

Nun fragt sich, wie wir  v  zu bestimmen haben. Differenziren
wir die Gleichung nach  y , so ist:

$$\frac{\partial v}{\partial y} = \frac{\partial z}{\partial y} - \frac{\partial u}{\partial y} \quad .$$

Es soll aber  $\frac{\partial z}{\partial y} = Q$  sein, und da wir  Q  und  u  kennen, so
kennen wir auch  $\frac{\partial u}{\partial y}$ , mithin auch  $\frac{\partial v}{\partial y}$ , also ist:

$$\frac{\partial v}{\partial y} = Q - \frac{\partial u}{\partial y} \quad .$$

Folglich erhalten wir  v , wenn wir integriren:

$$v = \int (Q - \frac{\partial u}{\partial y})\, dy \quad .$$

Dieser Ausdruck soll jedoch  x  nicht enthalten. Um also dies
zu erreichen, müssen wir wissen, dass der partielle Differentialquotient nach  x  null ist.

Wir erhalten also die Bedingung

$$\frac{\partial Q}{\partial x} - \frac{\partial}{\partial x}(\frac{\partial u}{\partial y}) = 0 \quad .$$

Wegen

$$\frac{\partial}{\partial x}(\frac{\partial u}{\partial y}) = \frac{\partial}{\partial y}(\frac{\partial u}{\partial x}) = \frac{\partial P}{\partial y}$$

folgt

$$\frac{\partial Q}{\partial x} - \frac{\partial P}{\partial y} = 0 \quad ,$$

und dies ist die Integrabilitätsbedingung. [Wir können also die
gesuchte Funktion  v  und damit auch  z  finden.]

*Beispiel*

Es sei folgende Funktion gegeben:

$$\frac{y\,dx+(x^2+y^2-x)\,dy}{x^2+y^2} \quad .$$

Wir haben in diesem Fall:

$$P = \frac{y}{x^2+y^2} \quad , \qquad Q = \frac{x^2+y^2-x}{x^2+y^2} \quad .$$

Wir bilden $\quad u = \int \frac{y\,dx}{x^2+y^2} \quad$, wobei also $x$ als veränderlich

und $y$ als konstant angesehen wird. Dann ist {Rechnung wegge-
lassen}:

$$u = \operatorname{arctg} \frac{x}{y} \quad .$$

Wir haben jetzt $v$ zu bestimmen: $\quad v = z - u \; , \; \dfrac{\partial v}{\partial y} = Q - \dfrac{\partial u}{\partial y} \quad .$

Es ergibt sich {Rechnung weggelassen}

$$\frac{\partial v}{\partial y} = Q - \frac{\partial u}{\partial y} = 1 \quad .$$

Es ist also $Q - \dfrac{\partial u}{\partial y}$ unabhängig von $x$ und von $y$ , welches
letztere aber nicht nöthig gewesen wäre. So ist:

$$v = \int (Q - \frac{\partial u}{\partial y})\,dy = \int dy = y + C \quad ,$$

und folglich

$$z = \operatorname{arctg} \frac{x}{y} + y + C \quad .$$

{Es wird in analoger Weise

$$(\sin y - y\sin x - \frac{1}{x})\,dx \; + \; (x\cos y + \cos x - \frac{1}{y})\,dy$$

mit dem Integral

$$z = x \sin y + y \cos x - \log x - \log y + C$$

behandelt.}


Wenn wir also  Pdx + Qdy  haben, so können wir dies jederzeit integriren, wenn  $\frac{\partial P}{\partial y} = \frac{\partial Q}{\partial x}$ .  Wir bezeichnen das Integral mit

$$\int (Pdx+Qdy) \quad .$$

Wäre die Bedingung nicht erfüllt, so könnten wir es nicht integriren. Nehmen wir aber an, es sei  $y = \varphi(x)$ , also  y  eine Funktion von  x . Dann ist  $dy = \varphi'(x)dx$ .

Folglich können wir  dy  in  $\int (Pdx+Qdy)$  substituiren und wir haben dann ein Integral mit einer Variablen

$$\int (Pdx + Q \frac{dy}{dx} dx) \quad .$$

Wenn also die Integrabilitätsbedingung nicht erfüllt ist, so können wir die Funktion integriren, wenn noch eine Bedingungs-gleichung stattfindet.

Diese Betrachtung hat auch eine geometrische Bedeutung[*]. Denken wir uns ein rechtwinkliges Achsensystem  xy . Wenn  x  und y  unabhängig sind, so [kann der Punkt mit Coordinaten  xy ] einen beliebigen Weg beschreiben. Wenn aber  x  und  y  nicht mehr unabhängig sind, so wird sich [der Punkt] in einem be-

---

[*] Die folgenden Bemerkungen sind sehr knapp. Dedekind geht ohne nähere Erläuterung zu bestimmten Integralen, hier also Wegintegralen, über. Welche "geometrische Bedeutung" er meint, wird nicht ganz klar. Möglicherweise hat auch der Student nicht alles richtig verstanden.

stimmten Wege bewegen, und dann sagt man, man habe eine Integration auf vorgeschriebenem Wege.

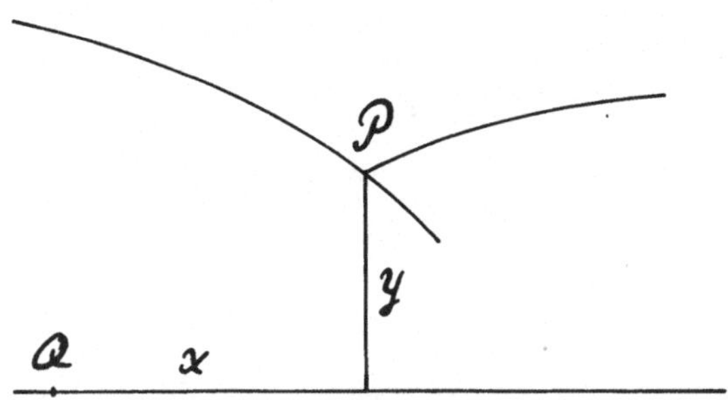


*Beispiel*

Es sei gegeben:   (2ydx+xdy)   .

Dann ist:  $\frac{\partial P}{\partial y} = 2$   und  $\frac{\partial Q}{\partial x} = 1$ ,   folglich ist die Integrabilitätsbedingung nicht erfüllt. Die Integration soll ausgeführt werden längs der geraden Verdingungsstrecke von  x = 0 , y = 0  nach  x = 1 , y = 1 . Es ist also  x = y  und  dx = dy . Das Wegintegral wird also zu

$$\int_{0,0}^{1,1} (2ydx+xdy) = \int_{0}^{1} (2xdx+xdx) = \int_{0}^{1} 3xdx = \frac{3}{2} \quad .$$

Hätten wir statt der Geraden eine Parabel als Verbindungsweg, so wäre

$$y^2 = 2px \quad und \quad y = \sqrt{2px} \; .$$

Folglich könnten wir wieder  y  substituiren und hätten dann also nur noch ein Integral mit einer Variablen. [Es würde sich dann ein anderer Wert für das Integral ergeben.] Es könnte auch der Fall sein, dass wir das Integral bilden sollen auf zwei Linien, welche wir nicht durch eine [einzige] mathematische Glei-

chung ausdrücken können. Dann theilen wir das Integral in zwei
Theile. Wir betrachten zum Beispiel den Weg vom Nullpunkt auf
der  x-Achse  bis  $x = 1$  und dann parallel zur  y-Achse  nach
$x = 1$ , $y = 1$ . Auf dem ersten Stück haben  y  und  dy  den
Werth  null und folglich ist dann das Integral null. Auf dem
zweiten Stück ist  $x = 1$  und  $dx = 0$ , folglich:
2ydx + xdy = dy . Mithin ist das Integral

$$\int_{o}^{1} dy = 1 \ .$$

Also hat das Integral auf diesem Wege den Werth  1 , im Unterschied zu dem ersten Ergebnis. Das Integral ist also abhängig
von der Wahl des Weges.[*]

{Es werden in völlig analoger Weise Funktionen von drei Veränderlichen behandelt.}

---

[*] Es fragt sich, warum Dedekind nicht erwähnt, dass das Integral unabhängig vom Weg ist, falls die Integrabilitätsbedingung erfüllt ist. Die Formel

$$\int (Pdx+Qdy) \ = \ \int\int (\frac{\partial Q}{\partial x} - \frac{\partial P}{\partial y}) \, dxdy$$

war ihm sicher aus der Dissertation von Riemann (Grundlagen
für eine allgemeine Theorie... (1851), Werke S. 14) bekannt.
Die erste Herleitung dieser Formel geht auf Cauchy zurück
(C.R. XXIII (1846), Oeuvres Sér. 1., Vol. 10, p. 70). In
Lehrbüchern kommt sie erst später vor (Lipschitz, Lehrbuch
der Analysis, 1880, Bd. 2, S. 571, Harnack, Die Elemente der
Differential- und Integralrechnung, 1881, S. 327). Eine ausführliche Definition des Begriffes des Kurvenintegrals befindet sich in E. Picard, Traité d'analyse, 1891, Vol. 1,
p. 70.

# Anhang
# Briefe und Dokumente



Erw. Hochwohlgeboren

erlaube ich mir hiermit, veranlasst durch die in der Augsburger Allgem. Zeitung vom 22$^{\text{ten}}$ Januar d.J. enthaltene Aufforderung, meine Bewerbung um eine der beiden mathematischen Professuren am Schweizerischen Polytechnicum zu Zürich gehorsamst einzureichen. Da ich die französische Sprache nicht in dem Masse beherrsche, um in derselben meine Vorlesungen halten zu können, so gilt meine Bewerbung nur der Professur, welcher Vorträge in deutscher Sprache obliegen. Mit Bezug auf jene öffentliche Aufforderung zur Bewerbung erlaube ich mir über meine bisherige Laufbahn mitzutheilen, dass ich von meinem 16$^{\text{ten}}$ bis 18$^{\text{ten}}$ Jahre, nachdem ich Ostern 1848 auf dem Gymnasio meiner Vaterstadt Braunschweig das Maturitätsexamen bestanden hatte, die auf dem dortigen Collegio Carolino gehaltenen Vorlesungen, hauptsächlich über höhere Mathematik, Mechanik, Physik und Chemie besuchte, worauf ich Ostern 1850 die hiesige Universität bezog, die seitdem mein bleibender Wohnsitz gewesen ist. Nachdem ich zwei Jahre studiert hatte, erwarb ich Ostern 1852, von Gauss in der Mathematik, von Hw. Professor Weber in der Physik examinirt, durch eine mathematische Dissertation über die Euler'schen Integrale die philosophische Doktorwürde, und nachdem das gesetzliche Biennium gestrichen war, habilitirte ich mich im Sommer 1854, durch eine Probevorlesung und ein mathematisches Colloquium mit Gauss, als Privatdozent der Mathematik an hiesiger Universität. Gegen Ende des vorigen Jahres ernannte die philosophische Facultät mich zu ihrem Assessor. Was meine wissenschaftlichen Leistungen und meine Tätigkeit als akademischer Lehrer anbetrifft, so darf ich vielleicht hinsichtlich der erstern auf die beigelegten und andere im Crelle'schen Journal enthaltene Abhandlungen aufmerksam machen; über die letztere

dagegen, da mir selbst kein Urtheil zusteht, würden wohl die
Herrn Professoren Weber und Lejeune-Dirichlet Auskunft über
dessfalsige Nachfragen ertheilen.

Indem ich hoffe, somit die erforderten Nachrichten über mich
selbst in genügender Vollständigkeit gegeben zu haben, verharre
ich als Erw. Hochwohlgeboren

Göttingen,                                        gehorsamster
24 Januar 1858                                    R. Dedekind


ANTRAG DES SCHULRATES AN DEN BUNDESRAT ZUR WAHL VON DEDEKIND
VOM 31. MÄRZ 1858


An den Bundesrath.

Der Schweiz. Schulrath hat sich in seinen Sitzungen vom
29.-31. März unter anderm auch mit der Frage der Wiederbesetzung
der erledigten Professur für theoretische Mathematik beschäftigt
und sieht sich in Folge der hierauf bezüglichen gründlichen ein-
lässlichen Berathungen veranlasst, Ihnen nachfolgenden, einstim-
mig gefassten Antrag zur gefälligen Genehmigung vorzulegen:

1. *Es sei Dr. R. Dedekind, von Braunschweig, gegenwärtig Privatdozent an der Universität Göttingen zum Professor für theoretische Mathematik am eidg. Polytechnikum ernannt, mit der Ver-
   pflichtung zu Vorlesungen, während höchstens 12 Stunden wöchentlich, mit einem, ausser dem regl. Antheil an den Schulgeldern und den Honoraren der Zuhörer, 3200 Frkn betragenden
   Jahresgehalte, mit Anstellung auf unbestimmte Zeit und Fest-
   setzung seines Amtsantrittes auf 1. Mai 1858.*


2. *Sei demselben ein vom Schulrathe zu bestimmender Beitrag an
   die Umzugskosten zugesichert.*


Herr Dedekind hat, nachdem er, 18 Jahre alt, das Gymnasium in
Braunschweig absolvirt und das Maturitätsexamen bestanden, zuerst 2 Jahre lang die am dortigen Collegio Carolino gehaltenen

Vorlesungen über höhere Mathematik, Mechanik, Physik und Chemie
besucht. Mit Ostern 1850 bezog er die Universität Göttingen.
Nach 2 jährigem, den mathem. Wissenschaften gewidmetem Studium,
erwarb er sich Ostern 1852, von Gauss in der Mathematik, von
Weber in der Physik examinirt, durch eine mathematische Disser-
tation über die Eulerschen Integrale die philos. Doktorwürde
und habilitirte sich sodann nach Ablauf des gesetzlichen
Biennium's im Jahr 1854 durch eine Probevorlesung und ein math.
Colloquium als Privatdozent der Mathematik an der Universität
Göttingen. Zwei Jahre später wurde er in Anerkennung seiner
Leistungen als solcher zum Assessor der philos. Fakultät ernannt.
Von wissenschaftlichen Arbeiten verdienen Erwähnung drei aus dem
Crelle'schen Journal für reine und angewandte Mathematik beson-
ders abgedruckte Abhandlungen:

1) Ueber ein Eulersches Integral 1852.
2) Bemerkungen zu einer Aufgabe der Wahrscheinlichkeitsrechnung.
3) Ueber die Irreduktibilität der Kreistheilungsgleichungen

Vor Allem massgebend musste uns jedoch eine genaue Auskunft
über dessen bisherige academische Wirksamkeit und seine Mit-
theilungsgabe als Lehrer erscheinen. Ueber diese Punkte lagen
unserer Behörde einlässliche, theils von anerkannten Autoritä-
ten, theils von völlig unbetheiligten und unbedingtes Vertrau-
en erwartenden Personen ausgehende Informationen vor. Die dies-
fälligen Mittheilungen mussten um so mehr unser Vertrauen er-
wecken, als dieselben mit den von unserm Präsidium an Ort und
Stelle gewonnenen Eindrücken ganz und gar übereinstimmten. Da
demnach einerseits die wissenschaftliche Tüchtigkeit nach den
vorliegenden Arbeiten und den Urtheilen der kompetenten Fach-
männer unserer Zeit (Lejeune-Dirichlet und Weber) dargethan
war, anderseits nach allen Berichten und gestützt auf die ganz
frisch gewonnenen Eindrücke unsers Präsidiums, das Lehrtalent,
der anregende Vortrag des Kandidaten und seine jugendfrische
Begeisterung für sein Unterrichtsfach, soweit überhaupt in
solchen Dingen Sicherheit besteht, erwiesen war, so konnten wir
uns unbedenktlich zu obigem Antrag vereinigen. Wir machen auch
darauf aufmerksam, dass die Verhältnisse, zumal die Jugend des
Kandidaten, und die Seltenheit der für seine wissenschaftlichen
Ansprüche passenden Lehrstellen es uns möglich machten, in un-

sern Vorschlägen vorerst bloss das Minimum der Besoldung zu
berücksichtigen und zu noch grösserer Vorsicht auf bloss pro-
visorische Anstellung abzustellen.

Indem wir Ihnen daher unsern Antrag auf Berufung von Herrn
Dr. Dedekind zur Genehmigung empfehlen und in Berücksichtigung
der Ihnen bekannten Missverhältnisse im mathematischen Unterrichte auf möglichst beförderlichen Entscheid dringen, benutzen
wir den Anlass etc.


AUS BRIEFEN DEDEKINDS AN SEINE FAMILIE[*]

Brief an seine Schwester Julie

Zürich, 12 Mai 1858.
Zum Schwanen am Mühlebach


.... Aber neben meinen Vorlesungen, die ich schon wenige
Tage nach meiner Ankunft (Montag 26 April) begonnen habe, obgleich mein Amt erst vom 1 Mai an datirt, sind so unendlich
viel neue Menschen kennen zu lernen, dass mir wenig Ruhe übrig
blieb. Allmählich fange ich an, die neuen Verhältnisse, die mir
erst so ganz wunderbar vorkamen, natürlich zu finden. An meinem
Mittagstisch sitzt ein Franzose mit seiner Schwester (Prof Chal-
lemel-Lacour am Polyt.), ein italienischer Flüchtling de Boni,
seiner Zeit Gesandter der Republik Rom in der Schweiz, ein Züricher Bürger (Hr. Widner), ein Russe aus den deutschen Provin-
zen mit seiner Frau (Baron von Rampach), und ein Deutscher, das
bin ich. Deutsch und Französisch wird durch einander gesprochen;
wir kennen uns sehr gut, die Unterhaltung ist sehr eifrig. Dieser mein jetziger "Bildungsverein" ist allerdings sehr verschieden von dem früheren, aber in mancher Beziehung wohl noch bil-
dender. In meinem Hause wohnt auch Prof. Moleschott, dessen Frau
mir bei meinem Besuche sehr gut gefallen hat. Auf einem einsamen Spaziergange neulich traf ich auch einen andern meiner Haus-
genossen, M. Flocon, ehemals Minister der Republik Frankreich;

---

[*] Diese Briefe befinden sich im Besitz der Familie Dedekind;
wir danken Frau I. Dedekind, Wolfenbüttel, für die Erlaubnis
zur Veröffentlichung. Weitere Angaben zu dieser Korrespondenz
finden sich in Scharlau [1981], S. 27 ff.

er erbot sich, mich im Walde umherzuführen, was ich gern annahm, obgleich er fast nur französisch spricht; er ist ein angenehmer durchaus würdiger alter Mann mit weissem Haar und wird hier von Allen gerühmt. Ich fing an zu radebrechen, und er corrigirte meine zahllosen Fehler; so gingen wir bei dem herrlichsten Wetter drei Stunden neben einander; er führte mich zu Puncten mit unbeschreiblich schöner Aussicht; er selbst war ganz erstaunt über die wunderbare Klarheit der Luft, die uns selbst die ungeheuer weit entfernten Gebirgsspitzen des Berner Oberlandes, Finsterahorn, Jungfrau deutlich erkennen liess, mitten aus dem frischesten Grün des Waldes heraus diese ungeheuren Schnee- und Eismassen, und unten Zürich an dem tiefblauen See; solche Farben giebt es in Norddeutschland nicht. Den Sonnenuntergang hatten wir von der Carolinenburg aus. Seitdem sind wir öfter zusammengekommen, namentlich verzehren wir Abends gleichzeitig unser Abendessen, und dann spielen wir bisweilen eine Partie Schach. Seitdem sind aber auch recht rauhe, kalte Regentage dagewesen; dann ist auch der See nicht mehr blau, sondern sehr düster, in Nebel gehüllt.     Von meinen "Collegen" am Polytechnicum und an der Universität kenne ich schon sehr Viele, zum Theil auch ihre Familien; neulich habe ich mit einer solchen kleinen Gesellschaft eine Partie auf den Uetli gemacht, wo wir Maitrank tranken ...

Am 29 April war 25jähriges Jubiläum der Universität; ich nahm auch theil am grossen Diner im Casino, das mich ausserordentlich interessirte. Es macht doch einen gewaltigen Eindruck auf einen gezähmten Norddeutschen, wenn in allen den Reden, namentlich in der des Regierungspräsidenten Dubs vor Allem betont wird, dass diese Universität, wie alles Grosse und Bedeutende im Canton "durch den Volkswillen geschaffen ist". Es ist nicht zu leugnen, dass diese Schweizer, wenn sie auch unliebenswürdige Eigenschaften haben, sich so zu regieren verstehen, dass sie sich wohl dabei befinden, und dass sie zugleich zu ungeheuren Opfern für das Gemeinwohl stets bereit sind. - ...

Brief an Julie

Zürich, 23 Juli 1858
Zum Schwanen am Mühlebach

... An demselben Tage begann hier das Eidgenössische Sängerfest, zu welchem sich etwa 4500 Sänger aus der Schweiz, Frankreich und Süddeutschland einfanden. Zur Festhalle hatte man
einen Sänger=Leviathan erbaut, der während dreier Tage der Schau-
und Hörplatz für das grossartigste Volksfest war. Von der Grösse dieser Halle kann man sich einen Begriff machen, wenn man
hört, dass im Schiff derselben 6000-7000 Menschen bequem Raum
zu den Festessen hatten, während die eine Tribüne allein ausserdem sämmtliche Sänger fassen musste. An den Abenden war der
Raum durch unzählige Gasflammen auf das Herrlichste erleuchtet.
Von dem Treiben des Volkes, der Theilnahme der ganzen Stadt,
die bis in den kleinsten Winkel hinein auf das Bunteste ausge-
schmückt war, kann man sich bei uns in Deutschland gar keinen
Begriff machen. Der Gesang war für mich Nebensache, zwar war
der grosse Chor gewaltig, aber der Gesang der einzelnen wett-
kämpfenden Sängervereine bleibt hinter dem Deutschen zurück!
Desto grösser war für mich der Eindruck der gemeinschaftlichen
Sache; namentlich interessant waren die grossen Festessen. Ein
Jeder bekam für 2 fr. gut und reichlich zu essen sammt einer
Flasche Wein; bei dem colossalen Lärm hörte man kaum noch die
häufigen Kanonenfreudenschüsse; dabei war natürlich von beauf-
sichtigender Polizei keine Spur vorhanden, und es ist nicht
eine Unordnung, nicht ein Diebstahl vorgekommen. Einmal bestieg
der Regierungspräsident die Rednerbühne, das Volk schrie ihm
mit Begeisterung entgegen und machte es ihm dadurch unmöglich,
seine Rede zu halten. Er wollte nur der Versammlung anzeigen,
dass so eben eine telegraphische Depesche vom Hohen Bundesrath
aus Bern angelangt wäre, mit herzlichen Grüssen an das Fest;
er schwenkte und trank seinen Pokal auf das Wohl des Vaterlan-
des; das verstand natürlich das Volk, und es erhob sich ein un-
ermessliches Jubelgeschrei. Für alle diese drei Tage war das
Wetter unvergleichlich schön, am letzten Tage (19. Juli), waren
sogar die seit lange verschleierten Berge in der schönsten Klarheit hervorgetreten, und noch nie habe ich den See so blau gesehen. - Diese Feste sind für die Schweiz von grosser Bedeutung;

sie erhalten und befördern am kräftigsten das Gefühl der Ge-
meinsamkeit, und auf alle Fremden macht das einen ergreifenden
Eindruck.

... Hier ist für mich das einzig Unangenehme, was ich geschrieben habe, dass ich beliebig wieder fortgeschickt werden
kann; auch sind die Gehalte, so anständig sie aus der Ferne
klingen, dem unglaublich theuern hiesigen Leben so wenig angemessen, dass die verheiratheten Professoren etwa das Doppelte
ihrer Einnahme gebrauchen. Ich habe zwar durchaus noch nicht
die Absicht mich zu verheirathen, aber mein jetziger Gehalt ist
nach meinen Berechnungen in seiner Leistungsfähigkeit sehr be-
scheiden. Andere Dinge, die mir auch unangenehm waren, fechten
mich nicht mehr an.


Brief an seine Schwester Mathilde

Zürich, 16 October 1858.
Zum Schwanen am Mühlebach


... In Heidelberg ein Zusammentreffen mit drei italienischen
Professoren der Mathematik, die mich schon in Göttingen besucht
hatten. Am Abend ziemlich erschöpft und confus in Basel angekom-
men. Am folgenden (Donnerstag) Morgen auf der Strasse ein ganz
unverhofftes Zusammentreffen mit Dirichlet, der leider sehr
über seine Gesundheit klagte, aber die zwei Minuten bis zu unserer Trennung sehr freundlich war. Dann abermals Eisenbahn bis
hieher nach Zürich, wo ich Nachmittags um halb drei U. ankam.
Um 3 U. war eine erste Conferenz, in welcher mein gar nicht
mehr erwartetes Erscheinen "Effect" machte. Nach derselben ging
ich mit dem Präsidenten und Andern in eins der kleinsten unbe-
haglichsten Wirthshauslöcher, wo dann "Sauser" (Wein in erster
Gährung) getrunken wurde; so wurde ich gleich recht lebhaft
wieder daran erinnert, dass die Schweizer Minister andere Ma-
nieren haben als die Deutschen.
... Gestern und heute in vollster fast übermässiger Thätigkeit,
täglich Examina von etwa sechs Stunden. Morgen, am Sonntag,
hoffe ich mich gut ausruhen zu können, um dann in der Woche die
Vorlesungen anzufangen ...

An Julie

Zürich, 17 November 1858<br>Zum Schwanen am Mühlebach

.... Überhaupt bin ich recht zufrieden mit der Gestaltung meiner hiesigen Verhältnisse. An Verkehr mit Menschen fehlt es durchaus nicht; erst habe ich meine vortrefflichen Sommer = Bekanntschaften eifrig fortgesetzt; zwar sind es ganz andere Menschen als die Göttinger, vielleicht weniger witzig, weniger gesellschaftlich routinirt, weniger selbstbewusst, da schon die äusseren Verhältnisse einem hiesigen Professorlein keine gerade glänzende Stellung anweisen; aber es sind höchst brave, feinfühlende und gutherzige Menschen, denen ich für ihre Freundlichkeit gegen mich sehr dankbar bin.

.... Die übrigen Montag = Abende sind stets durch die Naturforschende Gesellschaft mit Beschlag belegt, deren Mitglied ich ja auch bin; man versammelt sich um sechs U. in einem schönen alterthümlichen Saale, in welchem der Riesenofen eine der grössten Merkwürdigkeiten Zürichs ist, der auch, wenn die wissenschaftlichen Vorträge etwas langweilig sind, stets von Neuem mein Interesse erweckt. Wenn dann die Vorträge beendigt sind und damit auch die Sitzung selbst geschlossen ist, so beginnt eigentlich erst die Hauptsache. Man geht, etwa gegen 8 U., einige Schritte über die Strasse in den ebenfalls alterthümlichen "Safran", um dort in Behaglichkeit zu Abend zu essen und zu trinken. Das füllt meist recht hübsch aus; namentlich das letzte Mal. Da war der Bundesrath Pioda (ein Tessiner), unser höchster Vorgesetzter, mit dem Präsidenten Kappeler in die Gesellschaft eingeführt; am Morgen waren sie Beide in meiner Vorlesung gewesen, am Abend sass ich Pioda gegenüber und hatte mit ihm eine lange französische Unterhaltung, in welcher er sehr fein, artig und diplomatisch war; er tractirte uns auch, gewiss auf Kosten der Eidgenossenschaft, zuletzt mit sehr schönem Wein und liess die Herrn Professoren leben. Ganz anders ist es doch hier wie in Deutschland; so hochgestellt der Mann auch ist, so war doch durchaus Nichts zu bemerken von einem Rangunterschied in der Gesellschaft; man war gerade ebenso vergnügt und ungenirt wie sonst immer, und er bemühte sich mit Erfolg, seinen Theil zur Unterhaltung mit beizutragen. Am fol-

genden Abend, gestern, war ich erst in einer Quartettsoirée,
wo ein Mendelssohn'sches, ein Mozart'sches Streichquartett und
die grosse Fmoll-Sonate von Beethoven mässig gut gespielt wurde, und ging sodann auf den Commers "Zur Feier der Stiftung
des Schweizerbundes" (- heute ist der Überlieferung nach der
Jahrestag des Schwures auf dem Rütli -), den der "Neu-Zofinger-
Verein" jährlich begeht; ich war von einem meiner Schüler ein-
geladen, wie viele andere Professoren. ...

.... ich bin ganz zufrieden, wenn ich ruhig auf meiner Stube
sitze (die sich jetzt recht gut heizt, was die Mutter interessieren wird) und darüber nachdenken kann, wie ich meine ar-
men Schüler immer unerbittlicher mit Zwangsarbeiten quälen soll;
denn gezwungen wollen sie nun einmal sein, je fester man die
Zügel hält, desto mehr Erfolg; und aus allen Theilen der Schweiz
laufen immer Klagen und Befürchtungen ein, dass wir noch zu
milde wären. In diesen Tagen als ich mal mit meinem grossen
Packen eingelieferter Aufgabenbücher den weiten Weg nach Haus
ging, fühlte ich mich so recht als Schulmonarch; wie anders im
vorigen Winter, wenn ich aus meiner Vorlesung, von meinen beiden niemals fehlenden und doch freien Zuhörern in das Sprech-
zimmer ging, um Dirichlet zu erzählen, was ich vorgetragen hatte, wofür er sich immer interessirte! Hier ein planmässiges
Eintrichtern, und immer wieder von vorn, bis auch der Dümmste
capirt. Aber es ist doch ganz nützlich und bisweilen auch interessant zu entdecken, an was für ganz unerwarteten Vorur-
theilen und Schwächen des frühern Unterrichts das Verstehen der
Schüler scheitert; sie haben zum Theil curiose Vorstellungen
von Mathematik mitgebracht. Dagegen sind einige wieder sehr
gut und langweilen sich, wenn man der andern wegen wiederholen
muss. ....


An Mathilde

Zürich 27 Januar 1859
Zum Schwanen am Mühlebach

Ich kann auch nicht sagen, dass ich so ganz und gar glück-
lich mit meiner Schulmeisterei bin; von den mir überlieferten
älteren Schülern will ich gar nicht sprechen, die sind zum
grossen Theil verdorben; von meinen neuen ist ein Drittel ganz

vorzüglich, ein anderes Drittel mässig gut, der Rest schwach,
zum Theil erbärmlich. Meine Ideen von Freiheit, freier Entwicklung der Schüler sind radical vernichtet; so wie Österreich in
Italien, so bin ich auch eine Zeit lang zu milde gewesen; die
Schüler verstehen das nicht zu würdigen, es sind Kinder wie
unsre Progymnasiasten, wenigstens in ihrem Benehmen. Jetzt ge-
nire ich mich gar nicht mehr, einen Übelthäter vor versammel-
ter Menge so niederzudonnern, dass er zusammensinkt und Respect
kriegt. Das hat eine sehr heilsame Wirkung. Aber ärgerlich ist
es immer und mir zuwider. Und darum ist es verzeihlich, dass
ich bisweilen mit freudiger Erinnerung an meine beiden getreu-
en nie fehlenden Zuhörer im letzten Winter in Göttingen denke;
nützlicher mag ich wohl hier sein, aber schöner war das Verhältnis da. Ausserdem nimmt die Schule meine Kräfte so in Anspruch, dass ich selten mal Zeit habe, mich wieder mit wissenschaftlichen Arbeiten zu beschäftigen ....

Am letzten Sonnabend war ich mit Kenngott und Durège auf
dem Ütli, unten war nur ein ganz schwacher Nebel über dem See,
der den Sonnenstrahlen keinen Widerstand leistete, und oben war
es klarer als jemals; es waren selbst, was sehr selten ist,
Spitzen von Baierischen und Tyroler Alpen, und auch der ganze
Schwarzwald, der Hohentwyl u.s.w. zu sehen. Das Berner Ober-
land natürlich auch, und zwar so nah in der durchsichtigsten
Luft, wie ich es noch nie gesehen; das Eis der Jungfrau warf
uns die Sonnenstrahlen blendend zurück; es war gelinder
Frost. ....

An Mathilde vom 29.5.1859

.... Garibaldi macht in diesen Tagen grosse Fortschritte
gegen die Österreicher, zum Entzücken des ganz franco = sar-
disch gesinnten Kantons Tessin; vielleicht hat sich also auch
mein Reisegefährte Orsini schon blutige Lorbeern erworben.
Doch widersprechen sich die Nachrichten immerfort; bald ist er
schon triumphierend in Mailand eingezogen, bald ist er schwer
bedrängt von den Österreichern.

Im Gegensatz dazu fliesst mein Leben friedlich dahin; Freuden und Leiden des Schulmeisterthums in angenehmer Abwechslung;

meine Zufriedenheit währt fort. Eine Vorlesung über "Zahlentheorie", die für Niemand obligatorisch ist und einem Techni-
ker von gar keinem directen Nutzen, erfreut sich doch einiger
Zuhörer, ungefähr sechs. Das ist meine Lieblingsvorlesung und
zugleich eine beständige Erinnerung an Dirichlet; jedes Wort
versetzt mich in Gedanken zurück an die Zeit, als ich sein
Schüler war; damals wurden in den täglichen Zusammenkünften die
kleinsten Einzelheiten von Neuem besprochen; er hat sich viel
Mühe mit mir gegeben, dafür wird er mir auch unvergesslich
sein. ....


AUS BRIEFEN DEDEKINDS AN JACOB HENLE UND DESSEN FRAU[*]

Brief an Frau Henle vom 24.5.1859

.... Ja, so oft ich in einsamen Stunden von Heimweh nach den
alten Freunden befallen werde, immer komme ich doch zu dem Resultat, dass das grösste Glück mich hierher verschlagen hat.
Das Gefühl, endlich zu etwas nütze zu sein, dessen Mangel mich
früher so oft tief niedergeschlagen hat, hebt mich über manche
Entbehrungen weg, und wenn auch da bisweilen ein kleiner Un-
muth aufsteigt, so ist die über alles schöne, herrliche Natur
da, um vollständig zu versöhnen. Ich benutze auch jeden schönen
Tag, um sie zu geniessen. Sie fragen in Ihrem Brief, wo ich wohl
in den Ostertagen umhergewandert sein mag? An den äussersten
Grenzen menschlicher Wohnungen, in einem wunderschönen Theil
der Schweiz, den ich noch gar nicht kannte. Ein zufälliger Auftrag von einem Pensionsgenossen vom vorigen Sommer, der jetzt

---

[*] Die Handschriften-Abteilung der Niedersächsischen Staats-
und Universitätsbibliothek Göttingen besitzt eine umfangrei-
che Sammlung von Briefen Dedekinds und seiner Schwester Julie
an den Göttinger Anatomen Jacob Henle und dessen Frau (Cod.
Ms. Math. Arch. 43). Diese inhaltsreichen und interessanten
Briefe sind bisher anscheinend nicht erschlossen. Sie stellen
eine wichtige Quelle zur Universitätsgeschichte dar und er-
gänzen z.B. den publizierten Briefwechsel zwischen Wagner und
Henle in vielfältiger Weise (Der Briefwechsel zwischen Ru-
dolph Wagner und Jacob Henle 1838-1862, bearb. u. hrsg. von
H.-H. Eulner u. H. Hoepke, Göttingen 1979). Auch mit der
Familie Wagner war Dedekind eng befreundet.

mit seiner Familie in Chur wohnt, veranlasste mich dorthin zu reisen; am grünen Donnerstag fuhr ich von hier fort, am zweiten Osterabend kam ich zurück, voll vom Ruhme des Kantons Graubünden. Das Wetter war zum Theil sehr schön, nur der Karfreitag war sehr schlecht, aber den verlebte ich ganz in einer sehr angenehmen Churer Familie, an die ich von hier empfohlen war. Am Abend wurde auch in einem sehr schönen Salon musiziert, und ich hatte das langentbehrte Vergnügen, eine wirklich sehr gute Sängerin zu hören und zu begleiten; da kam die ganze Reihe der Lieder von Schubert, Mendelssohn, Schumann, die alten Freunde zum Vorschein; das war ein ganz unerwarteter Genuss. Die anderen Tage machte ich kleinere und grössere Partieen in die Umgegend, die wunderbar schön ist. Am ersten Ostertage fuhr ich nach Thusis, um von dort aus die grossartige Via Mala zu besuchen. In meinem Einspänner sass neben mir ein recht liebenswürdiger Italiener, Cesare Orsini, Bruder des berühmten guillotinirten; er ist Offizier in Garibaldis Legion; er war in Chur, um Waffen zu kaufen, ich hatte ihn am Tag vorher bei Tisch kennen gelernt, und da nahm er Theil an meinem Ausfluge, der so schön wie möglich ausfiel. Während der Fahrt wurde die Politik vermieden; leider entbrannte der Kampf desto heftiger am Abend in Chur, doch trennten wir uns am folgenden Morgen in guter Freundschaft. Eine Woche später sah und sprach ich ihn noch einmal hier in Zürich, es wird wohl das letzte Mal gewesen sein. Am zweiten Ostertage fuhr ich nach Ragaz, machte von da einen Spaziergang nach Bad Pfäffers, das fast noch schöner als die Via Mala ist, und fuhr dann nach hieher zurück über den Wallenstadter See, alle Bahnhöfe waren mit Soldaten angefüllt, die dem Aufgebot zur Wahrung der Neutralität Folge leisteten.

Der Krieg absorbirt hier natürlich jedes andere Interesse; die Schweizer bieten mit Macht Alles auf, um ihn nicht in ihr Land eindringen zu lassen, und sie werden es auch hoffentlich durchsetzen. So glaubt man allgemein; man hat sogar beschlossen, trotz allem das grosse eidgenössische Schützenfest hier in Zürich Anfang Juli zu feiern. Das dauert beinahe 14 Tage, und es versammeln sich wohl an 15000 Schützen. Doch verspreche ich mir nicht so viel davon, als vom vorjährigen Sängerfest.

An Frau Henle vom 20.12.1859

.... Dass meine Gedanken schon wieder nicht in der Zukunft,
sondern in der Gegenwart, oder eigentlich wohl in vergangenen
Zeiten weilen, werden Sie mir gewiss verzeihen; was mal aus mir
werden, wie sich mein Leben gestalten wird, ahne ich nicht im
Entferntesten, auf ein übermässiges Glück rechne ich nicht;
dagegen sehe auch ich auf mein früheres Leben mit grosser Befriedigung zurück, weil es eine fast ununterbrochene Kette von
ruhigen glücklichen Erinnerungen darbietet; aus einem ungera-
tenen, eigensinnigen, tobsüchtigen Jungen bin ich ein brauch-
barer, etwas philiströser, aber doch ganz respektabler Mensch
geworden, und mit dieser Wandlung bin ich so ziemlich ausgesöhnt. Ihre guten Lehren, die neuesten, wie die früheren, nehme
ich wirklich mit herzlichem Dank auf; Sie brauchen nie zu
fürchten mich zu beleidigen, es müsste denn sein, dass Sie mit
Absicht mich kränken wollten, was ich aber Gottlob für unmöglich
halte. Ich verkehre auch jetzt schon mit leichtsinnigen Menschen,
mit zwei Polen, die mir bei Tisch gegenüber sitzen, und sich
durch viel Essen und Trinken und durch genaue Bekanntschaft mit
sämmtlichen Schauspielern und Schauspielerinnen auszeichnen.
So wie ich für sie eine unfehlbare Autorität in allem bin, was
nur im Entferntesten an Bücher oder dergl. erinnert, so sind
sie es für mich in Sachen des Leichtsinns.

An Henle vom 29.2.1860

Verehrtester Freund!

Ihr letzter Brief hat mich einen Augenblick etwas niedergeschlagen, da ich mich wirklich gar zu leicht der Hoffnung
hingegeben hatte, dauernd nach Göttingen zurückfahren zu können;
jetzt scheint meiner Meinung nach weniger Aussicht als jemals
dazu vorhanden zu sein, und es kostete erst einen kleinen Kampf,
diesen Lieblingswunsch ganz in den Hintergrund aller Wünsche
drängen zu müssen. Am meisten hat mich Ihre herzliche Theilnahme und die Erzählung des ganzen Hergangs getröstet; dazu kam
dann noch das, was wir Braunschweiger eine "Blerrverhütung"
nennen, nämlich die Ernennung zum Correspondenten der Societät,

und jetzt, wo die ersten Vorboten des Frühlings sich bei uns
einstellen, bin ich so ziemlich ausgesöhnt mit dem Gedanken, in
Zürich polytechnische Mathematik zu lehren, und sehe der Zukunft
ganz vergnügt entgegen.

Ihre Mittheilung, dass Weber meine Mitwirkung bei der Herausgabe der Gauss'schen Werke wünscht, veranlasste mich, ihm endlich zu schreiben und meine Bereitwilligkeit dazu zu erklären.
Seine Antwort, die ich soeben erhalte, lautet auch dahin, wie
Sie mir schon geschrieben haben, ich sollte wo möglich in den
nächsten Ferien nach Göttingen kommen, um dort die Manuscripte
durchzusehen und vielleicht auch einen Theil derselben zur eigenen Bearbeitung zu übernehmen. Da es wirklich scheint, als ob
er Werth darauf legt, so bin ich entschlossen zu kommen, obgleich, aufrichtig gesagt, meine Mitwirkung ziemlich überflüs-
sig sein wird, da das Geschäft den besten Händen schon anver-
traut ist. Doch vielleicht kann ich dabei als ein etwas antrei-
bender, beschleunigender Agens wirken, und das werde ich dann
auch gern thun. ...

An Frau Henle vom 4.12.1860

.... Am erfreulichsten finde ich meine übrige Thätigkeit;
die Schule ist gewaltig im Aufblühen, in einer Vorlesung habe
ich 72, in einer anderen fast ebensoviel Zuhörer, außerdem haben mich noch etwa zehn Leute, darunter auch einige Lehrer, fast
mit Gewalt gezwungen, eine ganz untechnische, sehr abstracte
Vorlesung zu halten, was mir Freude gemacht hat, obgleich dadurch
die Anzahl meiner wöchentlichen Vorlesungen bis auf sechzehn ge-
stiegen ist. Dies Gefühl, sich wenigstens in einer Art nützlich
zu machen, und dabei Anerkennung und Dank zu finden, ist ein
Glück, das ich erst hier in Zürich kennen gelernt, und das ich
in Göttingen stets auf das Empfindlichste entbehrt habe und
auch vielleicht wieder entbehren würde, wenn ein Zufall mich
wieder dorthin führen sollte. Das ist also eine schöne Seite,
und die ist nicht hoch genug anzuschlagen. Dann, wenn alle anderen Geschäfte beendigt sind, stürze ich mich in die Gauss'schen
Manuscripte, für die ich mich immer mehr interessiere; ausserdem arbeite ich Dirichlet'sche Vorlesungen zum Druck

aus. [*] Dazwischen gewähren dann Bach'sche Praeludien und Fugen
eine angenehme Abwechslung. ....

An Frau Henle vom 11.3.1862

.... Am Nachmittage werde ich zugleich an das vor 10 Jahren
bestandene Gaussische Doktorexamen denken, in welchem es mir
zwar nicht zum Besten erging, dessen unangenehme Seiten aber
doch so ziemlich meinem Gedächtnisse entschwunden sind. Wenn
ich in diesem langen Zeitraum auch nicht zum "Berühmtwerden"
gelangt bin, was Sie mir so oft und auch noch in Ihrem letzten
Briefe gewünscht haben, so bin ich darüber doch nicht untröst-
lich, zum Theil weil ich nie so grosse Ansprüche gemacht habe,
und zum Theil auch weil ich mit ziemlicher Befriedigung auf die
erreichten Erfolge zurücksehen kann. Diese bestehen in einem
sehr niedlichen Pianino und einigen anderen materiellen Gütern,
sowie in dem angenehmen Bewusstsein, ein gutes Andenken in
Zürich zurückzulassen. Das Letztere geht sogar so weit, dass
ich am nächsten Sonnabend Abend mit grossem Pomp werde "weg-
gegessen" werden; es war in der That unmöglich, meine früheren
Grundsätze aufrecht zu erhalten, und dieser Feier zu entgehen,
mein hartnäckiges Sträuben stiess auf noch hartnäckigeren Widerstand; und so zerbreche ich mir schon jetzt Tag und Nacht
den Kopf darüber, was ich wohl möglicherweise in der unvermeid-
lichen Rede sagen soll; aber Nichts, nicht die leiseste Idee
stellt sich ein, so daß ich in einer eigenthümlichen tragiko-
mischen Rathlosigkeit den gefährlichen Augenblick immer drohen-
der näher und näher kommen sehe. Schicken Sie uns doch Ihre
und Ihres Herrn Gemahls glückliche Gedanken, die bewährten Hülfs-
truppen zu, lieber in heiterem als ernstem Flügelschlage; denn
noch denke ich an das Fiasko, das des guten Aegidi weinerliche,
schluchzende Abschiedsrede machte, so ehrlich sie auch gemeint
oder geweint war; auch bin ich gar nicht in so verzweifelter
Stimmung, obwohl der Abschied mir recht schwer wird. In der That,
die Menschen und die herrlichste Natur in diesen vollendet schö-

---

[*] Diese Bemerkung bezieht sich zweifellos auf die Zahlentheorie
und ist möglicherweise der früheste Hinweis, daß Dedekind
sich an die Ausarbeitung der Dirichletschen Vorlesungen gemacht hat.

nen Frühlingstagen wetteifern miteinander, um mich Alles Gute, was ich hier genossen habe noch recht empfinden zu lassen; jeder Spaziergang ist ein Abschied von meinen Lieblingsplätzen, immer muss ich denken, dass es zum letzten Male ist. Doch will ich lieber davon aufhören, Jeder kennt ja diese Stimmung. Wann ich abreisen werde, weiss ich noch nicht genau, wahrscheinlich aber noch in diesem Monat, vielleicht schon in 14 Tagen. ....


BRIEF AN LIPSCHITZ[*]

Zürich, 5 November 1861
Escherhäuser 180

Verehrter Herr Doctor!

Es ist mir angenehm, Ihnen sogleich die gewünschte Auskunft geben zu können, da, wie Sie ganz richtig vermuthet haben, die bisher von mir eingenommene Professur der höhern Mathematik zu Ostern neu besetzt werden muss. Ich weiss allerdings nicht, ob in Zukunft und vielleicht schon bei dem bevorstehenden Wechsel Abänderungen in der Abgrenzung der Stelle getroffen werden, denke aber, dass im Wesentlichen das Bisherige als Norm festgehalten wird, und so erlauben Sie mir, Ihnen etwas Näheres über meine jetzige Stellung mittheilen zu dürfen. Die Vorträge haben zum Gegenstande Differential= und Integralrechnung, und analytische Geometrie des Raumes; sie dienen wesentlich als Vorbereitung und Begleitung zu den Vorlesungen über technische und analytische Mechanik, Maschinenlehre u.s.w., und erstrecken sich durch die beiden ersten Jahrescurse der Ingenieur= und der mechanisch = technischen Schule; im ersten Curse sind sechs, im zweiten zwei bis drei wöchentliche Stunden, woraus schon acht bis neun Stunden nur für Vorlesungen entspringen; dazu kommen Repetitorien, bei welchen ich allerdings durch einen anderen Lehrer unterstützt werde, in der Weise, dass wir Beide uns in die Schüler

---

[*] Dieser Brief befindet sich im wissenschaftlichen Nachlaß von Rudolf Lipschitz, der von der Universität Bonn aufbewahrt wird.

theilen und jeder wöchentlich drei Repetitionsstunden hat. Bei
meiner Anstellung war ich zu 12 Stunden verpflichtet, und bisweilen habe ich auch wirklich so viele zu halten gehabt. Es ist
durchaus nicht zu erwarten, dass der künftige Professor von diesen Repetitorien befreit sein wird, diese Einrichtung hängt zu
innig mit der ganzen Organisation der Anstalt zusammen, als
dass an ihr gerüttelt würde; sie ist unangenehm für den Professor, aber erspriesslich für die Schüler. Was ferner die Einnah-
men anbetrifft, so wurde ich ursprünglich mit einem Gehalte von
3200 fr. angestellt, der dann aber später mehrere Male verbessert
wurde; ausserdem hat jeder Professor Antheil an den Schulgeldern,
und für die mathematische Professur beträgt dieser Theil der Ein-
nahmen nahe an 800 fr und wird wohl bald bis über 1000 fr stei-
gen. Das Leben ist hier in der That sehr theuer, eine Familie in
unsern Verhältnissen wird wohl nicht unter 6000 fr jährlich gebrauchen.

Soll ich noch im Ganzen über die Stellung urtheilen, so kann
ich das natürlich nur ganz subjectiv, so wie sie sich für mich
gestaltet hat. Ich bin zufrieden gewesen in jeder Beziehung, mit
den Schülern, mit meinen Amtsgenossen und mit den vorgesetzten
Behörden, natürlich darf man sich nicht daran stossen, dass die
republicanischen Formen sehr von unseren deutschen abweichen;
bringt man keine Vorurtheile mit, so wird man sich bald an die
Menschen gewöhnen. Ich würde auch schwerlich jemals Zürich ver-
lassen, wenn ich nicht in eine gleiche Stellung nach Braunschweig
berufen wäre, wo meine Eltern und Geschwister leben.

Ich hoffe, dass diese flüchtigen Mittheilungen Sie nicht ab-
schrecken werden. Es hat mich gefreut, brieflich Ihre Bekanntschaft gemacht zu haben, nachdem ich durch Ihre Abhandlungen
schon eine so hohe Meinung von Ihnen bekommen hatte; in der
Hoffnung, dass der brieflichen Bekanntschaft die persönliche
auch dereinst nachfolgen möge, verbleibe ich mit ausgezeichneter
Hochachtung Ihr

ergebener

R. Dedekind.

ENTLASSUNGSGESUCH DEDEKINDS AN DEN PRÄSIDENTEN KAPPELER

Hochgeehrter Herr Präsident!

Indem ich dem hohen schweizerischen Schulrath meinen gehor-
samsten Dank sage für die unter dem 26 ten August i.J. mir er-
theilte abermalige Erhöhung meiner Besoldung, thut es mir leid,
hiemit eine meine zukünftige Stellung betreffende Mittheilung
verbinden zu müssen, welche länger zurückzuhalten ich nicht für
angemessen halte. Die Regierung des Herzogthums Braunschweig
hat mir vor einigen Wochen den Antrag gemacht, als Professor
der höhern Mathematik am Collegium Carolinum zu Braunschweig in
ihre Dienste zu treten, und ich habe hauptsächlich durch Rück-
sichten auf meine dort lebende Familie mich bewogen gefunden,
denselben anzunehmen. Es wird kaum der Versicherung bedürfen,
dass ich nicht aus Unzufriedenheit mit meiner hiesigen Stellung
dieselbe aufgeben will; gern - wiederhole ich meinen Dank für
das Wohlwollen, welches die mir vorgesetzte Behörde und meine
Amtsgenossen mir so oft bewiesen haben; dass ich trotzdem um
meine Entlassung aus einer angenehmen und ehrenvollen Stellung
nachsuche, um eine gleiche in meinem Vaterlande einzunehmen,
wird man mir gewiss nicht verargen. Es wäre mir erwünscht gewesen, den ganzen jetzt beginnenden Jahrescurs noch zu Ende führen zu können; allein da die Verhältnisse in Braunschweig die
Wiederbesetzung der Professur der höhern Mathematik schon auf
Ostern gebieterisch verlangen, so hoffe ich, es würde meine
Bitte,

> der schweizerische Schulrath möge bei dem hohen Bundes-
> rathe meine Entlassung aus meinem Amte, vom 1 ten April
> 1862 an, beantragen,

nicht unbillig befunden werden; um so weniger, da die für die
Fachwissenschaften wichtigsten Theile des mathematischen Unter-
richtes in dem Wintersemester fast vollständig absolvirt würden,
da ferner mit Sicherheit anzunehmen ist, dass die durch meinen
Abgang erledigte Stelle binnen sechs Monaten genügend besetzt
werden könne, und also eine Unterbrechung des Unterrichts nicht
zu besorgen steht.

Ich schliesse daher mit der Hoffnung, dass der hohe schwei-

zerische Schulrath das mir bisher bewiesene Wohlwollen auch
künftig bewahren werde, und verbleibe mit ausgezeichneter Hochachtung

gehorsamst

Zürich,

19 October 1861.

R. Dedekind


BRIEFE DEDEKINDS AN DEN PRÄSIDENT KAPPELER AUS DEM JAHR 1865

Hochgeborener Herr Präsident!


In Folge eines Briefes, welchen ich neulich an meinen Freund
Kenngott gerichtet hatte, um den Dr. Hattendorff, Privatdozent
an der Universität zu Göttingen, für eine in den Zeitungen zur
Bewerbung ausgeschriebene Professur der höheren Mathematik am
Polytechnikum zu Zürich zu empfehlen, hat Kenngott, wie er mir
geschrieben, eine Unterredung mit Ihnen gehabt, in welcher auch
die Möglichkeit besprochen ist, mich selbst wieder nach Zürich
zu ziehen; er hat mir auch mitgetheilt, Sie wünschten, dass ich
über diese Angelegenheit an Sie schreiben möchte. Ausserdem habe
ich soeben einen Brief von Professor Clausius erhalten, welcher
sich in ganz ähnlicher Weise äussert. Es versteht sich von selbst,
dass ich mit Freuden diese Gelegenheit ergreife, mein Interesse
an Ihrer Anstalt zu bestätigen, der ich vier Jahre lang mit
grosser Befriedigung als Lehrer angehört habe, und ich erlaube
mir daher im Folgenden, Ihnen meine Ansicht mitzutheilen, so
weit ich bis jetzt im Stande gewesen bin, mir eine solche zu
bilden.

Erst durch Kenngott's Brief habe ich wenigstens ungefähr er-
fahren, um was für eine Stellung es sich eigentlich handelt;
bis dahin hatte ich gezweifelt, ob etwa Hr. Prof. Christoffel
seine Stelle, die ich früher eingenommen, wieder aufgeben wollte, oder ob neben dieser noch eine zweite gegründet werden
sollte, was ja schon zur Zeit meines Abganges von Zürich als
wünschenswert bezeichnet und besprochen worden ist. Auch jetzt
bin ich noch derselben Meinung wie damals, indem ich die Ueber-
zeugung habe, dass eine solche weitere Ausdehnung des Unter-
richtes in der höheren Mathematik über die nächsten Bedürfnisse

der Fachschulen hinaus für das Polytechnikum in Zürich, an
welchem die reinen Naturwissenschaften, die beschreibenden sowohl wie Physik und Chemie, schon in so ausgezeichneter Weise
vertreten sind, nicht bloss zu einer Erhöhung des äussern Glan-
zes dienen, sondern dass sie wirklich auch von praktischem
Werth sein wird. Ich freue mich daher sehr, dass die Zeit gekommen ist, in welcher dieser Gedanke zur Ausführung kommen
soll. Mehr kann ich im Allgemeinen hierüber nicht sagen, da die
Mittheilungen von Kenngott und Clausius über die Natur der zu
gründenden Professur nicht ausreichen, um mir eine genaue, de-
taillierte Vorstellung von dem Umfang des neuen Unterrichts-
stoffes zu machen. Es würde mich aber in hohem Grade interessieren, nähere Nachrichten hierüber zu erhalten.

Was nun die zur Besetzung einer solchen Stelle geeigneten
Persönlichkeiten anbetrifft, so werden Sie entschuldigen, dass
ich von mir selbst zu schreiben anfange. Zunächst kann ich ver-
sichern, dass nicht leicht Etwas mir grössere Freude gemacht
hätte, als der Gedanke, bei Ihnen und meinen Freunden in Zürich
so gut angeschrieben zu sein, dass Sie meine Rückkehr dorthin
für wünschenswerth halten. Ferner leugne ich nicht, dass diese
neue Professur, wie ich sie mir denke, eine ganz besondere An-
ziehungskraft für mich hat, weil die zu haltenden Vorlesungen
ihrem Stoff nach mich ungleich mehr interessieren würden, als
der gewöhnliche Cursus der Differential- und Integralrechnung.
Allein ich halte es auch für gerecht, das anzuerkennen, was
meine hiesige Stellung mir darbietet. Unsere Anstalt kann sich
zwar weder hinsichtlich der hier zu Gebote stehenden Mittel noch
hinsichtlich der Frequenz mit dem Polytechnikum in Zürich vergleichen; indessen hat unsere Regierung doch sehr viel gethan,
um bedeutende Lehrkräfte hierherzuziehen, und der günstige Erfolg zeigt sich in dem allmählichen Anwachsen der Schülerzahl.
Meine eigene Stellung ist sehr angenehm; ich stehe in gutem
Verhältnis zu meinen Collegen und Schülern; meine Vorlesungen,
deren Anzahl ihr Maximum von zwölf Stunden wöchentlich selten
erreicht, nehmen mir nicht übermässig viel Zeit weg, und sie
machen mir auch Freude, weil neben der Mehrheit der höchst
technisch gesinnten Schüler doch auch immer Einige sich finden,
die an meiner Wissenschaft selbst Interesse haben. Pecuniär

stehe ich mich ebenfalls gut, nach hiesigen Begriffen sogar sehr
gut, da ich zu meinen 1300 rth, mit denen ich vor drei Jahren
hier angestellt wurde, kürzlich noch eine Zulage von 100 rth
erhalten, und ausserdem als Mitglied zweier Prüfungskommissionen
(für das höhere Schulamt und das Forstfach) auch eine Nebenein-
nahme von 80 rth habe, so dass ich mich im Ganzen auf 1480 rth
oder 5550 fr stehe; und hierbei ist zu berücksichtigen, dass
das Leben in Braunschweig wirklich billiger ist als in Zürich.
Zu allem diesem kommt noch hinzu, dass ich hier meine Eltern
und Geschwister habe, und dass für sie wie für mich eine so
weite Trennung gleich schmerzlich sein würde. Sie sehen hieraus, verehrter Herr Präsident, dass vieles mich hier festhält,
und Sie werden es mir deshalb nicht verdenken, wenn ich meine
Rückkehr nach Zürich für sehr unwahrscheinlich halte.

Ich erlaube mir nun, noch einmal auf den Dr. Hattendorff in
Göttingen zurückzukommen, um Ihnen zu wiederholen, was ich neu-
lich an Kenngott geschrieben habe. Er ist mir persönlich unbekannt und erst vor einigen Wochen hat er sich brieflich mit der
Bitte an mich gewandt, seine Bewerbung in Zürich zu unterstützen.
Da ich damals noch nicht wusste, um was es sich handelte, so
empfahl ich die Angelegenheit dem freundschaftlichen Eifer
Kenngott's. Ich weiss von Riemann und Stern, dass sie viel auf
Hattendorff halten, und habe ausserdem gehört, dass er als Dozent sehr tüchtig sein soll; während Riemann seiner Gesundheit
wegen in Italien lebt, kündigt Hattendorff dessen Vorlesungen
an, was ein unbedeutender Mathematiker nimmer wagen würde. Ich
glaube, ihn daher mit Sicherheit empfehlen zu können. Es fragt
sich aber, ob für Ihre Pläne eine andere Combination nicht
zweckmässiger sein würde. Bei allen Mathematikern geniesst
Herr Christoffel eines ausgezeichneten Rufes; auch in neuerer
Zeit hat er wieder sehr schöne Arbeiten in Crelle's Journal veröffentlicht. Ich glaube, er würde gerade für die neu zu gründende Professur sich besonders eignen. Es käme dann nur darauf an,
meine frühere Stelle wieder zu besetzen, und für diese finden
Sie in Deutschland eine reiche Auswahl von tüchtigen Bewerbern;
ich denke im Augenblick zunächst an Baltzer in Dresden, Durège
in Prag, Hattendorff in Göttingen. Für die neu zu gründende
höhere Professur könnte ich auch eine Menge Namen nennen. Sie

finden fast an jeder deutschen Universität einen ordentlichen
Professor, dessen Name einen guten Klang hat; von den jüngeren
fallen mir augenblicklich besonders Schering in Göttingen und
Neumann in Basel ein.

Doch ich weiss nicht, ob ich Ihnen mit der Erwähnung dieser
Namen ohne nähere Charakteristik irgend einen Dienst erwies,
und ich will deshalb mein ohnehin schon so ausgedehntes Schreiben abbrechen. Es wird mich in hohem Grade interessieren, Ihre
Gedanken über die weitere Entwicklung des eidgen. Polytechnikums und im Besonderen über die bevorstehende Ausdehnung des
mathematischen Unterrichts näher kennen zu lernen, und ich
möchte mich daher sehr freuen, von Ihnen selbst eine Mittheilung darüber zu erhalten, wie sie mir durch Kenngott in Aussicht gestellt ist, selbst wenn meine eigene Persönlichkeit dabei aus dem Spiel gelassen würde.

Mit ausgezeichneter Hochachtung verbleibe ich Ihr

gehorsamster
R. Dedekind.

Braunschweig,
27 Januar 1865.


Hochgeehrter Herr Präsident!


Durch vielerlei Geschäfte bin ich bis jetzt verhindert gewesen,
Ihr Schreiben, durch welches Sie mir nähere Auskunft über die
neu zu gründende Professur für höhere Mathematik am Polytechnikum zu Zürich gegeben haben, mit Musse zu beantworten. Um so
gleich von mir, d.h. von der Möglichkeit meiner Rückkehr nach
Zürich anzufangen, so muss ich wiederholen, dass ich schon damals für sehr unwahrscheinlich hielt, als Kenngott's Brief mich
mit der Nachricht überraschte, dass überhaupt an mich gedacht
würde. Ich schrieb Ihnen dann meine Gründe, weshalb ich schwerlich meine hiesige Stellung aufgeben würde, und auch jetzt,
nach Empfang Ihrer Antwort bin ich noch ganz derselben Meinung.
Auf Ihre offene Erklärung - die ich vollständig zu würdigen
verstehe - dass Sie niemals einen Antrag auf meine Berufung
stellen würden, ehe Sie nicht die Gewissheit erhalten hätten,

dass ich derselben folgen würde, kann ich nun mit voller Be-
stimmtheit antworten, dass ich einen solchen Ruf unter den Bedingungen, wie Sie sie mir mitgetheilt haben, schon des zu ge-
ringen Gehaltes wegen nicht annehmen kann, wie auch sonst das
Arrangement hinsichtlich der Vertheilung der Vorlesungen getroffen werden möchte. Ich werde meine angenehme Stellung an unserm
hiesigen Polytechnikum niemals aufgeben, um mich äusserlich zu
verschlechtern, und da ich, wie Ihnen geschrieben, hier eine
Einnahme von 5550 Fr. habe, so würde ich nach dem verhältnis-
mässig teuren Zürich gewiss nicht unter einem Fixum von 6000 Fr.
gehen. Und selbst wenn Sie die Besoldung so weit erhöhen könnten,
was ich bezweifle, und wenn das übrige Arrangement mit meinen
Wünschen übereinstimmte, würde ich - das muss ich ebenso offen
erklären - doch nicht annehmen, ehe ich nicht auch die Gewissheit hätte, wirklich berufen zu werden. Denn eine feste Zusage
von meiner Seite, kommen zu wollen, ohne diese Gewissheit, wäre
nichts anderes als eine Bewerbung, und von einer solchen bin
ich weit entfernt.

Obgleich ich überzeugt bin, durch diese Erklärung, welche ich
der Würde meiner hiesigen Stellung schuldig war, fernere Ver-
handlungen abgeschnitten zu haben, so erlaube ich mir nun doch
noch einige Bemerkungen über den mich sehr interessierenden
Theil Ihres Schreibens, welcher sich auf die neue Professur
selbst bezieht; ich versetze mich dabei in Gedanken in die Si-
tuation, als stände mir die Uebernahme dieser Professur bevor
und als sollte ich meine Ansichten und Wünsche ausdrücken. Nach
meiner Bekanntschaft mit der Organisation des eidgen. Polytechnikums würde ich mir durchaus wünschen, theilweise auch bei dem
Unterrichte für die Fachschulen mitzuwirken, weil diese doch
den eigentlichen Stamm der ganzen Anstalt bilden und weil ich
nicht gern das fünfte Rad am Wagen sein möchte. Also halte ich
eine Theilung des Fachschul-Unterrichtes für am besten, auf
keinen Fall aber so, dass die Ingenieur-Schule und die mechanisch-technische von einander getrennt würden; denn dann würde
die eigentliche Bestimmung der neuen Professur ganz illusorisch
werden. Mir scheint eine ungleiche Theilung vortheilhafter, in
der Art z.B., dass der eine Professor stets die Hauptvorlesung
über Differential- und Integralrechnung für beide Schulen und

beide Kurse, der andere stets die bei weitem kleinere Vorlesung über analytische Geometrie und vielleicht noch irgend ein
Capitel zu halten hätte, welches sich aus dem bisherigen Umfang
jener Hauptvorlesung ohne Störung absondern liesse. Entsprechend
würde dann der erstere Professor einen kleineren Theil des neu
einzuführenden, für die Lehramtskandidaten bestimmten Zyklus
von Vorlesungen, der letztere den grösseren Theil übernehmen,
aber auch in der Weise, dass jede dieser Vorlesungen ein für
alle Mal einem der beiden Professoren bestimmt zugetheilt würde, nie ein Wechsel einträte. Es würde durch diese Bestimmt-
heit einerseits jede Rivalität vermieden, anderseits die Last
der Arbeit bedeutend erleichtert und jedem der beiden Lehrer
eine intensive Konzentration seiner Kräfte möglich gemacht.
Was den Umfang der neuen Vorlesung betrifft, wie Sie ihn mir
mitgetheilt haben, so billige ich denselben vollständig; als
eine Lücke in demselben müsste das Fehlen der modernen synthe-
tischen Geometrie bezeichnet werden, doch glaube ich gehört
zu haben, dass diese Wissenschaft durch einen Privatdozenten
vertreten ist.

Bevor ich schliesse, habe ich Ihnen noch mitzutheilen, dass ich
in den letzten Tagen wieder einen Brief von dem Dr. Hattendorff
in Göttingen erhalten habe, mit einer abermaligen Anfrage über
die Natur der neuen Professur in Zürich; ich vermuthe, Sie werden nichts dagegen haben, dass ich ihm die gewünschte Auskunft
gebe. Wenn Sie im März reisen, so bitte ich Sie, Ihren Weg auch
über Göttingen zu nehmen, um ausser Schering und Heinrich Weber
(Neffe des Physikers) auch ihn kennen zu lernen; die Vorlesungen
werden aber wohl schon am 15$^{\text{ten}}$ März geschlossen sein. Ferner
erlaube ich mir, Sie herzlich zu bitten, auch mich hier in
Braunschweig zu besuchen, falls Sie einen oder ein paar Tage
übrig haben; ich bitte nicht nur um einen Geschäftsbesuch, sondern ich hoffe, dass unsere gute alte Stadt Ihnen einen freundli-
chen Eindruck machen, und unser Polytechnikum Ihr Interesse er-
regen wird. Indem ich Sie ersuche, diese meine Einladung nicht
von der Hand zu weisen, verbleibe ich mit der ausgezeichneten
Hochachtung Ihr
Braunschweig,                                    gehorsamster
12 Februar 1865.                                 R. Dedekind
(Hagenmarkt nro. 9)

LEBENSDATEN RICHARD DEDEKINDS

1831          am 6. Oktober in Braunschweig geboren

1839-1848     besucht er dort das Gymnasium Martino-Katharineum

1848          vor Beginn seines Universitätsstudiums immatriku-
              liert er sich am Collegium Carolinum, Braunschweig

1850-1852     Studium an der Georgia Augusta Universität, Göttin-
              gen: Er hört u.a. die Vorlesung von Gauß "Über die
              Methode der kleinsten Quadrate" und die Vorlesungen
              von Wilhelm Weber über Experimentalphysik

1852          promoviert er bei Gauß mit der Arbeit "Über die
              Theorie der Eulerschen Integrale"

1854          Habilitationsschrift "Über die Transformationsformeln
              für rechtwinklige Koordinaten"

1854-1858     Privatdozent in Göttingen; er hält Vorlesungen über
              - Wahrscheinlichkeitstheorie und Geometrie (WS 1854/
                55),
              - Höhere Algebra, Galois-Theorie, Kreisteilung,
                Gruppentheorie (WS 1856/57 und WS 1857/58)
              und besucht Vorlesungen von Dirichlet und von Riemann

1858          erhält er einen Ruf an das Polytechnikum in Zürich

1862          wird er ordentlicher Professor am Polytechnikum in
              Braunschweig

1863          Herausgabe von Dirichlets "Vorlesungen über Zahlen-
              theorie" (1. Aufl., Vieweg, Braunschweig 1863)

1871          in einem Supplement zur 2. Aufl. von Dirichlets
              "Vorlesungen über Zahlentheorie" gibt er die Grund-
              legung der algebraischen Zahlentheorie, insbesonde-
              re des Idealbegriffs

1872          führt er in seiner Arbeit "Stetigkeit und irrationa-
              le Zahlen" den Dedekindschen Schnitt ein

1876          Herausgabe der Werke Bernhard Riemanns zusammen mit
              Heinrich Weber (1. Aufl., Teubner, Leipzig 1876)

1880          korrespondierendes Mitglied der Berliner Akademie

| | |
|---|---|
| 1888 | erscheint seine Arbeit "Was sind und was sollen die Zahlen?" |
| 1896 | wird er an der Technischen Hochschule, Braunschweig emeritiert |
| 1900 | korrespondierendes Mitglied der Académie des Sciences de Paris (1910 associé étranger) |
| 1916 | am 12. Februar stirbt er in Braunschweig im Alter von 84 Jahren |

## LEBENSLAUF VON HEINRICH DURÈGE[*)]

Heinrich Durège wurde am 13. Juli 1821 in Danzig als Sohn eines dort niedergelassenen holländischen Kaufmanns geboren. Nachdem er das Gymnasium in Danzig absolviert hatte, widmete er sich von Ostern 1841 an zwei Semester in Bonn und sodann ein Semester in Berlin dem Studium der Medizin. Herbst 1842 wandte er sich der Mathematik zu und hörte zwei Semester lang in Berlin bei Dirichlet, Encke, Dove und Poggendorff. Er setzte sodann in Königsberg unter Hesse und Bessel, dessen Assistent er Ostern 1844 wurde, seine Studien fort, diente von Herbst 1844 bis Herbst 1845 als Einjährig-Freiwilliger in Danzig und verheiratete sich daselbst. Herbst 1845 kehrte er nach Königs-berg zurück, um noch einige Semester, als Privatmann, bei Richelot, Franz Neumann und Hesse zu studieren. Nachdem er 1849 in Königsberg promoviert hatte, siedelte er 1851 nach Nordame-rika über, wo er sich bis zum Anfange des Jahres 1857 in Mil-waukee aufhielt. Nach Europa zurückgekehrt, habilitierte er sich Ostern 1858 als Privatdozent der Mathematik am Züricher Polytechnikum, an welchem er Herbst 1862 zum Professor ernannt wurde. Herbst 1864 folgte er einem Rufe nach Prag, wo er bis 1869 an der deutschen technischen Hochschule und sodann an der deutschen Universität als Professor der Mathematik thätig war. Er starb am 19. April 1893.

Durège's mathematische Abhandlungen sind in Grunert's Archiv, Schlömilch's Zeitschrift, den mathematischen Annalen von Clebsch

---

[*)] aus F. Rudio [1894]: Direktoren und ehemalige Professoren der eidgenössischen polytechnischen Schule, Zürich

und Neumann, der Vierteljahrsschrift der naturforschenden Gesellschaft in Zürich und anderen Journalen veröffentlicht. Ausserdem verfasste er eine Reihe vortrefflicher Lehrbücher, die sich grosser Verbreitung erfreuen. Durch seine "Elemente der Theorie der Funktionen einer komplexen veränderlichen Grösse" (Leipzig 1864, 3. Aufl. 1882) erwarb er sich das Verdienst, die Schöpfungen Riemann's einem grösseren Kreise zugänglich gemacht zu haben. Ausserdem veröffentlichte Durège "Die ebenen Kurven dritter Ordnung" (Leipzig 1871) und eine "Theorie der elliptischen Funktionen", welche 1887 in Leipzig in 4. Auflage erschienen ist.

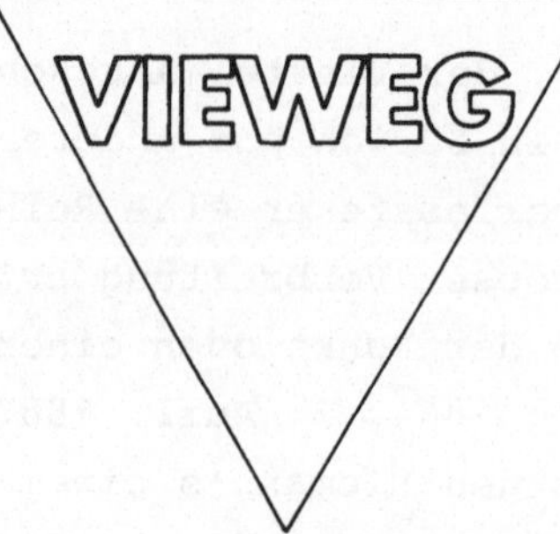


Winfried Scharlau

## Richard Dedekind 1831–1981

Eine Würdigung zu seinem 150. Geburtstag
1981. VIII, 146 S. 14,8 X 21 cm. Brosch.

Dieser Band soll dazu beitragen, unsere Kenntnisse vom Leben und der mathematischen Arbeit Dedekinds — vor allem in seiner ersten Lebenshälfte — zu erweitern und zu vervollständigen, und zwar hauptsächlich dadurch, daß er selbst zu Wort kommt: Es werden Auszüge aus bisher unbekannten Briefen an Familienangehörige veröffentlicht, die viel biographisch Interessantes enthalten, aber auch sein Verhältnis zu Dirichlet und Riemann erhellen. Die Briefe wurden durch Ilse Dedekind, eine Großnichte Richard Dedekinds, erschlossen.

Aus seinem wissenschaftlichen Nachlaß wird eine längere Ausarbeitung über Algebra und Galois-Theorie abgedruckt, die bisher nur in Auszügen bekannt war und wichtige Aufschlüsse über die Ausformung algebraischer Grundbegriffe im vorigen Jahrhundert gibt.

Der Band enthält außerdem biographische Beiträge und Arbeiten, die wesentliche Aspekte seines Werkes aus heutiger Sicht behandeln.

Richard Dedekind

## Was sind und was sollen die Zahlen?
## Stetigkeiten und irrationale Zahlen

2., unveränderter Nachdruck der 7. bzw. 10. Auflage.
1969. 88 S. 14,8 X 21 cm. (Stud. Ausg.) Paperback

In der Schrift „Was sind und was sollen die Zahlen?" hat sich Richard Dedekind eine schwierige und problematische Aufgabe gestellt, nämlich die natürlichen Zahlen und das Rechnen mit ihnen logisch zu begründen. Schwierig war diese Aufgabe vor allem deshalb, weil die hierzu erforderlichen Gedankengänge und Begriffsbildungen der allgemeinen Mengenlehre damals ebenfalls erst im Entstehen waren. Es muß in diesem Zusammenhang betont werden, daß die in der Schrift niedergelegten tiefen Gedanken von großer Bedeutung für die Entwicklung der Mengenlehre waren: Zwischen Dedekind und Georg Cantor hat lange Zeit hindurch ein wissenschaftlicher Briefwechsel stattgefunden, und der Einfluß Dedekinds auf die Entwicklung der Cantorschen Ideen ist unverkennbar. Problematisch war diese Aufgabe insbesondere deshalb, weil die Frage nach einer logischen Begründung der natürlichen Zahlen eine ganz bestimmte und für die damalige Zeit sehr kühne Grundeinstellung zur Mathematik voraussetzte, die man heute gern als logizistische Auffassung bezeichnet.

Die Schrift „Stetigkeiten und irrationale Zahlen" ist, wie ihr Autor im Vorwort selbst vermerkt, aus dem Bestreben entstanden, ein klares begriffliches Fundament für die Infinitesimalrechnung zu schaffen. Insbesondere galt es, an die Stelle der als mehr oder minder evident angesehenen geometrischen Vorstellungen von der Stetigkeit des Systems der reellen Zahlen klare mathematische Begriffe zu setzen.